工业机器人集成应用（机构设计篇）速成宝典

柯武龙　编著

机械工业出版社
CHINA MACHINE PRESS

当前市面上工业机器人的相关教材和职业院校开设的专业课程普遍侧重电控编程和操控应用。本书则另辟蹊径，重点论述工业机器人集成设备（生产线）的机构部分，且以对方案设计的讲解为主，填补了市场空白。本书内容围绕职场技能和工作实践需要展开，不求系统深入和面面俱到，而是突出语言大众化、理论通俗化和内容实战化的特色，主要面向缺乏自动化机构设计经验、想迅速入门的职场新人，以及有设计经验但缺乏专业理解或心得的职场老兵，同时非常适合中高等职业院校相关专业的师生阅读。

图书在版编目（CIP）数据

工业机器人集成应用（机构设计篇）速成宝典/柯武龙编著. —北京：机械工业出版社，2021.1（2024.6 重印）
ISBN 978-7-111-67380-4

Ⅰ.①工…　Ⅱ.①柯…　Ⅲ.①工业机器人-系统集成技术-研究　Ⅳ.①TP242.2

中国版本图书馆 CIP 数据核字（2021）第 017649 号

机械工业出版社（北京市百万庄大街 22 号　邮政编码 100037）
策划编辑：邝　鸥　责任编辑：邝　鸥　何月秋　贺　怡
责任校对：张　薇　封面设计：马精明
责任印制：刘　媛
涿州市般润文化传播有限公司印刷
2024 年 6 月第 1 版第 3 次印刷
169mm×239mm · 14 印张 · 238 千字
标准书号：ISBN 978-7-111-67380-4
定价：79.00 元

电话服务
客服电话：010-88361066
010-88379833
010-68326294

网络服务
机　工　官　网：www.cmpbook.com
机　工　官　博：weibo.com/cmp1952
金　书　网：www.golden-book.com
机工教育服务网：www.cmpedu.com

前言
PREFACE

转眼间，《自动化机构设计工程师速成宝典》系列已推出第4册《工业机器人集成应用（机构设计篇）速成宝典》。本书同样不是传统意义上的教材，而是属于读书笔记或设计总结，与本系列已推出的书具有类似风格和功用。

当前市面上工业机器人的相关教材和职业院校开设的专业课程，普遍侧重电控编程和操控应用。事实上在开展具体的工业机器人相关项目和实施制作方案时，技术总负责人往往是“机构设计工程师”，因此对于工业机器人的认识就不能局限于编程应用或机器人本身的技术探讨，相关人员不但必须通晓机构及其集成设计，而且还需要升级到方案规划与实施层面。鉴于此，本书另辟蹊径，重点论述“工业机器人集成设备（生产线）”的“机构”部分，且以对“实战项目、案例”的讲解和辅导为主，填补了该类专业图书市场的空白。本书的内容围绕职场技能和工作实践需要展开，不求系统深入和面面俱到，而是突出语言大众化、理论通俗化和内容实战化的特色，主要面向缺乏自动化机构设计经验、想迅速入门的职场新人，也面向有设计经验但缺乏专业理解或心得的职场老兵。工业机器人品牌众多，但基本概念、原理、方法等是共通的，如非特别说明，本书论述的工业机器人以日本FANUC（发那科）品牌为主。为促进读者高效学习，温馨提示如下：

1）请勿把本书当作电气编程书来看。书里阐述的为“机构设计”的相关内容，探讨方向侧重于如何应用工业机器人，如何开展项目，以及对实施过程中涉及的一些方案、思路上的梳理总结，如有涉及电气编程部分的论述，属于非常粗浅的层次，不足以当作教材使用。

2）请勿把本书当作技术进阶书来看。所谓“速成宝典”，分享的不是高精尖机构的研究心得和技术成果，而是定位于帮助设计新人以较短时间掌握机构设计的本质、重点和方法，因此已有经验的同行，未必能够通过阅读本书达到更高水平。

3）请勿把本书当作专业工具书来看。编书的出发点是给新人读者提供“简单、速成、实用、提升”的技术快餐，难免会舍弃大量相对烦琐、艰涩的内容，但部分读者可能也需要了解、掌握这些内容，建议可自行查阅更多的专业教材和资料，如《机械设计手册》、厂商培训讲义等。

4）请勿把本书当作机构案例书来看。网上有很多设备、机构的3D案例，直观易懂，读者自行检索、下载、学习即可，纸质书并不适合用于描述机构，因此重点论述的是机构背后的逻辑和机理，以及个人见闻、观念、经验、建议，而这些恰恰都是从业必修的基本功。

最后想说，广大读者如能勤快翻阅本书并举一反三，结合工作实际案例的摸索与思考，相信可以在最短的时间里掌握工业机器人相关的集成设备机构设计的精髓。

编　者

目录
CONTENTS

第1章 CHAPTER 1

实战意义下的“智能制造”

制造业是国民经济的主体，制造业强则实体经济强。当前我国制造业面临着发达国家和其他发展中国家的“双向挤压”，加快制造业智能化的发展进程，培育和发展新优势，是在新一轮国际产业竞争中主动出击、促进工业转型升级的重大战略抉择。在国务院印发的有关文件中，也明确提出把“智能制造”作为“信息化、工业化”深度融合的主攻方向。“智能制造”成为频频见诸主流媒体报道的热点词汇，也是地方政府和制造企业奉为发展纲领的重大工程。可以说这个看似遥远的愿景、战略，正在逐渐贯彻到各行各业制造工厂中去，因此一线技术工程师有必要对其进行专题学习、深刻理解。

1.1 什么是“智能制造”

随着“工业4.0”概念在德国的提出，以“智能工厂、智能制造”为主导的第4次工业革命已悄然来临（见图1-1）。与之呼应，全球的制造大国都在推动“工业智能化”，而我国综合基本国情和制造业特色，主推“智能制造”工程（见图1-2）。

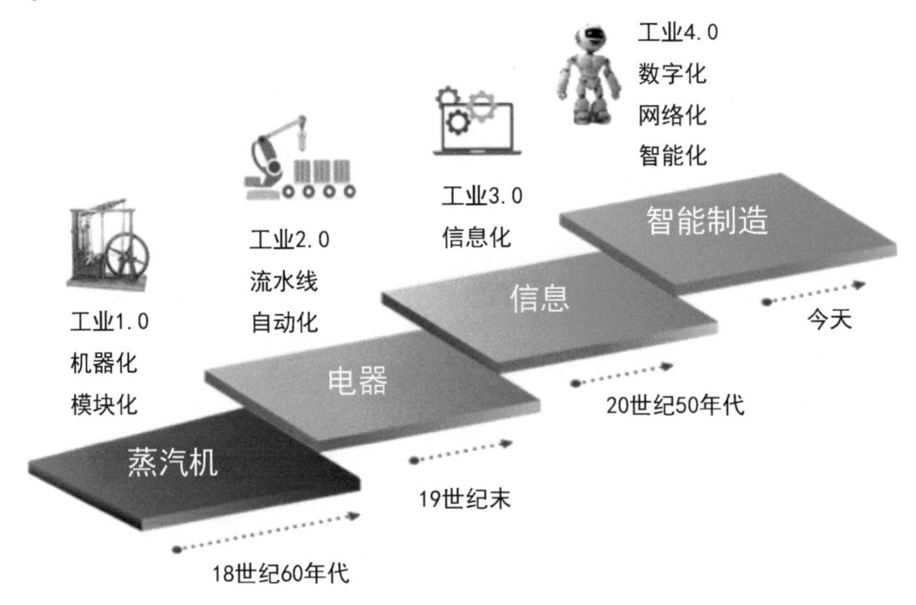

图1-1 从工业1.0到工业4.0

从国家科技强国战略层面来看，智能制造涉及一系列系统的、基础的、前瞻的规划建设，任重而道远。就企业发展层面而言，对“智能制造”的解读忌讳脱离自身实际，否则容易陷入以下“误区”。

● 误区一：本末倒置。制造是服务于产品生产的，企业要生存乃至“活得滋润”，最终还是靠产品技术、质量和利润取胜，智能制造固然可能为企业提升阶段性竞争力加分，但并不能完全决定企业的前景、未来。假设公司生产的是淘汰或低端产品，却寄希望于通过发展智能制造来提升产品竞争力，注定是吃力不讨好的。

● 误区二：盲目跟风。在媒体的宣传渗透下，有的企业产生了无形的紧迫感，以为不懂智能制造就会落后，以为没有智能制造就会遭淘汰，为了企业形象

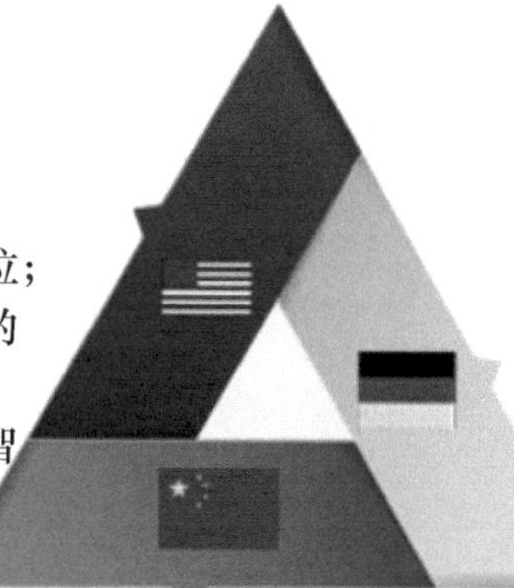

图 1-2　全球制造大国的“工业智能化”战略

也好，为了呼应政策也罢，开始不分青红皂白、大张旗鼓地响应这一工程，为“智造”而制造，结果可能反而拖累运营绩效，得不偿失。

- 误区三：“弥而不坚”。有的企业洞悉了政策导向，也走对了发展方向，企业自身确实适合发展智能制造，但没有搭建好基础，也缺乏正确的策略、方法，以至于在运作过程中可能遇到些困难和障碍就半途而废、不了了之，错失了一个增强企业竞争力的机遇。

凡此种种，企业“踩雷”的误区还很多，归根结底在于企业对于“智能制造”的解读过于理想化了。企业紧密关注国家战略是对的，也应当对转型升级的未来抱有信心，但务必客观评估行业和企业实际，采取适合自身的务实的阶梯性发展战略。

1.1.1　企业转型升级的终极目标

普遍认为，未来的产品制造模式会朝着小批量、多品种、定制化趋势演变，在客观上对企业的柔性制造、品质控制、产品交期、数据互联、订单执行等运作能力提出了较高的要求，传统的生产模式显然难以适应，发展智能制造便是破局之路（见图 1-3）。另一方面，全球制造环境下竞争加剧、制造趋势发生变化，企业面临着巨大的经营压力，也迫切需要自我革新、优化，以提升竞争力来应对。为了达成更好的运营绩效，把握行业未来趋势，智能制造似乎理所当然成了企业的首要战略。实则不然，需权衡两个前提。

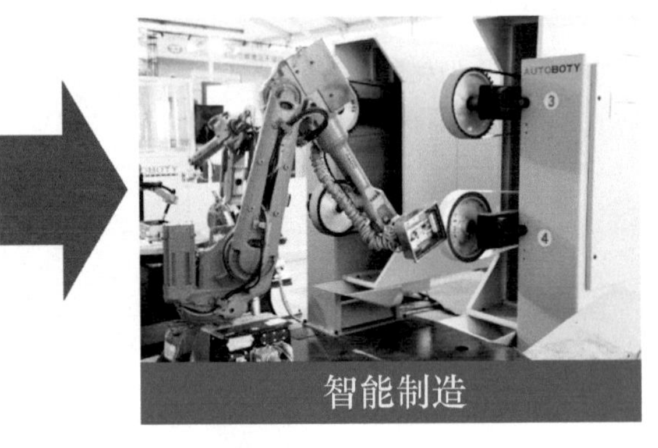

图 1-3　从传统制造到智能制造

● 前提一：这样的趋势正在发生还是属于未来五十年、一百年的事，对于国家而言，进是迎接挑战，退也是未雨绸缪；但对于企业个体来说，是否能抓到切入时机？如果对趋势的判断是错的或过于超前，容易陷入“徒耗人力物力不讨好”的境地，需要慎重。

● 前提二：假设当前正是发展智能制造的大好时机，错过了可能就失去先机。那么如何断定智能制造是本企业转型升级的唯一方向？大势所趋的事物就一定适合自身企业吗？理性来看，也并非如此。

毫无疑问，对企业来说，在竞争激烈的环境下，活下去、活得滋润才是终极目标。如果智能制造没有让企业变得更好，为什么要自讨苦吃呢？如果智能制造有利于企业发展，那又为什么不抓住机遇努力一下呢？所以要审时度势，从企业实际出发。

1.1.2　定制化生产模式概述

要理解什么是“智能制造”，首先要学习另一个概念，既定制化生产，因为智能制造就是为了满足定制化生产需要而来的。所谓定制化生产，就是按照顾客需求进行生产，以满足网络时代顾客的个性化需求。

常见的定制模式如图 1-4 所示，定制模式大概有众创定制、模块定制、专属定制三种，它们有各自的特点，但也有共同特征，可用关键词诠释：用户参与和体验、互联网 +、快速反应、柔性制造。

图 1-4 常见的定制模式

既然是个性化就会有差异性，加上消费者个体的需求量又少，因此企业在管理、供应、生产和配送各个环节上，都必须适应这种小批量、多品种的生产和销售变化。对于这样的需求，传统的批量生产模式显然有点力不从心，那就需要谋求革新和改变，也就是发展智能制造，这成为共识。但接下来企业首先要解答以下三个问题：

1）所在行业或公司产品是面向网络时代顾客的吗？

2）订单确实是个性化、小批量、多品类的吗？

3）如果以上均不是，发展智能制造的意义在哪里？如果均是，企业不发展智能制造又将如何适应、何去何从？或者当前不是，但 5 年后、10 年后呢，会是怎样的趋势？

事实上制造业门类庞杂，各行各业均有特色，产业链也是错综复杂（直接面向终端客户的制造商只是一部分），并不能认为所有产品未来都是定制化生产，就算有定制化趋势，程度也并不一样。企业定制化的特点如图 1-5 所示，客户是消费者还是制造商，产品倾向于艺术化还是工业化，订单是批量还是少量，设计需不需要专业知识，是高端奢侈品还是低端工业品……这些因素都会影响到产品的定制性质，当然也左右了对应的生产模式，企业应该首先对自身产品进行评估判断，而不应只顾追赶行业热点。

我们知道产品是由各种零件构成的，那么面向消费者的，一般都是最终的产

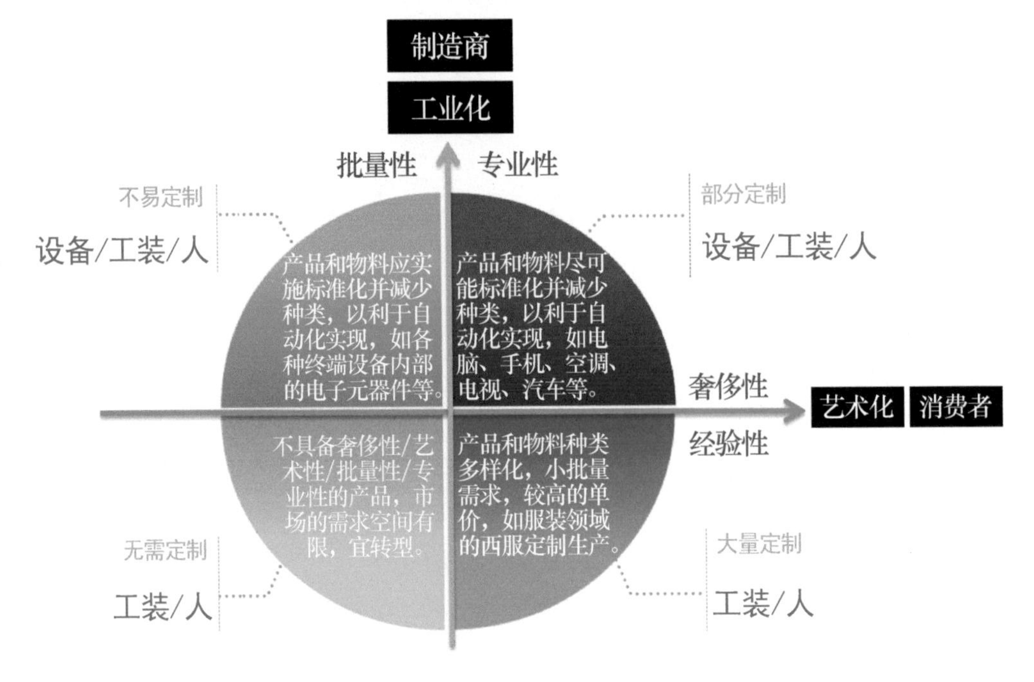

图 1-5　企业定制化的特点

品，单价高，如果我们只生产零件，则单价就低。所以，同样的利润率下，做零件的只有“拼数量”。一个产品能卖 10 元，而某个零件可能就只有 1 角或几分钱，如果卖同样的数量那么不仅没有营业额，而且利润也很差。所以越是往产业链下游倾斜，企业产品定制特性越高。

对于大多数企业来说，除非是生产奢侈品，否则定制化产品只可能占据一定比重，或者说即便是定制化产品，定制化程度也是有区别的。举个例子，某公司是生产汽车的，常规情况下是不可能有来自客户的定制需求的，它属于批量性、专业化的工业品；如果个别客户指定要黄金车身或者采用防弹玻璃之类的，那就是个性化的定制了。再举个例子，某公司是生产连接器产品的，那么除了极少数领域（如航空、军工、医疗等），其他几乎都是批量性的非定制化工业产品。可见不同行业不同企业，有不同的客户群体和产品特质，认为定制化生产是未来趋势的论断值得商榷，不能随意地、急切地给企业贴标签。

既然智能制造是为了满足定制化生产这种更高级需求的制造模式，对很多产品非定制生产企业来说，是否意味着发展智能制造本身就是错误的方向呢？那也未必。逻辑上是这样的：智能制造具备相对于传统制造模式更先进、更灵活的优势，即便应对非定制化生产需求，显然也是制造技术的转型升级，所以方向也是对的，只是何时切入以及对推行进度的把握，企业需要量力而行，借由智能制造发起的革新及改善过程应有适当的灵活性，一切以企业未来和当前的效益提升为重心，否则可能会做无用功或吃力不讨好！

1.1.3　智能制造 = 不断提升制造能力

所谓智能制造，是一种由智能机器和人类专家共同组成的人机一体化智能系统（见图 1-6），在制造过程中能进行智能活动，诸如分析、推理、判断、构思和决策等。通俗地说，智能制造包括有形的自动化和无形的自动化（见图 1-7）。展开来说，智能制造指的是产品生产全周期，从自动化升级成智能化，扩展到“工厂 + 信息系统”替代人的控制、“生产线 + 传感器”替代人的监督、“精密加工装备 + 算法”替代人的技艺等，进而出现“智能工厂”。智能制造能解决新的生产模式问题，能满足多品种、小批量、差异大的定制化需求，强调快速响应。

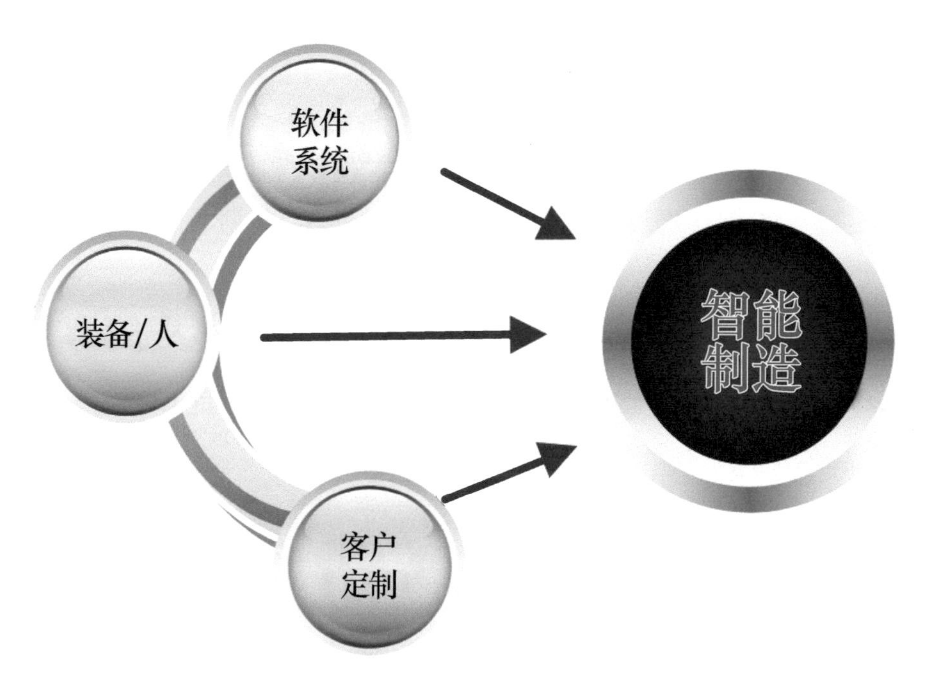

图 1-6　智能制造的构成

一般来说，高端产品搭配智能制造，能提升企业的整体形象和竞争力。当前企业可能生产的是中低端产品，也不具备发展智能制造的条件和能力，但是未来呢？最终归宿还是需要逐渐努力做高端产品（这也是市场趋势，随着社会发展，

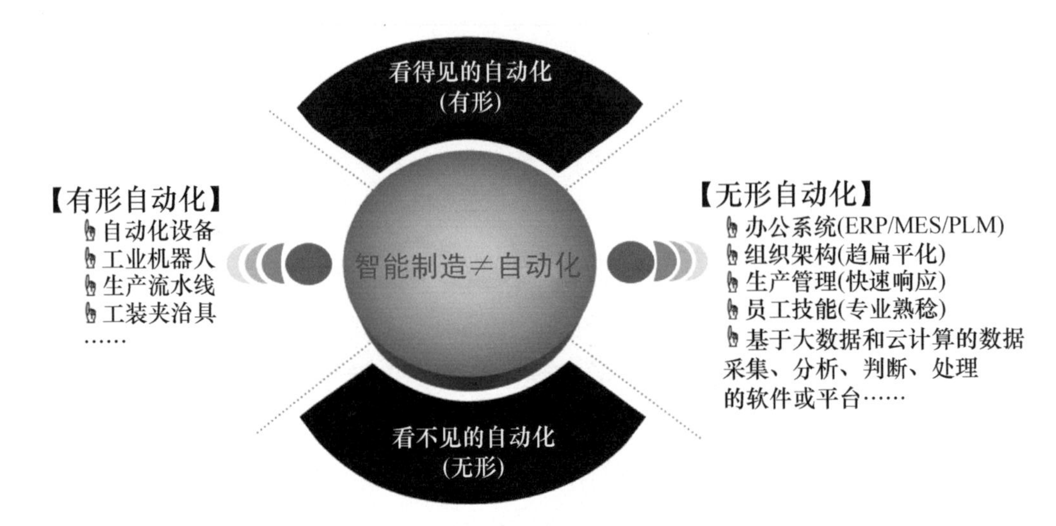

图 1-7 智能制造 = 有形自动化 + 无形自动化

注：ERP 为企业资源计划；MES 为制造执行系统；PLM 为产品生命周期管理。

人们会逐渐摒弃低端、劣质产品，另一方面，中低端制造业本身也缺乏绝对的竞争力，其他国家制造业会逐渐追赶)，提高产品的市场竞争力和溢价能力，想方设法提升产品售价（见图 1-8)，然后推行与之相配的制造模式。从这个角度看，任何企业都可以发展智能制造，通过一系列的举措，提升企业运营的能力和生产绩效。但务必量力而行，将其视为长期工程，阶梯式导入。短期而言，更多的企业应着力于推行技术改造。

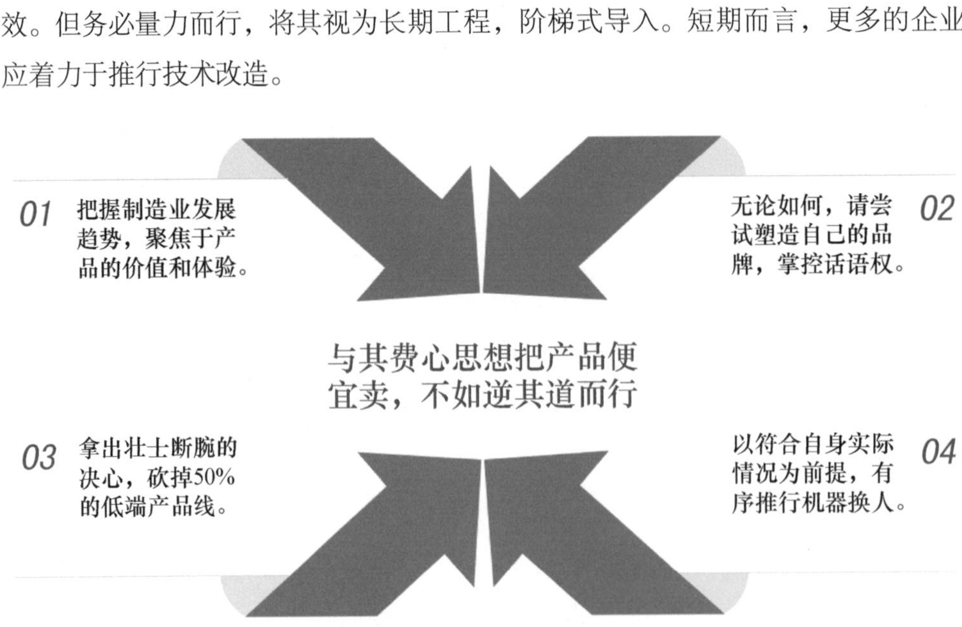

图 1-8 生产高端产品是智能制造的先决条件

无论是智能制造还是技术改造，企业均避不开“机器换人”这个环节。作为从业多年的一线工作者，个人对于智能制造的态度略显保守，甚至认为当前国内大多数企业并不具备发力发展智能制造的条件，“弯道超车”之路谈何容易。但是，“机器换人”则几乎是所有企业升级转型的必经之路，也是企业走向智能制造的关键步骤。换言之，不管企业发不发展智能制造，通过“机器换人”均可优化组织架构、制程工艺、生产工具等，从而实质性地提升制造竞争力和产品附加价值。只是在长远战略上，企业需要把智能制造和技术改造稍微区别开来，一个着眼长远，一个立足当前（见图 1-9）。不同企业的实际状况不同，对于两者的阶段性定位也不太一样，但行动均是从“机器换人”开始的。

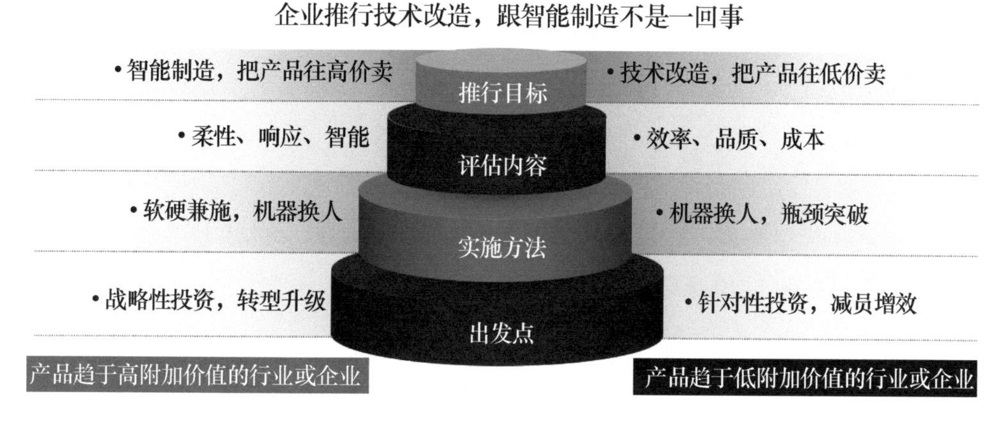

图 1-9　智能制造和技术改造的对比

综上所述，对多数制造企业而言，采用智能制造并非绝对、唯一、急迫的大事，但“机器换人”（不等于买机器替代人）则几乎是所有制造企业应该重视和贯彻的转型升级关键战略，时不我待。经历“机器换人”运动后，企业的生产场景是以人为主还是以机器为主，其实一点都不重要，维持企业竞争力才是正确方向，也是终极目标。

1.2　什么是工业机器人

一方面随着人口红利的减少，我国相对于其他发展中国家的劳动力成本优势慢慢弱化，劳动密集型产业逐步向东南亚其他国家转移。另一方面，政府和企业也在促进关键岗位机器人的应用，尤其是在危害健康和危险的作业环境、重复繁重的劳动、智能采样分析等岗位推广工业机器人。因此近年“机器换人”热潮在珠三角、长三角、中西部等制造业发达地区此起彼伏。然而现实并不乐观，在推进“机器换人”的进程中，固然有许多企业“尝到了甜头”，实现了人力节省、效益提升的目标，但也有不少企业“尝到了苦头”，项目开展遇到诸多阻滞乃至失败，逐渐失去方向和信心。

“机器换人”绝对不能简单理解为导入大量设备取代员工，或者是建设无人工厂，它更像是一场制造技术革新升级运动的代号。企业借由这样一个由上至下、全员参与的技术改造活动，可以优化生产模式、管理、流程、工艺、工具，从而达到整体提升企业制造能力的目标，而设备作为“工具”显然只是核心因素之一而已。如1.1节所言，以目标和结果为导向，智能制造不一定是所有企业生产制造模块的“最优解”，也未必是以无人工厂的形态来呈现。但对于已经或即将发展智能制造且要“机器换人”的企业来说，如果有涉及工具部分的导入，工业机器人及其集成设备、生产线当为首选。

1.2.1 探寻“机器换人”之路

在推进“机器换人”的过程中，大多数企业均面临诸多的困扰和制约，绝大多数情况下是如图1-10所示的几个方面。

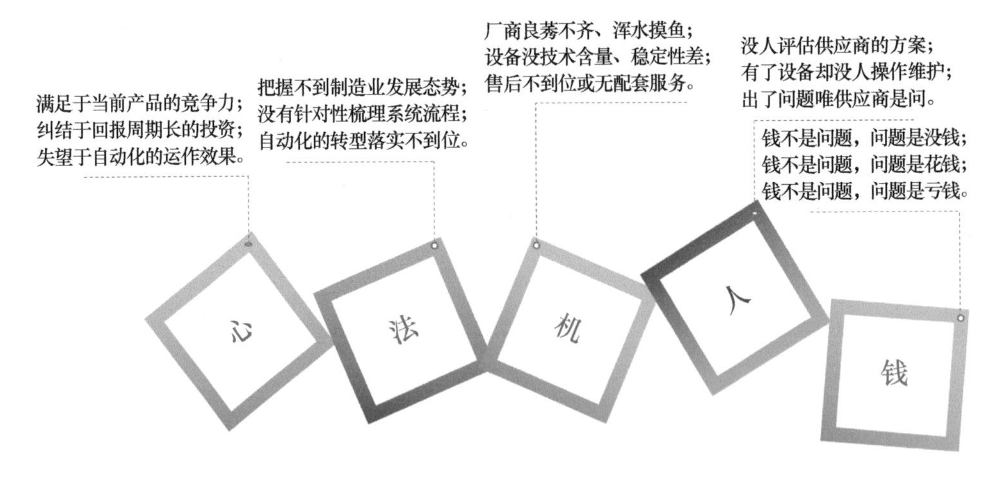

图1-10 “机器换人”可能面临的困扰

● 心

再强大的企业如果故步自封，只看当前不想未来，随着竞争加剧和环境变化，可能会逐渐失去优势地位，所以居安思危、求变是企业永恒的话题之一。既然是革新、升级，难免会碰到各种意料之外的困难、阻碍，乃至会牺牲短期效益（比如项目失败），有没有足够的耐心和信心坚持下去，是一个营运策略问题。

此外，虽然机器换人从长期效益来看是好的，但初期投入相对劳动密集型企业较高，投资风险相对较大，再加上产品附加价值相对较低，很多企业对高精尖设备的需求欲望不强，这又是一个传统观念的问题了。

● 法

“开弓难有回头箭”，既然选择了方向，当然只有迈开步子前进。所谓“正确的方法是成功的一半”，有方向有方法才能走得更加顺畅、稳当。企业在制定“机器换人”战略前，应先从行业展望、产品特性、投资战略、内部梳理和导入设备环节依次展开评估，尊重客观规律，少刮“浮夸风”，在追求“快”之外，注重软硬兼施、内外兼修（见图 1-11）。行业趋势或企业产品倾向全部定制化、部分定制化还是自动化，对于哪些产品（线）该推行哪种生产模式更有优势，如图 1-12 所示。在投资策略上针对性倾斜，不在智能制造产品线计较设备的短期回报率，也不在自动化生产线投入过多“赔本项目”（见图 1-13）；对企业未来的生产模式的实现过程进行阶段性规划（见图 1-14）；“没有规矩不能成方圆”，企业健康规范运作，靠的是制度、标准和流程（见图 1-15）；无纪律和战斗力的军队也难担大任，企业健康规范运作还要靠各部门的基础设施与生产管理（见图 1-16）。当以上这些工作都梳理和完善了，或起码能够稍微提前一点落实，“机器换人”就会提高效率或减少问题，光想着砸钱导入设备，往往“吃力不讨好”。

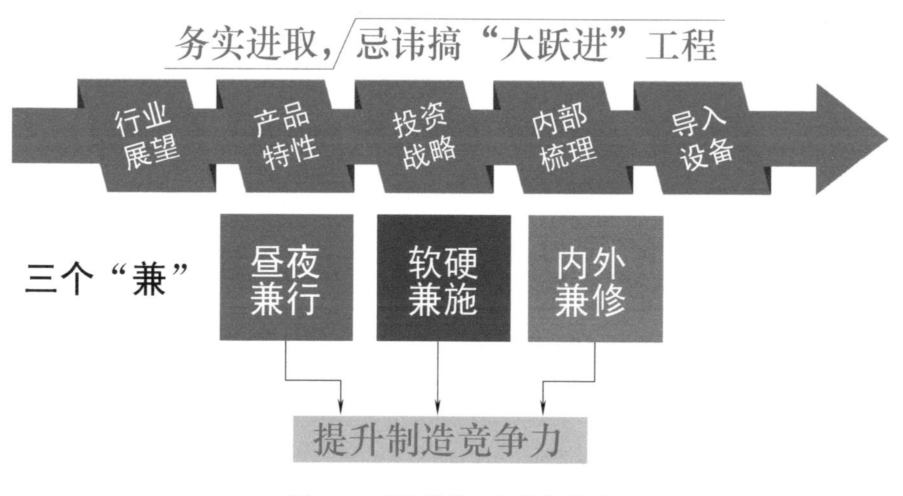

图 1-11　“机器换人”前的策略

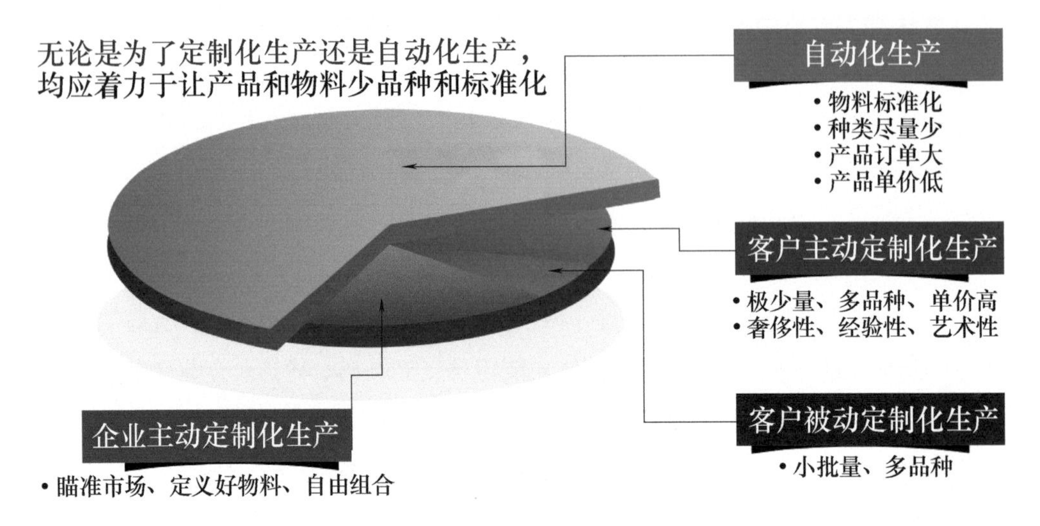

图 1-12　产品生产模式的划分

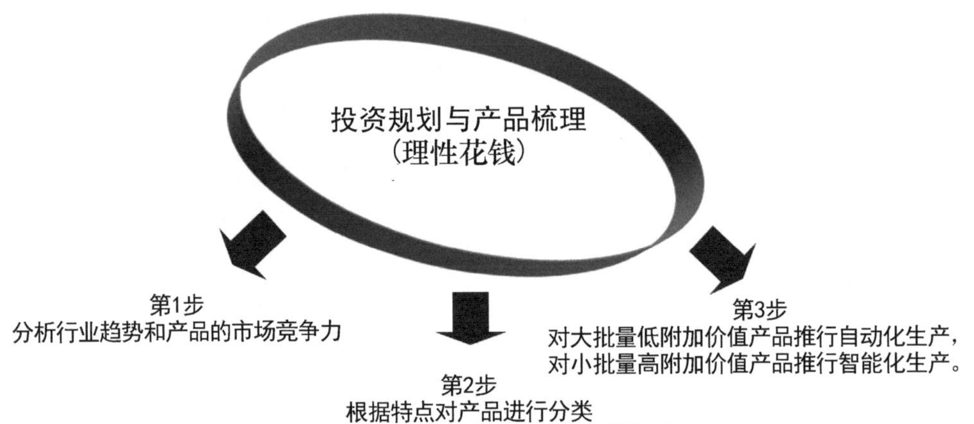

图 1-13　投资规划与产品梳理

● 机

机器换人最终还是落到关键要素工具（机器）上，不外乎就是“天时地利人和”的问题。

(1) 天时　指的是合适的时机，时机不当，“机器换人”就容易陷入疲于奔命的境地。比如在一线人员缺乏专业技能时盲目导入工业机器人设备，可能本来可以顺畅运作的项目会变得磕磕绊绊。再比如公司曾经的明星产品有“行将就木”的迹象，还投入大量人力物力去推行“机器换人”，徒增许多形式主义的浪费。

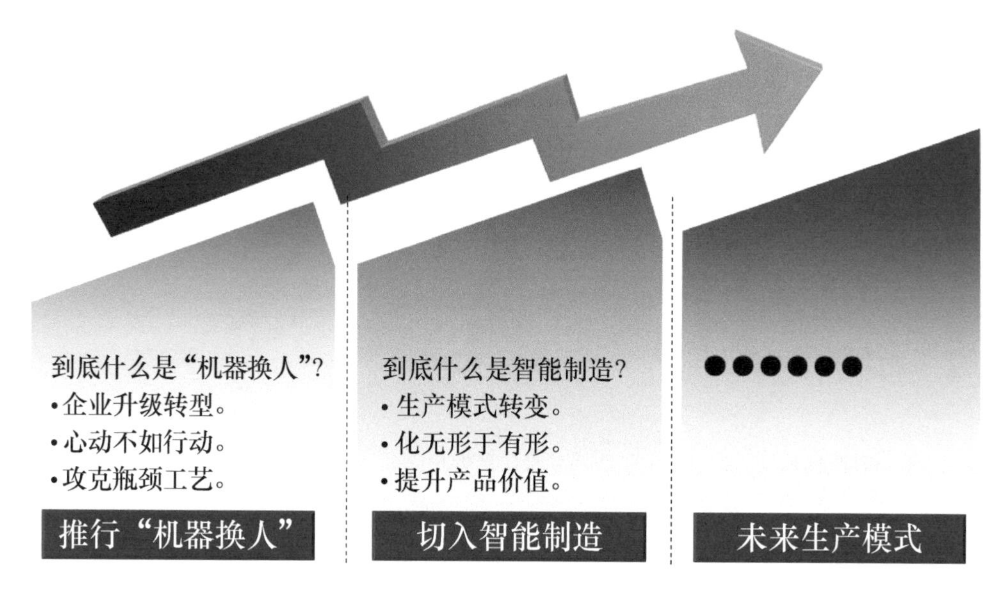

图1-14 智能制造的阶段性规划

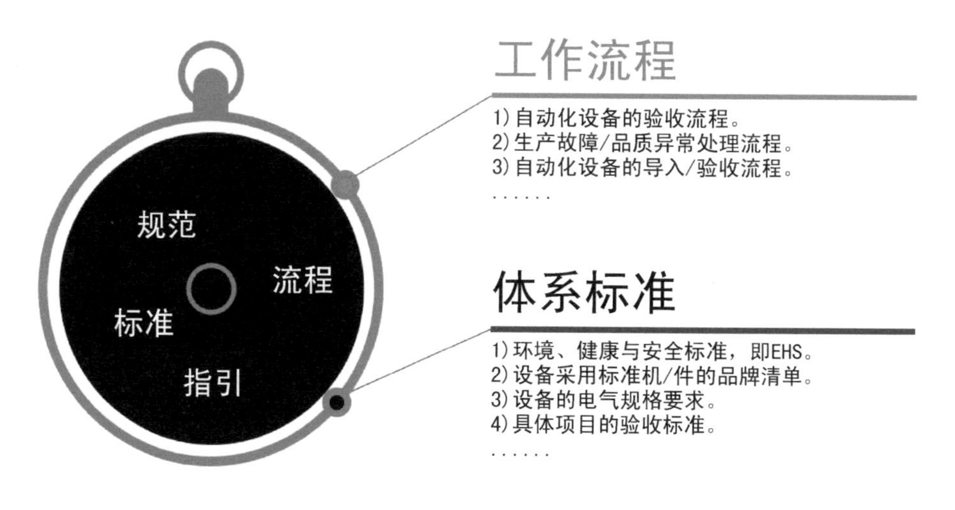

图1-15 智能制造的“软实力”

（2）地利 由于不同企业在厂房建设和生产工艺设计时，没有考虑到工业机器人的使用，厂房层高不够、厂区空间狭小、生产流程不科学，这给引进工业机器人实现自动化、智能化生产带来大量额外成本和难度。所以，如果是新厂，提前规划；如果是旧厂，最好能针对性改造，忌讳根据项目四处挖到处补，或因为场地限制难以把项目落实到位。

（3）人和 一般来说，生产单位是客户，制作设备的均为供应商（即便设备

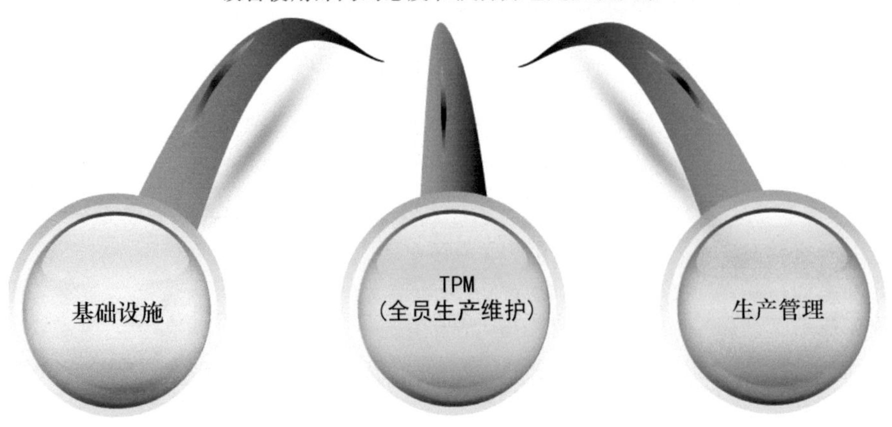

图 1-16　基础设施与生产管理

是由企业内部其他单位制作的）。因为非标定制化设备又是以客户需求制作的，“顾客就是上帝”，客户自然会有优越感，供应商是弱势群体。绝大多数情况下，客户和供应商之间会在项目目标、有效沟通、合作关系和商业利益上产生矛盾和博弈（见图 1-17 和图 1-18），如果两者不能像朋友一样互惠互利，项目做不到尽可能公正公开，则注定合作难有双赢的结局。如何定位和协调客户和供应商的合作关系，是企业需要解决的一大课题。

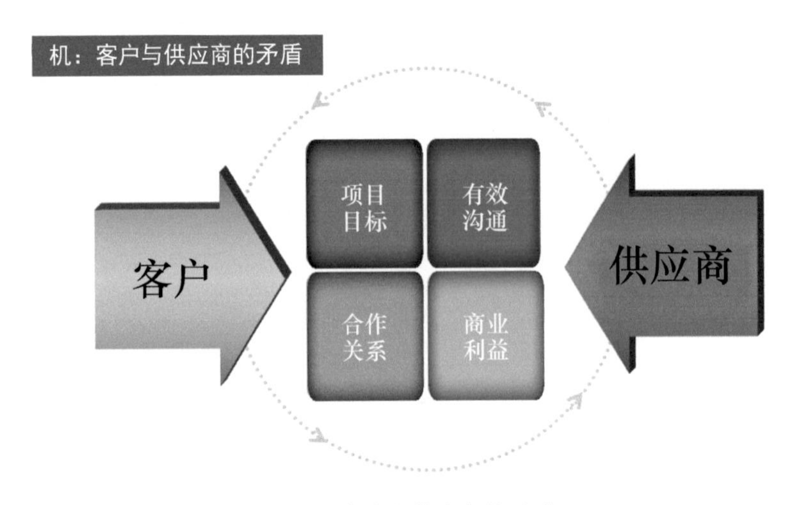

图 1-17　客户与供应商的矛盾

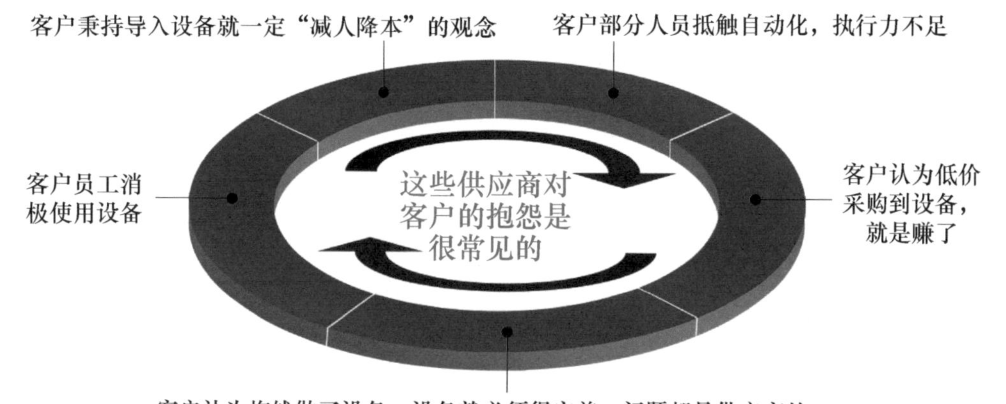

图 1-18　供应商的“抱怨”

● 人

由于传统制造业比重较大，且多数企业处于工业 2.0 和工业 3.0 阶段，无论管理水平还是技术能力都相对落后，在推进自动化、智能化过程中，存在诸多的困难、误区，但归根结底还是人才的匮乏导致，而一线的产业技术工人是决胜关键。机器换人后，企业的总人数（尤其作业员这部分，工资较低）肯定会呈下降趋势，但生产模式变更后，一定少不了新增部分配套的专业人员（工资比作业员高），如图 1-19 所示。所以，如果企业生产要素以人力为主，则作业员是效益的源泉；如果生产要素转为机器，则一线技术人员才是业绩的保障。建立并培训一支勤快尽责、技能熟练的设备管理维护和生产设备持续改善团队，对热衷机器换人的企业而言是一件重大的先决事项。

● 钱

企业花钱买了设备却发现效益没增长，这是制造业企业在推行机器换人进程中可能遭遇的痛点或存在的通病。客观地说，能用钱解决的问题都不是问题，机器换人也是如此。设备投资难以开展的根本原因如图 1-20 所示。对多数中小微型制造企业而言，由于有财务压力，如果没有国家政策导向或外力扶持，更应该坚持“守住一亩三分田”策略，把产品做精，在投入产出比理想的状态下适当强化生产制造能力，切忌“不切实际”地发展所谓“高端制造”，事实上也折腾不起。而有实力的大型企业，则有必要顺应潮流、紧跟趋势、洞悉未来，通过资源整合、技术革新、人才优化等提升企业自身的市场竞争力，进而为行业

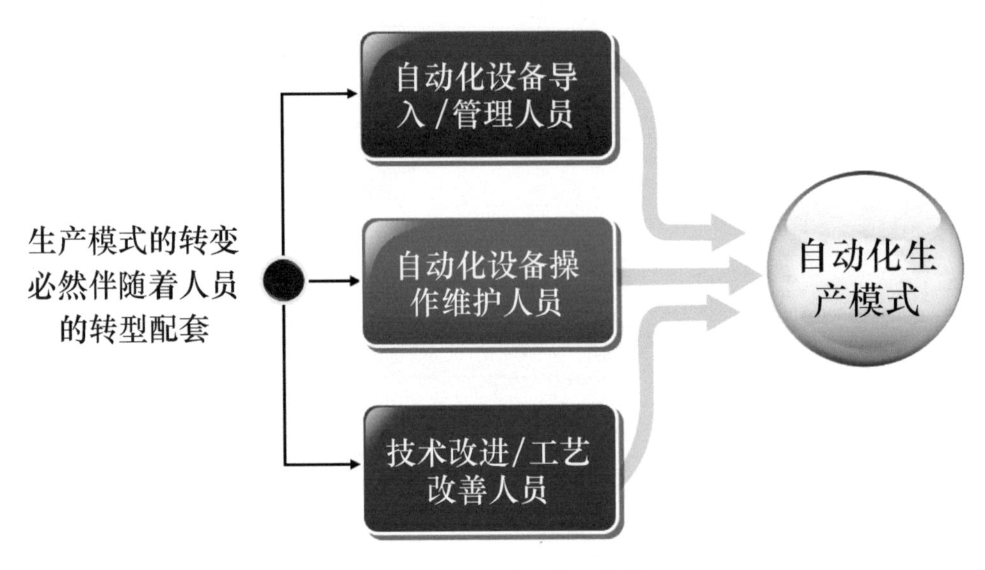

图 1-19 维系生产的专业人员

注入新的活力和生气，引领和带动更多的中小微型企业携手进步。简言之，如果智能制造是高端制造，是制造业的未来，那么大型企业才是这场革命的主力军，任重而道远。

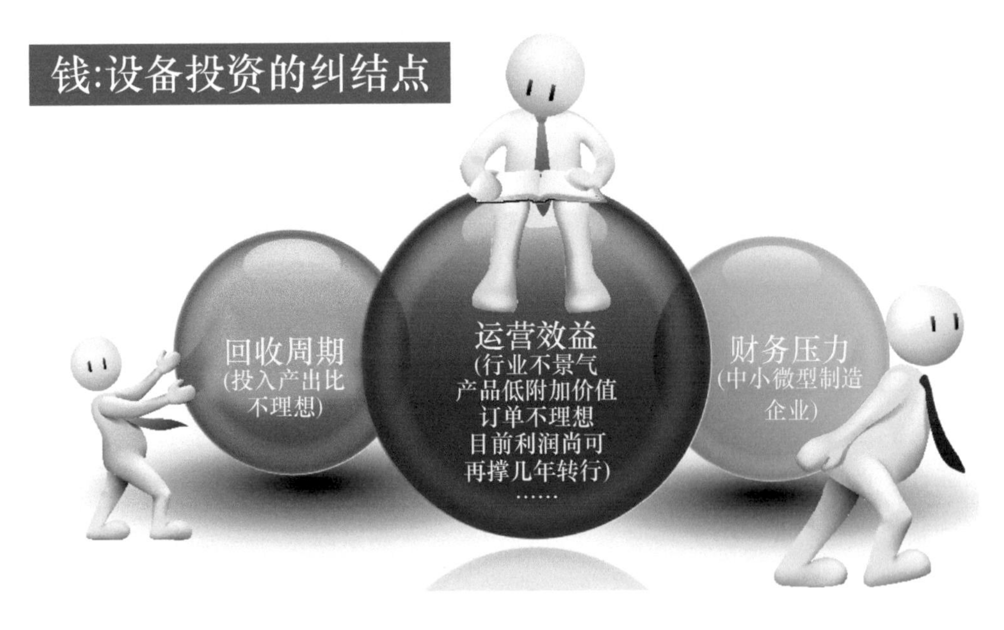

图 1-20 设备投资难以开展的根本原因

当下，我们一直在提智能工厂、无人工厂，好像建成这些“高大上”的工厂，企业就能领先对手，称雄制造业了。事实上若干年前，世界上第一个无人工厂已在日本诞生（见图 1-21）。我们设想下，日本完全不用到中国来投资设厂，继续发展它的智能制造，继续它的工业 4.0（虽然那时还没提起）探寻之路就好了，为什么会背道而驰，把很多制造业“扔”到中国来，并且在其后几十年时间，从中国获取了无数的劳动力红利？并且日本很多制造业企业跟我国的比，也没有多大的硬件优势，为什么会这样呢？原因是很复杂的，但是有一点可以肯定，单纯靠无人工厂、自动化、智能制造并不能确立企业的竞争优势……无论生产制造模式怎么演变，终极目标依然是本章跟各位读者强调的：竞争力和效益。

图 1-21　世界上第一个无人工厂（日本）

也曾有专家调侃道，德国的工业 4.0 是为大型企业服务的，本质上是在淘汰中小微型企业，其实不无道理。在今天这场看不见硝烟的工业战场上，竞争态势或许会是大者恒大、强者恒强的格局，中小微型企业或许只有两条路：要么追随大型企业成为合作支点（以提升竞争力和效益为核心），要么术业专攻立志成为百年老店（即所谓的转战中高端产业）。

● 实战建议

企业在推行“机器换人”之前或同时，需要突破的关键点如图 1-22 所示，尤其在“法”“人”“机”等方面务必下足功夫。比如“法”，绝大多数企业依托“精益改善推动”来达成，这可不是喊喊口号就能做好的，需要公司上下通力合作。图 1-23 和图 1-24 所示为某企业推行“精益制造”助力效益提升的管理模型，涉及工具、方法、规则等内容，是一个跨部门协作的系统工程，经过全员努力，该企业向“绿色、信息化、少人化的标杆工厂”迈进了一大步。

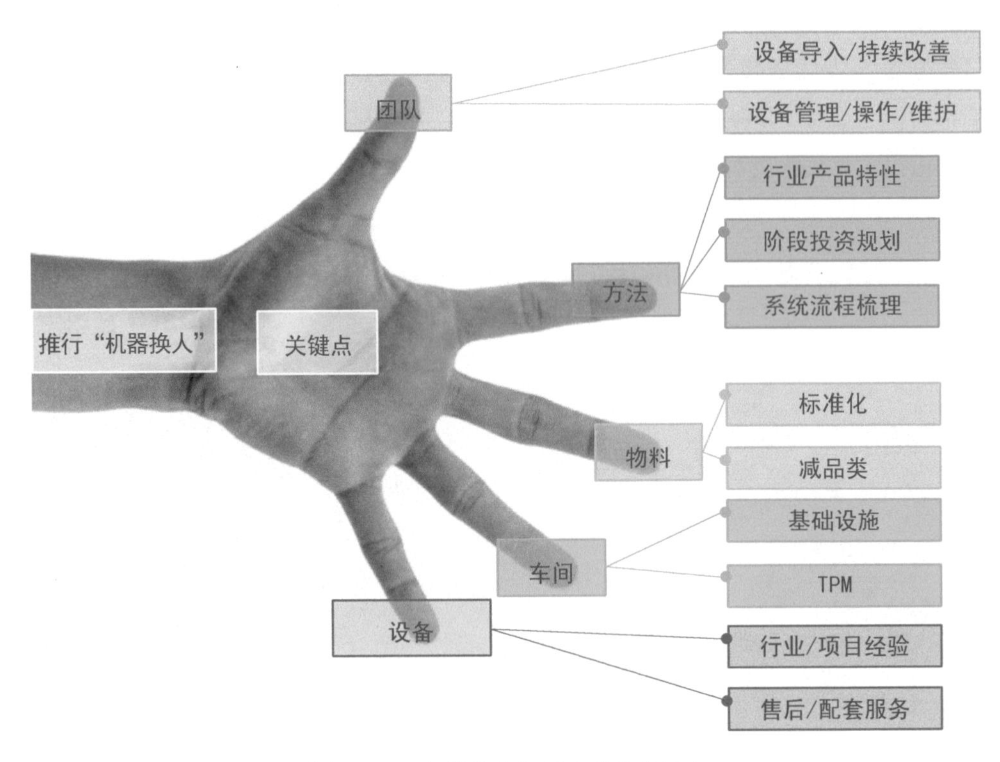

图 1-22 “机器换人”要突破的关键点

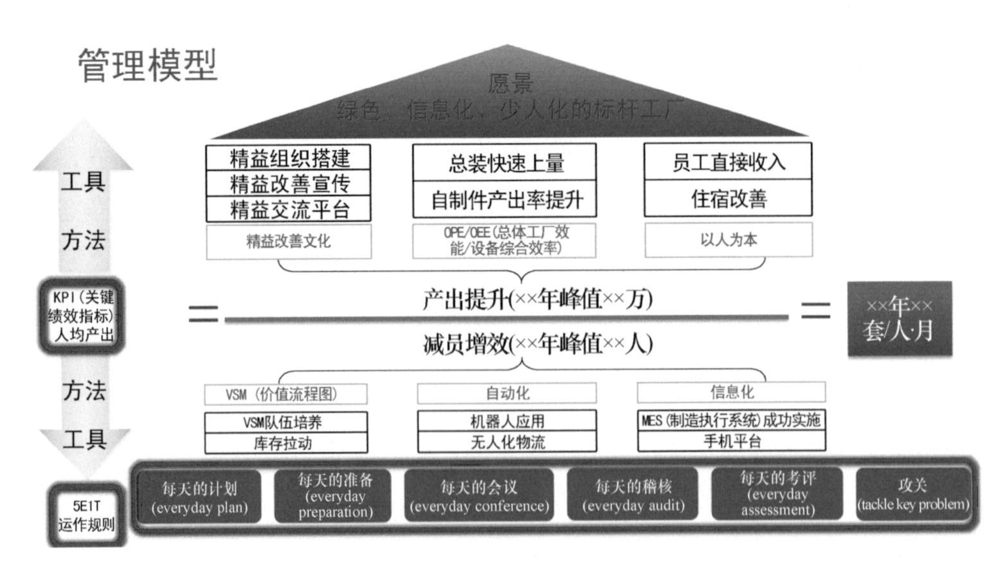

图 1-23 “精益制造”管理模型 1

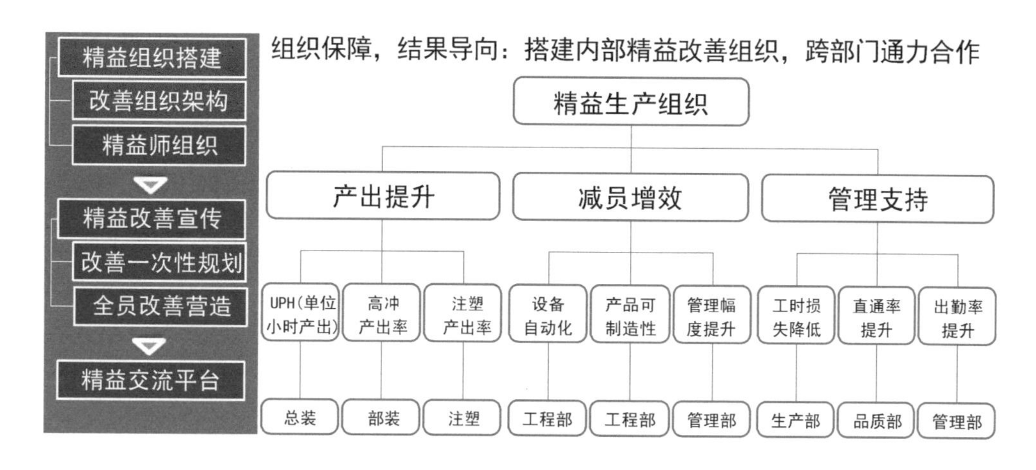

图 1-24 “精益制造”管理模型 2

我们再以日本某企业电饭煲生产线为例，2015 年其有两个工厂（花园工厂、滕冈工厂）共 900 人，一年产值 13 亿元，主打产品包括扫除机、电饭煲、多头灶等。其中滕冈工厂主要生产电饭煲，占地面积 9759m²，厂区面积 4620m²。总装车间共 4 条线体，与国内某家电企业 A 公司同类生产车间相比，面积约为 A 公司的 25%，人员约为 A 公司的 30%，但小时产量约为 A 公司的 64%，换言之，该企业的人均产量当时约为 A 公司的 2.13 倍！该企业工厂看不到大规模自动化，车间场景如图 1-25 ~ 图 1-27 所示，但是生产效率、品质就是比 A 公司有优势！

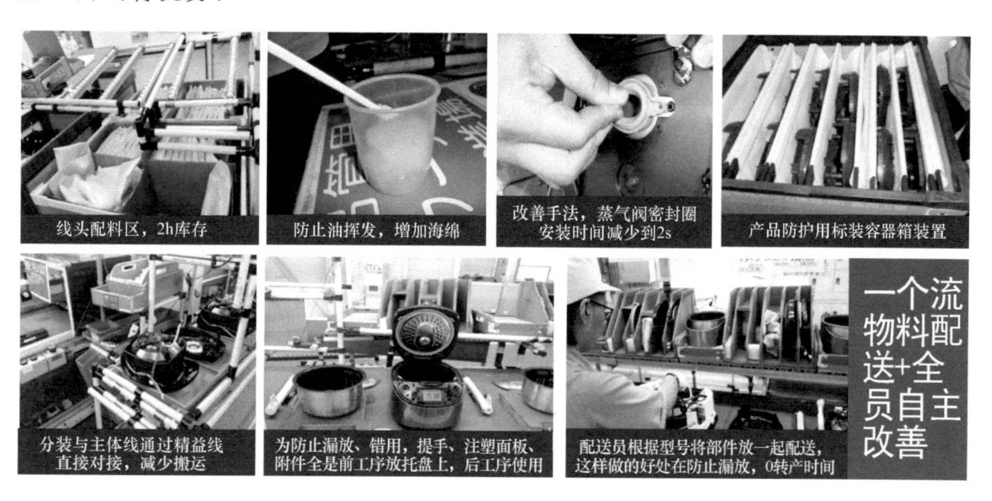

图 1-25 某日本企业电饭煲生产车间 1

图 1-26　某日本企业电饭煲生产车间 2

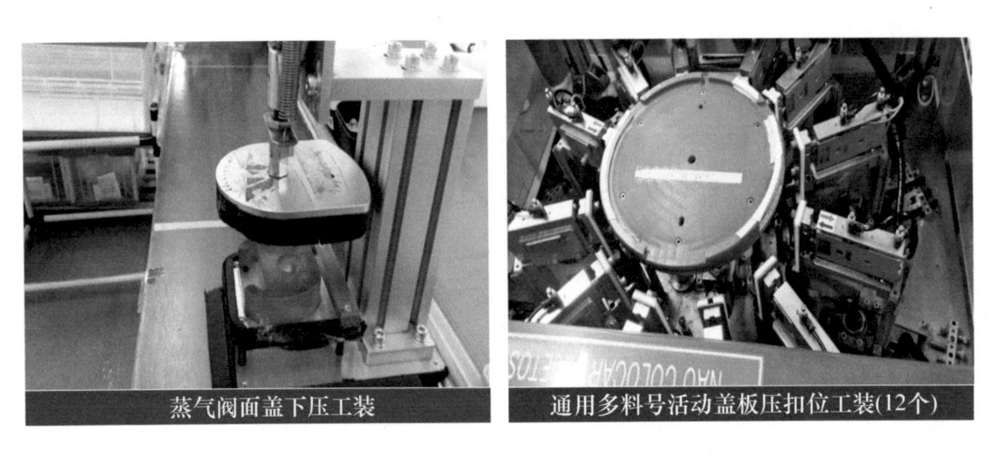

图 1-27　某日本企业电饭煲生产车间 3

经过一些生产模式和细节的对比后，总结如图 1-28 和图 1-29 所示。其优势体现在几个方面：生产方式规划、全员改善管理制度、人员技能熟练度、配套工装夹治具等。这就值得深思了：为什么支撑其制造竞争力的是些毫不起眼的“软实力”，而不是所谓“无人工厂”“智造车间”，难道日本人的设备制造能力不行？笔者更倾向于这样的理解，就该行业该企业而言，也许这就是其相对较优的“阶段性智能制造”了，尽管可能还有很大持续改进的空间。那么，我们该如何赶超？仅凭模仿和努力就可以做到吗？

综上所述，无论是为了发展智能制造，还是实现技术改造，“机器换人”都是

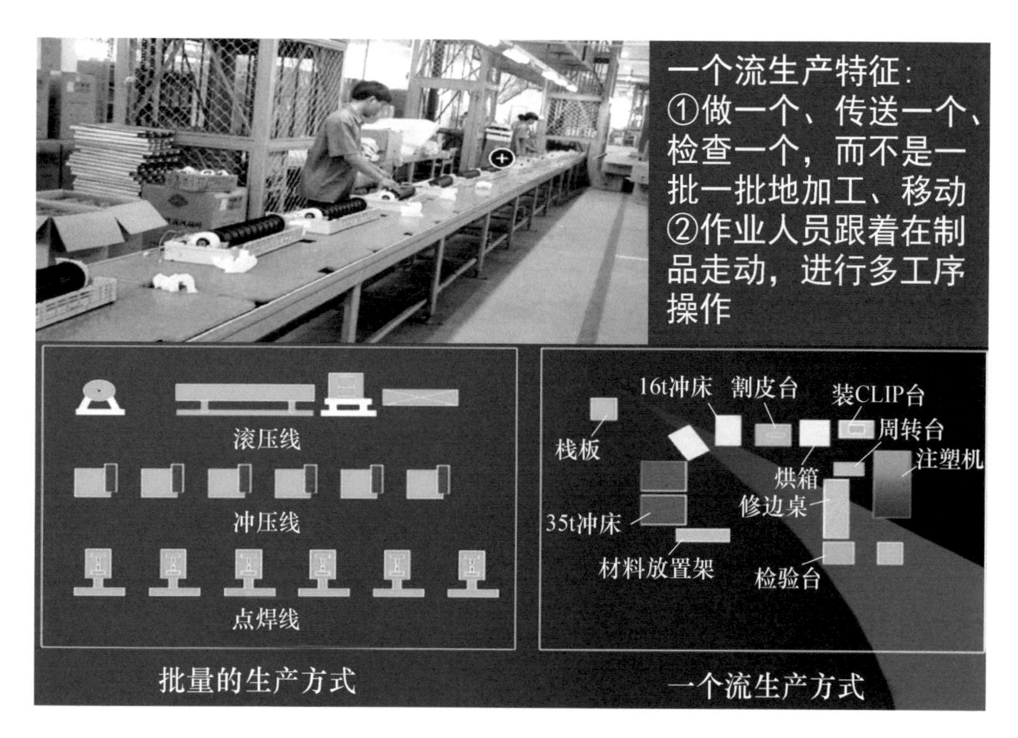

图1-28　企业生产模式和细节分析1

制造业企业避不开的一场“自我变革运动”，需要注重主动出击、有序推进、效益导向、阶段成果、殊途同归（见图1-30），它们都有各自的推进难点，都是为产品制造服务。以“有序推进”为例（见图1-31），一般都会走工站、线体、整厂自动化再升级到数据工厂（也就是所谓的智能制造）路线，即便世界500强的制造大厂亦如此。

1.2.2　何谓工业机器人

工业机器人是集机械、电子、控制、计算机、传感器、人工智能等多学科先进技术于一体的重要的现代制造业自动化装备。工业机器人产业链主要由上游核心零部件（控制器、伺服系统及精密减速器）、中游工业机器人本体组装，以及下游系统集成（包括相关服务）构成，涉及企业类型如图1-32所示。工业机器人本质上是一个以电动机为动力的高柔性、标准化的移载装置，被广泛应用于电子、物流、化工等各个领域之中。市面上的工业机器人从1轴到7轴都有，各有适应面和性价比，常用的类型如图1-33所示。常见的工业机器人品牌如图1-34所示。

学习总结

1) 核心是一个流生产，物料配送及时化，0转产时间

2) 物料配送: ①本体物料随拉体流动，防止漏放、错用; ②物料配送全部轮子化

3) 员工培训系统很完善，从新员工进厂培训到上岗后的培训一直有追踪

4) 自主改善已上升到公司考核指标,员工改善能力突出,习惯已经形成

5) 工厂内部工装设计能力很强，运用广泛，很巧妙

6) 现场目视化运用广泛，特别在生产线员工操作注意事项和异常处理流程用图片的方式展示得很好

7) 把安全生产放在首位，工厂内随处可见安全标示，产品设计也考虑安全

该企业生产模式的核心在于两点:
1）他们对员工坚持不懈的培训，不断提升员工技能
2）公司持续改善能力，坚持员工参与自主改善制度

序号	项目	工作内容
1	人员管理	开展员工微笑与问候活动
2		输出1份A4规格的“新员工培训规范表”
3	全员改善	自主改善表单取放处
4		每月开展1次“寻宝活动”，营造全员改善的气氛
5		现场开展“一平方管理”，每天安排5min全员清扫
6		用图文、实物形式指引岗位操作,对所有岗位轮流回炉培训1次
7	工装工具	产量进度显示屏
8		拆电路板工装
9		功率参数目视化表、红色安全警示语
10		维修工具定位摆放
11		涂油工装推广
12		冷却线使用移动空调
13		自动老化、自动打耐压
14	物流优化	自制简易容器，实现所有物料定量配送到线旁
15		分装线与本体线对接，取消中间配送流程
16		设置线头2h配料区，物料齐套跟托盘一对一流动

图 1-29　企业生产模式和细节分析 2

机器人技术的发展必将带动其他技术的发展，机器人技术的发展和应用水平也可以验证一个国家科学技术和工业技术的发展水平。工业机器人作为一种标准化、市场化的自动化装置，具有以下几个典型特征。

（1）可编程　生产自动化的进一步发展是柔性启动化，工业机器人可随其工作环境变化的需要而再编程，因此它在小批量、多品种、具有均衡高效率的柔性

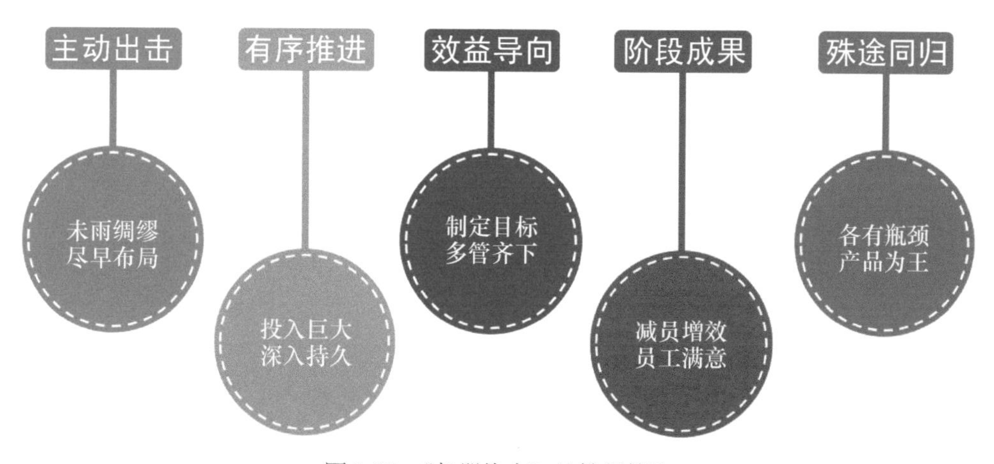

图 1-30　“机器换人”的推行策略

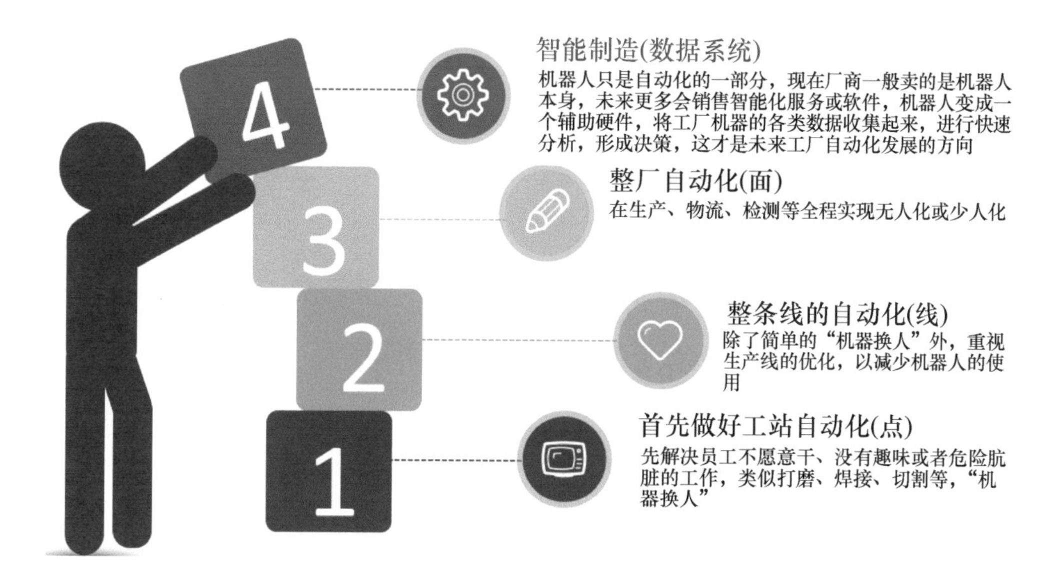

图 1-31　有序推进智能制造

制造过程中能发挥很好的功用，是柔性制造系统中的一个重要组成部分。

（2）拟人化　工业机器人在机械结构上有类似人的行走、腰转、大臂、小臂、手腕、手爪等部分，在控制上有计算机。此外，智能化工业机器人还有许多类似人类的“生物传感器”，如皮肤型接触传感器、力传感器、负载传感器、视觉传感器、声觉传感器、语言功能等。传感器提高了工业机器人对周围环境的自适应能力。

（3）通用性　除了专门设计的工业机器人外，一般工业机器人在执行不同的作业任务时具有较好的通用性。更换工业机器人手部末端执行器（手爪、工具等）便可执行不同的作业任务。

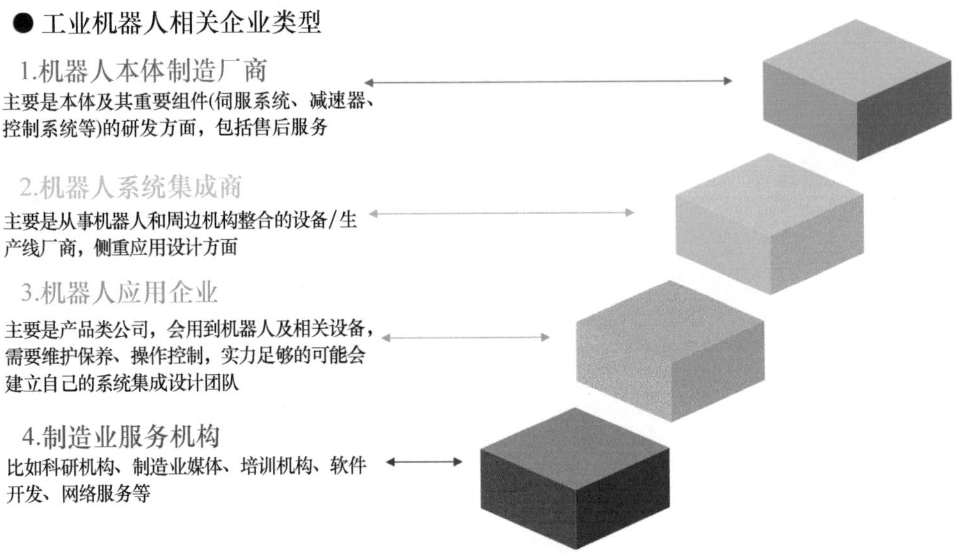

● 工业机器人相关企业类型
1.机器人本体制造厂商
主要是本体及其重要组件(伺服系统、减速器、控制系统等)的研发方面，包括售后服务
2.机器人系统集成商
主要是从事机器人和周边机构整合的设备/生产线厂商，侧重应用设计方面
3.机器人应用企业
主要是产品类公司，会用到机器人及相关设备，需要维护保养、操作控制，实力足够的可能会建立自己的系统集成设计团队
4.制造业服务机构
比如科研机构、制造业媒体、培训机构、软件开发、网络服务等

图 1-32　工业机器人产业链涉及的企业类型

线性机器人
SCARA(选择顺应性装配机器手臂)机器人
多轴机器人
并联机器人

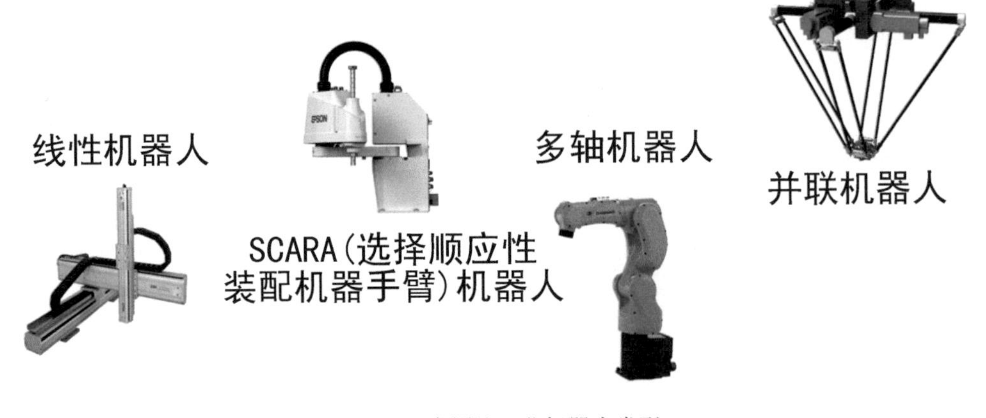

图 1-33　常用的工业机器人类型

(4) 综合性　工业机器人技术涉及的学科相当广泛，归纳起来是机械学和微电子学的结合——机电一体化技术。新一代机器人不仅具有获取外部环境信息的各种传感器，还具有记忆能力、语言理解能力、图像识别能力、推理判断能力等人工智能，这些都与微电子技术的应用，特别是计算机技术的应用密切相关。

工业机器人本质上是一个标准移载模组，因此整合工艺后的应用案例非常多，遍布各行各业，常见的工业机器人应用工艺如图 1-35 所示，常见的工业机器人应用场景如图 1-36 所示。

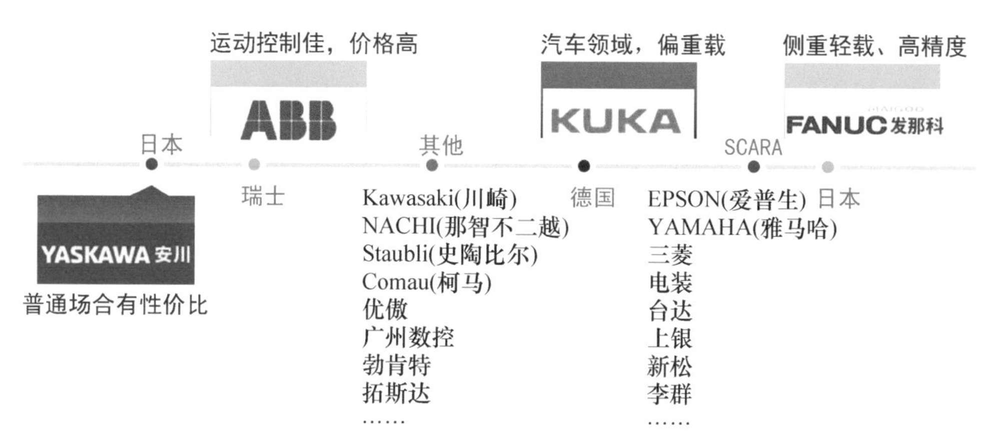

图 1-34　常见的工业机器人品牌

图 1-35　常见的工业机器人应用工艺

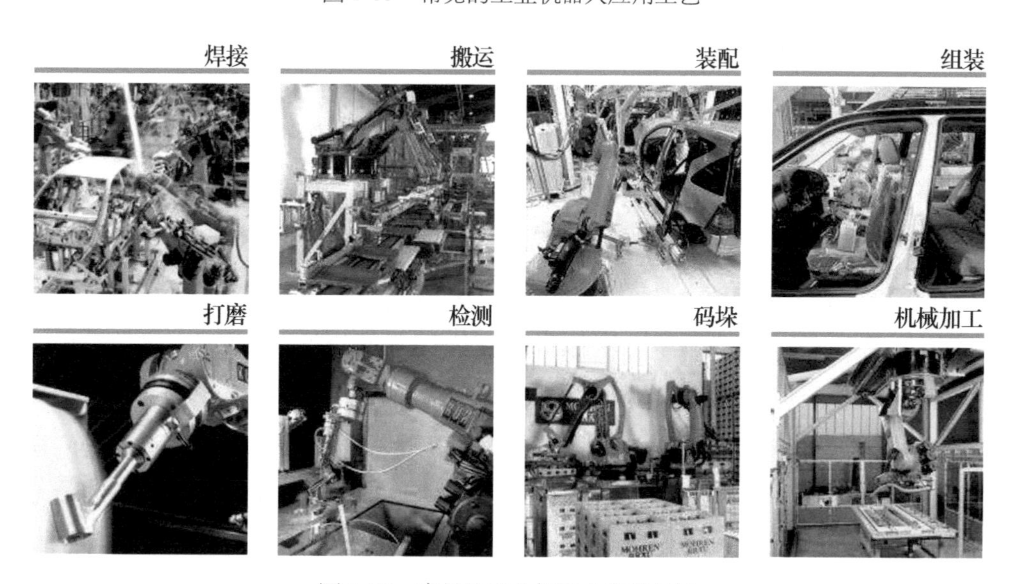

图 1-36　常见的工业机器人应用场景

据报道，截至 2018 年韩国、新加坡和德国是世界上自动化程度最高的 3 个国家，他们每 10000 名员工分别对应拥有 631 台、488 台和 309 台机器人，而我国的机器人密度为每万人不足 100 台，因此我国工业机器人密度有巨大增长空间。类似这样的论断有一定道理，但没有考虑我国的产业层次和特点，产业偏于中低端，理论上机器人密度难以和发达国家相比，这是必须面对和承认的客观事实。换言之，我国企业在推行“机器换人”时，能够转型高端产业发展智能制造的尚属极少数，更多中小微型企业在导入设备时应反复权衡“三大前提”，如图 1-37 所示，进取可以，但应务实一些。

图 1-37 企业导入设备的“三大前提”

1.2.3 工业机器人的特长

工业机器人是一种比较先进的设备、装置类型，尤其在处理通用工艺（诸如搬运、焊接、点胶、锁螺钉等）方面，具有无可比拟的优势。作为一种特殊的机械装置，工业机器人有别于普通机构，其优势主要体现在如图 1-38 所示的四个方面。首先是数据化，工业机器人一般采用伺服电动机为动力，工作状态与过程指标能量化（如用气、液压动力便很难做到），易于收集、分析、传输和控制。其次是模块化，无论是本体设计还是应用场合，工业机器人都能做到系列化、规格化，具有极高的通用性。再者是柔性化，工业机器人集成设备即便做得再复杂，也可以通过简单的工具、手爪设计变更以及程序实时更新来适应较多的工作场景和要求。最后是智能化，工业机器人通常配置厂商专业的软件系统，集成各种高精密传感器，再结合类似虚拟现实之类的新技术，能够变得更加聪明。智能制造是什么？它对设备有怎样的要求？如果我们反推一下，就会发现工业机器人是截至目前最符合的设备类型。

很多人认为，工业机器人价格偏高，而实际项目预算往往又不高，所以很多场合“用不上”。这个是误解，有必要解释一下。图 1-39 所示为直角坐标机器人的应用场合，几乎每台稍微有点要求的设备都会用到，只不过这样的工业机器人类别稍

图 1-38　工业机器人的四大“优势”

微简单点，所以设计人员不一定外购成品，经常直接“非标设计”罢了，即便性能打折但胜在灵活性高。毕竟大多数产业的工况要求不高，能用就好，或者说企业投资力度有限，也折腾不起高端机器人产品。因此，无论是外购标准装置还是非标定制设计机构，广义上的“工业机器人”的实际应用俯拾皆是。（注：出于论述便利性，本书提到的工业机器人以所谓“高端产品”比如 6 轴关节机器人为主。）

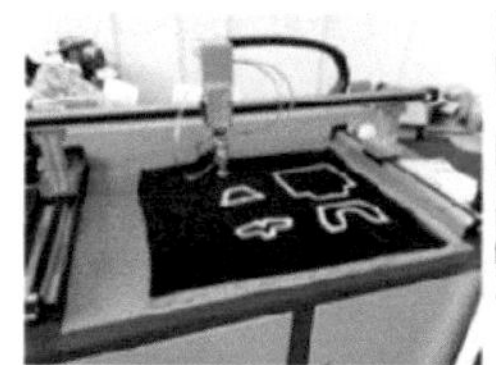

图 1-39　直角坐标机器人的应用场合

小结（见图 1-40）

所谓“三军未动，粮草先行”，本章首先为读者朋友们梳理了一下行业热点问题。由于篇幅和时效问题，没有深入展开，但结合工业机器人已做了贴近本质的阐述。无论是从事技术管理还是机构设计工作，建议您稍微花点时间和精力了解一下，不要轻易跳过这部分看似和机构设计不相关的内容，要想成为一名总工程师，需要站得高，看得远。我们在制定企业自动化战略时，或者开展具体项目时，缺少类似的基本认知，可能会出现根本性或方向性偏差，导致最终的“事倍功半”或功败垂成。

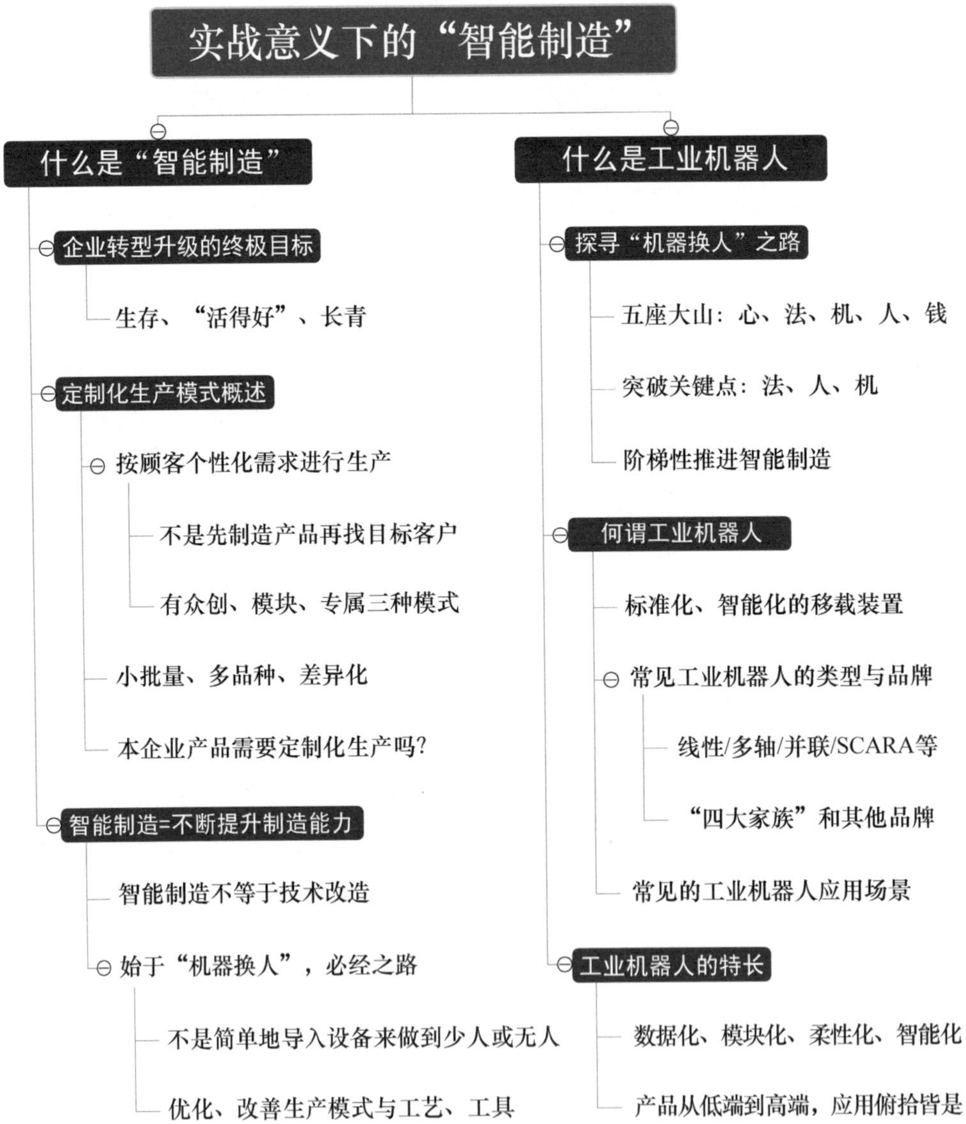

- 实战意义下的“智能制造”
  - 什么是“智能制造”
    - 企业转型升级的终极目标
      - 生存、“活得好”、长青
    - 定制化生产模式概述
      - 按顾客个性化需求进行生产
        - 不是先制造产品再找目标客户
        - 有众创、模块、专属三种模式
      - 小批量、多品种、差异化
      - 本企业产品需要定制化生产吗?
    - 智能制造=不断提升制造能力
      - 智能制造不等于技术改造
      - 始于“机器换人”，必经之路
        - 不是简单地导入设备来做到少人或无人
        - 优化、改善生产模式与工艺、工具
  - 什么是工业机器人
    - 探寻“机器换人”之路
      - 五座大山：心、法、机、人、钱
      - 突破关键点：法、人、机
      - 阶梯性推进智能制造
    - 何谓工业机器人
      - 标准化、智能化的移载装置
      - 常见工业机器人的类型与品牌
        - 线性/多轴/并联/SCARA等
        - “四大家族”和其他品牌
      - 常见的工业机器人应用场景
    - 工业机器人的特长
      - 数据化、模块化、柔性化、智能化
      - 产品从低端到高端，应用俯拾皆是

图1-40 本章小结

学习心得

第2章 CHAPTER 2

工业机器人的基本认知

“工欲善其事，必先利其器”，本书跟大家探讨的是工业机器人设备的集成机构设计，所以工业机器人作为核心装置，当仁不让地成了我们首先要了解和学习的对象。由于这一章论述的属于最基本但又贯穿学习过程的概念性内容，无论从事机构设计还是电气编程工作都会高频遇到，因此对其内容应“熟稔于胸”，对其理解需“根深蒂固”。

2.1 常见的工业机器人及其硬件构成

2.1.1 工业机器人的市场概况

机器人不仅在制造业上正在替代工人，还将在军事、服务、娱乐等领域取代人类，前者市场规模约占机器人总市场规模的一半（2019 年约 160 亿美元）。据国际机器人联合会（IFR）统计，我国工业机器人密度在 2017 年达到 97 台/万人，已经超过全球平均水平。2019 年我国工业机器人市场规模达到 57.3 亿美元，约占全球市场规模的 1/3，是全球第一大工业机器人应用市场。然而尽管“机器换人”的潮流仍在持续推进，中国工业机器人产业随着下游行业需求增速放缓，2018 ~ 2019 年行业进入调整期。对于行业未来，本人持谨慎乐观的态度，推测会倒掉一大批机器人企业，但生存下来的将“强者更强”。

1. 工业机器人的“四大家族”

2000 年前后外资巨头相继进入中国，市场由外资企业占领，主要应用于汽车行业。国内公司以代理和系统集成为主，内资公司沈阳新松机器人自动化股份有限公司崭露头角，进入本体市场。在 2010—2017 年，虽然以“四大家族”为代表的外资企业仍然占尽优势，但是在产业政策的大力支持下，借助行业的高速发展，本土机器人行业得到跨越式发展。国内系统集成商快速获得竞争优势，并且开始由产业链下游向中上游拓展，直接和外资巨头展开竞争。在 2018—2019 年的调整期，市场竞争加速淘汰落后产能，国产品牌竞争力继续增强，国产化率得到持续提升。中国、日本、韩国、美国、德国五国合计占全球工业机器人需求量的 70%，同时也是主要的工业机器人制造大国。我国具备核心零部件、本体、系统集成的完整产业链。然而我国机器人市场存在国际四大巨头（ABB、FANUC、YASKAWA、KUKA）垄断，国产机器人技术含量不高、使用成本及维护成本却双高的行业现状。有关报告显示，“四大家族”的工业机器人占据了全球约一半的市场份额。

（1）FANUC　FANUC 是日本一家专门研究数控系统的公司，成立于 1956 年，是世界上最大的专业数控系统生产厂家，占据了全球约七成的市场份额。FANUC 于 1959 年首先推出了电液步进电动机，在后来的若干年中逐步发展并完善了以硬件为主的开环数控系统。自 1974 年 FANUC 首台机器人问世以来，FANUC 致力于机器人技术上的领先与创新，是截至 2020 年世界上唯一一家由机器人来做机器人的公司，是世界上唯一提供集成视觉系统的机器人企业，是世界上唯一一家既提供智能机器人又提供智能机器的公司。

（2）ABB（Asea Brown Boveri）　ABB 是一家瑞士—瑞典的跨国公司，集团总部位于瑞士苏黎世。1988 年创立，1995 年成立 ABB（中国）有限公司。2005 年起，ABB 机器人的生产、研发、工程中心都开始转移到我国。ABB 在我国拥有研发、制造、销售和工程服务等全方位的业务活动，其机器人产品和解决方案已广泛应用于汽车制造、食品饮料、计算机和消费电子等众多行业的焊接、装配、搬运、喷涂、精加工、包装和码垛等不同作业环节。

（3）YASKAWA（安川电机）　安川电机创立于 1915 年，总部位于日本福冈县北九州市。1999 年 4 月，安川电机（中国）有限公司在上海注册成立。2012 年 7 月，安川电机机器人生产基地落户常州武进高新区，该基地主要生产用于汽车相关制造的工业机器人。安川电机 2015 年重磅推出了“辅助脊髓损伤患者步行的机器人”ReWalk，为脊髓损伤患者带来了福音。

（4）KUKA　KUKA（库卡）是世界工业机器人和自动控制系统领域的顶尖制造商，总部位于德国奥格斯堡。库卡机器人（上海）有限公司是德国库卡公司设在中国的全资子公司，成立于 2000 年，是库卡公司在德国以外设立的第一家，也是唯一一家德国以外的工厂。2015 年，库卡推出首款轻型工业机器人 LBR iiwa，这是一款具有突破性构造的 7 轴机器人手臂，特别适用于柔性、灵活度和精准度要求较高的行业（如电子、医药、精密仪器等）。

从实际应用的行业口碑看，同规格的工业机器人，FANUC 价格稍高，ABB 次之，而安川略低；“四大家族”的机器人品质接近，ABB 综合性能好，FANUC 擅长精密高速领域，库卡则主要应用于汽车生产制造，安川在常规应用上有较高的性价比。除了“四大家族”，工业机器人领域还有很多大大小小的实力厂商，共同瓜分剩余的市场份额。

2. 国产工业机器人的发展概况

我国的工业机器人起步于 20 世纪 70 年代，清华大学、哈尔滨工业大学、华中科技大学、中国科学院沈阳自动化研究所等一批科研院所最早开始了工业机器人的理论研究。20 世纪 80～90 年代，中国科学院沈阳自动化研究所和中国第一汽车制造集团有限公司进行了机器人的试制和初步应用工作。进入 21 世纪以来，在国家政策的大力支持下，广州数控设备有限公司、沈阳新松机器人自动化股份有限公司、安徽埃夫特智能装备有限公司、南京埃斯顿自动化股份有限公司等一批优秀的本土机器人公司开始涌现，工业机器人也开始在我国形成了初步产业化规模。目前，我国的科研人员已基本掌握了工业机器人的结构设计和制造技术、控制系统硬件和软件技术、运动学和轨迹规划技术，也获得了机器人部分关键元器件的规模化生产能力。一些公司开发出的喷漆、弧焊、点焊、装配、搬运等机器人已经在多家企业的自动化生产线上获得规模应用，弧焊机器人也已广泛应用在汽车制造厂的焊装线上。

但是总的来看，我国的工业机器人技术开发和工程应用水平与国外相比还是有一定的差距。我国缺乏核心及关键技术的原创性成果和创新理念，缺乏面向企业及市场需求的问题依然突出。精密减速器、伺服电动机、伺服驱动器、控制器等高可靠性基础功能部件方面的技术差距尤为突出，长期依赖进口，企业成本压力大，盈利能力不容乐观。

在市场占有率方面，国内品牌的机器人近年总体是上升的，尤其是坐标机器人、SCARA、并联机器人以及协作机器人等，均有各自不等的市场份额提升。但是多关节型机器人增速相对缓慢，外资品牌仍占有绝对优势。根据实际应用的经验认知以及行业共识看，如果国产机器人不能在品质上有巨大突破，在品牌上加大建设，这个类别的国产工业机器人很难有飞跃式的市场增长。

3. 工业机器人的应用领域

工业机器人较早服务于汽车工业——是目前应用范围最广、应用标准最高、应用成熟度最好的领域。随着信息技术、人工智能技术的发展，工业机器人逐步拓展至通用工业领域，其中以3C（计算机类、通信类和消费类）电子自动化应用较为成熟。在金属加工、化工、食品制造等领域，工业机器人的使用密度也在逐渐提升。从应用工艺看，搬运和上下料依然是中国市场的首要应用领域。换言之，绝大多数行业企业，可能是定位问题，也可能是人员技能问题，都只是把工业机器人视为手臂一样的“能自行移动的装置”来用，过于单纯、直接。

当前发达国家的许多制造业企业已经实现了精细化生产，从生产、检测、包装到仓储，全程采用自动化设备，以保障产品的稳定性和可靠性。相比之下，我国制造业企业多数仍处于自动化的早期阶段，以粗放型发展模式为主，产品附加值低，产品稳定性也有较大的待改进空间。随着未来人们对产品质量要求的提升，我国工业制造也将朝着集约化、智能化的方向进行产业升级，自动化程度将会越来越高，对自动化设备的需求亦将稳中有升，关键是有没有足够多的“接地气”

的专业技术人员发掘更多场景，用好机器人。

2.1.2　6 轴工业机器人

工业机器人的结构形式多种多样。由于典型机器人的运动特征是用其坐标特性来描述的，因此按结构特征来分，工业机器人通常可以分为直角坐标机器人、柱面坐标机器人、极坐标机器人、多关节型机器人等，如图 2-1 所示。但由于本书并非工业机器人本体设计或机构研发专著，更多倾向于实际项目集成应用层的交流、论述，便不再拘泥于专业分类，主要围绕常见的工业机器人类型展开，如图 2-2 所示。首先要给读者介绍的是 6 轴多关节型机器人（注：由于常用，如非特别注明，本书很多概念、论述均以 6 轴工业机器人为主）。

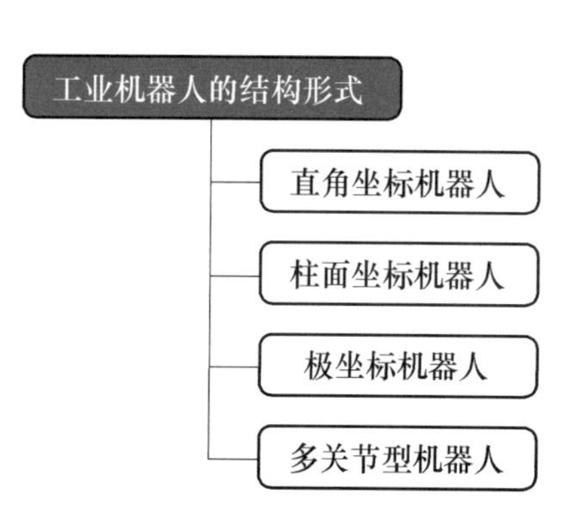

图 2-1　根据结构特征的工业机器人分类

6 轴工业机器人虽然价格不菲，但灵活性高，拓展性强，甚至于在很多应用工况下，6 轴工业机器人具有不可替代性，是智能工厂首推的设备、机构形式。所谓“轴”指的是伺服电动机驱动单元，从底座到末端依次为第 1 轴、第 2 轴……第 6 轴，代表有 6 组独立的运动和控制单元，如图 2-3 所示。工业机器人的型号通常标示于第 4 轴轴臂上，如图 2-4 所示。

工业机器人的“轴”一般由伺服电动机带减速器或减速装置（如同步带传动机构）来驱动，如图 2-5 所示。伺服电动机带有绝对值脉冲编码器和抱闸单元，前者能记录、反馈、修正运行位置数据，后者保证工业机器人在指令触发或断电时能精准停动，如图 2-6 所示。一般来说，只要能充分发掘和利用，6 轴工业机器人具备较高的“通用性”，能覆盖较多工况，而其他类型工业机器人则有各自擅长的方面，工况用得不对，性能就发挥不了。

出于应用工况和环境的需要，多关节型工业机器人还发展出一个重要的分支——协作机器人。其外形跟普通多关节型机器人接近，但属于完全不同的两种概念的设备、装置。协作机器人扫除了人机协作的障碍，摆脱了围栏或者围笼的束缚，与传统机器人相比，协作机器人一般为 10kg 以内轻载型，有接触停止、退避特性，能够与作业员共享空间并协作，其特点如图 2-7 所示。也就是说，采用

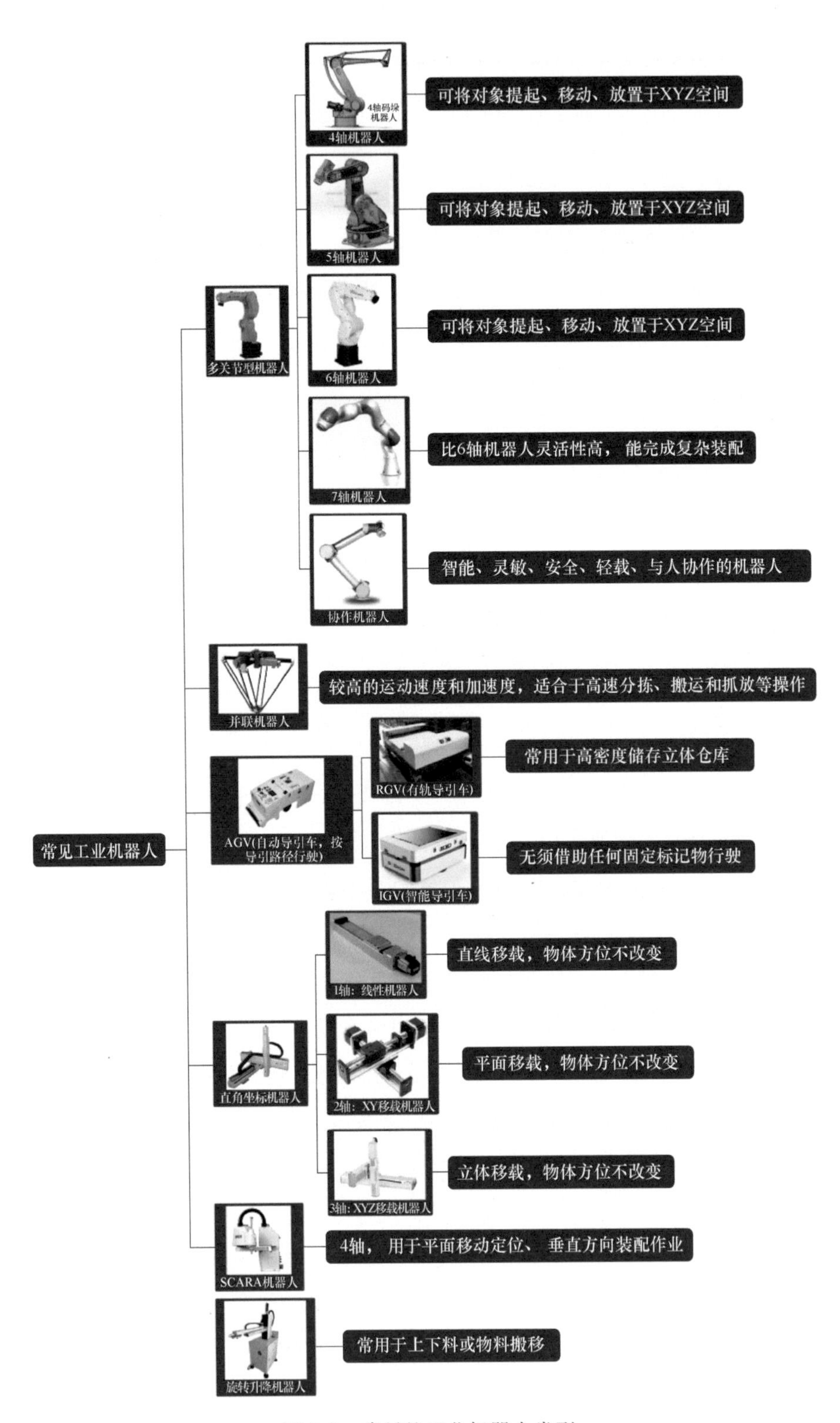

图 2-2　常见的工业机器人类型

协作机器人的设备，允许工作空间和协作空间（机器人和人类可以同时工作的区域）重叠，如图 2-8 所示，理论上不需要增加围栏防护，如图 2-9 所示。

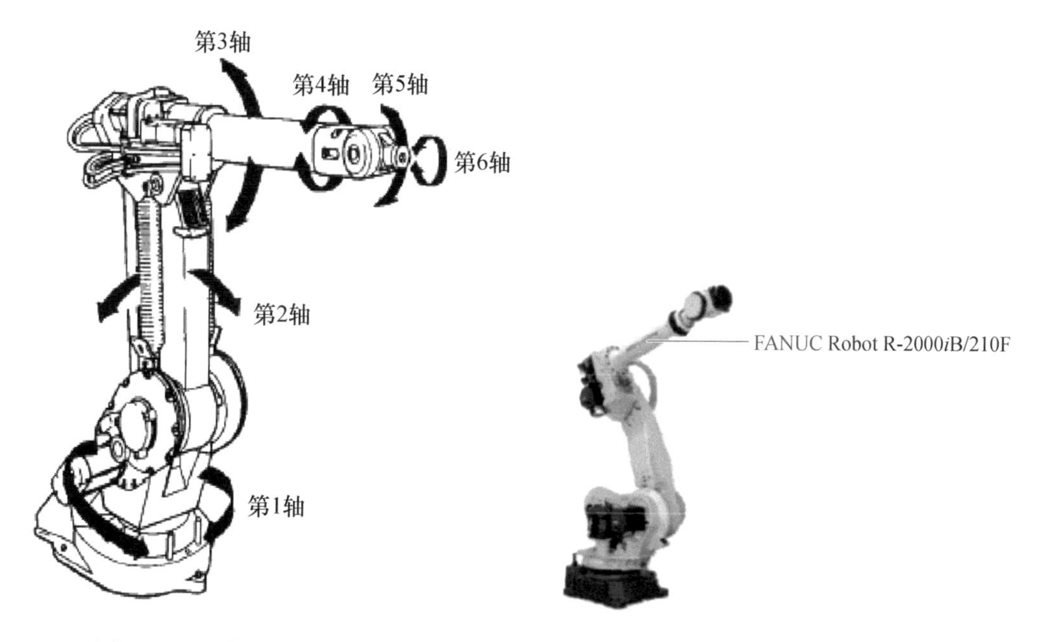

图 2-3　工业机器人“轴”的意义

图 2-4　工业机器人品牌标识位置

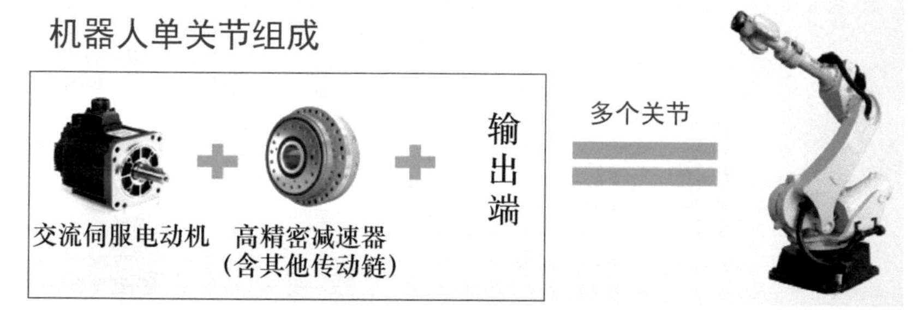

图 2-5　轴的驱动装置构成

值得一提的是，尽管协作机器人看起来很“温柔”，是最能够与人共处的机器人类别，既能与人类并肩协同工作，又可确保周边区域安全无虞，但是安全也是相对的，具体还要评估工艺。例如固定在机器人末端的不是普通工具，是一把切刀或焊枪，或者工具偏重，则肯定也需要围护的。此外，为了最大限度地降低意外撞击、伤人的风险，协作机器人通常工作速度偏低（一般小于 250mm/s），这也极大地制约了其应用范围。道理很简单，生产线都是赶产能的，不会接受慢悠悠作业的设备，但速度快起来谁也保证不了安全性，如果因此需要围护，那和传统

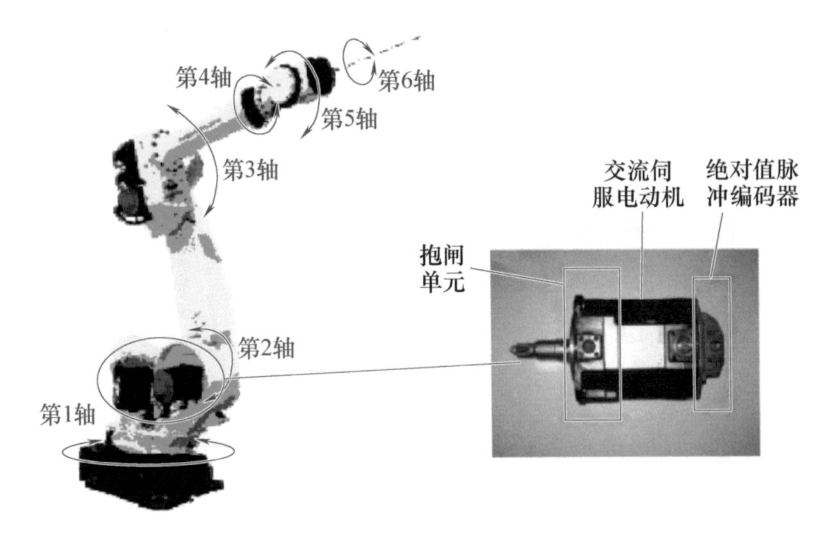

图 2-6　伺服电动机的功能

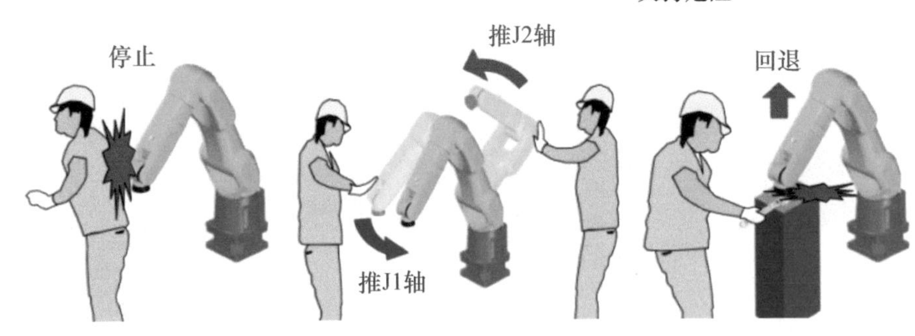

图 2-7　协作机器人的特点

机器人就没差别了。

我们以 FANUC 协作机器人 CR-4*i*A、CR-7*i*A、CR-7*i*A/L 为例（见图 2-10）。这一款只有人的手臂大小的迷你协作机器人，工作半径为几百毫米，如图 2-11 所示，相关的性能参数见表 2-1。请广大读者类比了解一下，如果有项目需求时再联系厂家索要型录即可。由于协作机器人市场规模不大（2019 年中国约为 13 亿元人民币），可能没有引起外资厂商足够重视，所以协作机器人品类、品牌以国产为主，主要有优傲、遨博、节卡、大族、扬天、新松等。

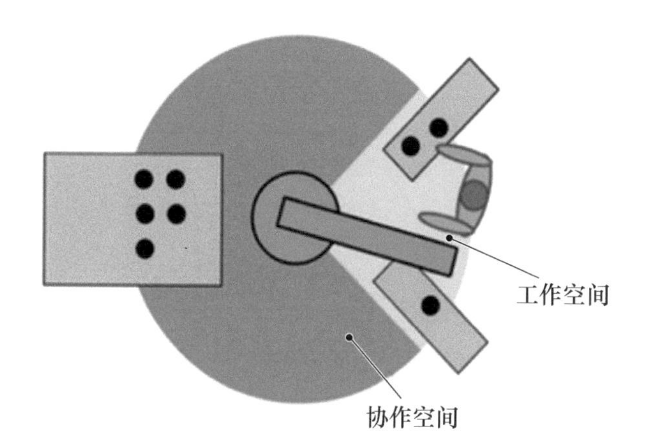

图2-8　工作空间和协作空间

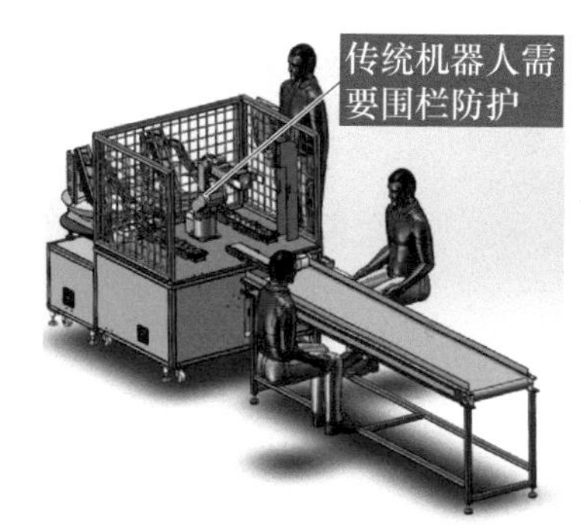

图2-9　传统机器人和协作机器人的“防护”

应用实例

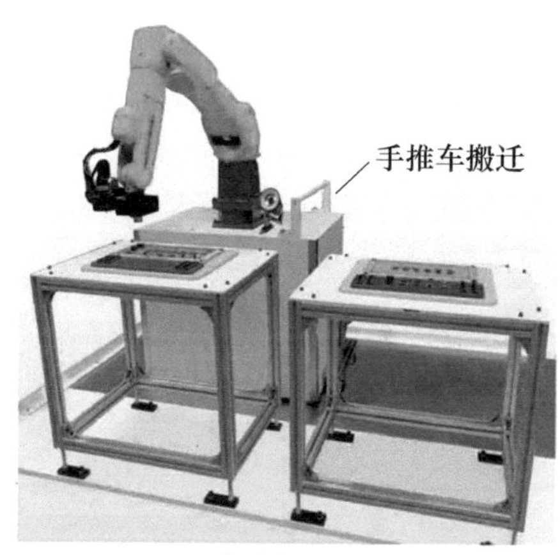

电路板组装

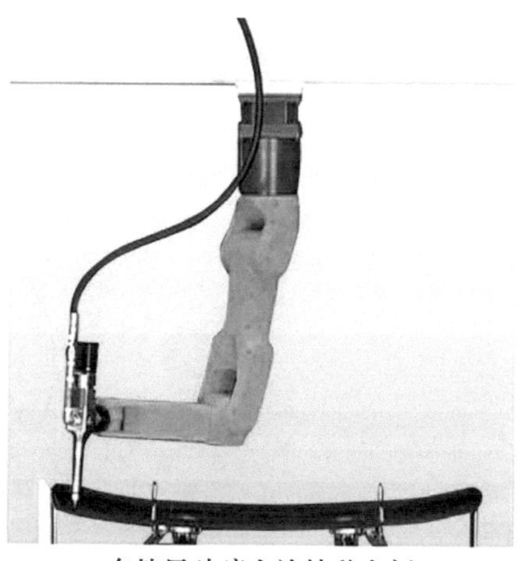

在挡风玻璃上涂抹黏合剂

图2-10　FANUC协作机器人的应用

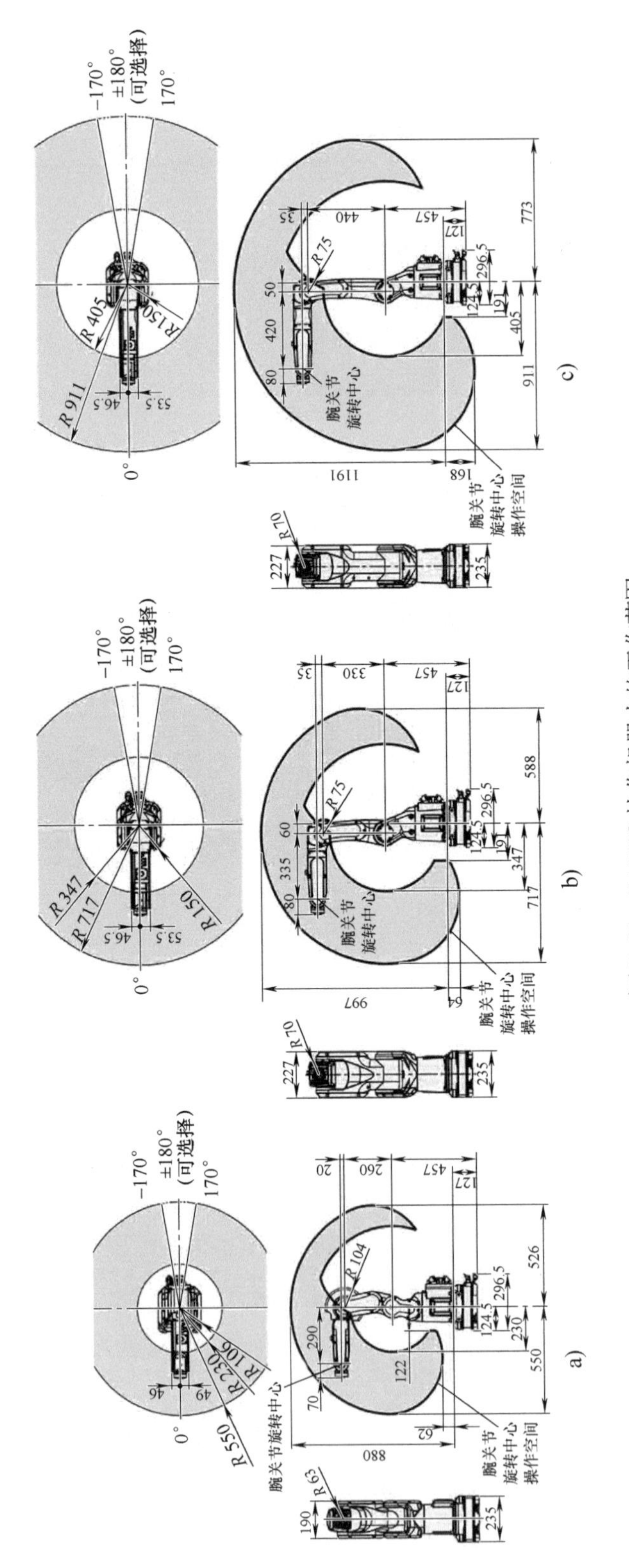

图 2-11 FANUC 协作机器人的工作范围

a) CR-4*iA* b) CR-7*iA* c) CR-7*iA*/L

表 2-1 FANUC 协作机器人 CR-4*i*A、CR-7*i*A、CR-7*i*A/L 的性能参数

Model		CR-4*i*A	CR-7*i*A	CR-7*i*A/L
Controlled axes		6axes（J1，J2，J3，J4，J5，J6）		
Reach		550mm	717mm	911mm
Installation（Note 1）		Floor，Upside-down，Wall		
Motion range	J1 axis	340°　5.93rad	340°　5.93rad	340°　5.93rad
	J2 axis	150°　2.61rad	166°　2.89rad	166°　2.89rad
	J3 axis	354°　6.17rad	373°　6.51rad	383°　6.68rad
	J4 axis	380°　6.63rad	380°　6.63rad	380°　6.63rad
	J5 axis	200°　3.49rad	240°　4.18rad	240°　4.18rad
	J6 axis	720°　12.57rad	720°　12.57rad	720°　12.57rad
Max. load capacity at wrist（Note2）		4kg	7kg	7kg
Maximum speed（Note 3）		500mm/s（Max 1000mm/s Note 4）		
Allowable load moment at wrist	J4 axis	8.86N·m	16.6N·m	16.6N·m
	J5 axis	8.86N·m	16.6N·m	16.6N·m
	J6 axis	4.90N·m	9.4N·m	9.4N·m
Allowable load inertia at wrist	J4 axis	0.20kg·m^2	0.47kg·m^2	0.47kg·m^2
	J5 axis	0.20kg·m^2	0.47kg·m^2	0.47kg·m^2
	J6 axis	0.067kg·m^2	0.15kg·m^2	0.15kg·m^2
Repeatability		±0.02mm	±0.02mm	±0.03mm
Mass（Note 5）		48kg	53kg	55kg
Installation environment		Ambient temperature：0 to 45℃ Ambient humidity：Normally 75% RH or less（No dew nor frost allowed）Short term Max. 95% RH or less（within one month） Vibration acceleration：4.9m/s^2（0.5*g*）or less		

2.1.3 SCARA 工业机器人

SCARA 工业机器人是一种圆柱坐标型的特殊类型工业机器人，其构成如图 2-12 所示。共有 4 个关节，其中 3 个关节为旋转关节，其轴线相互平行，在平面内进行定位和定向；一个关节是移动关节，用于完成末端工具、手爪在垂直于平面的运动（见图 2-13）。这种类型的工业机器人因为结构原理相对简单、价格实惠（每台 3 ~5 万元人民币），所以国产品牌在市场上占据较高份额，但应用有一定的局限性，主要用于简单的精密装配、上下料、搬移、分拣工艺（见图 2-14）。（注：由于 SCARA 工业机器人相对简单、易于掌握，所以本书不作为重点内容来论述。）

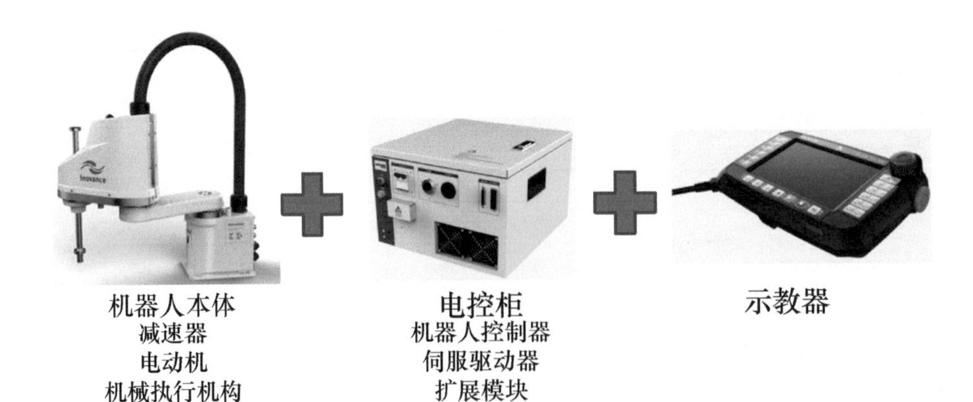

图 2-12 某品牌 SCARA 工业机器人的构成

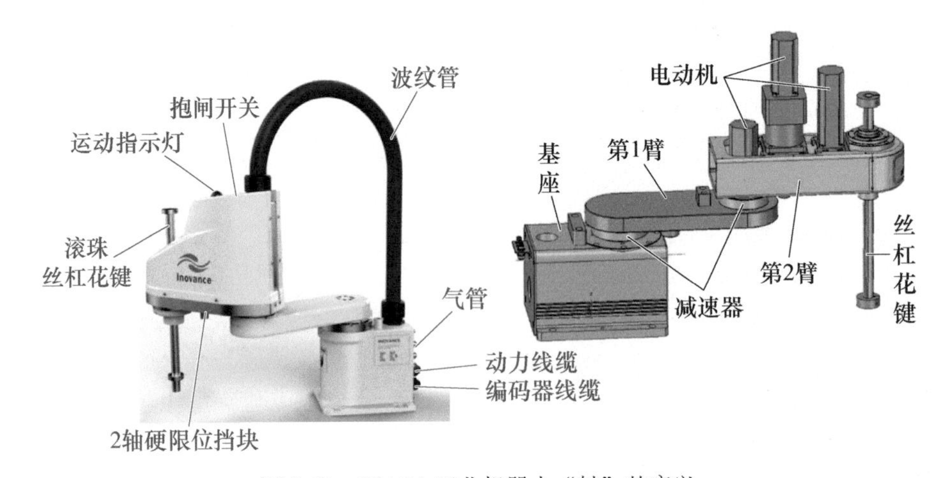

图 2-13 SCARA 工业机器人“轴”的意义

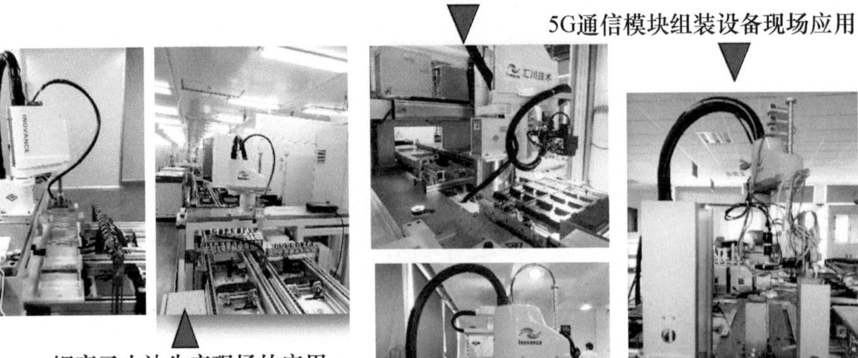

图 2-14 SCARA 工业机器人的应用

SCARA 工业机器人的动作示意如图 2-15 所示，机器人的臂部和肘部可绕垂直轴在水平面内旋转，末端工作机构可沿垂直轴上下移动，升降方向刚性好，尤其适合用于平面定位、垂直方向进行装配的作业（但如若仅用于简单两点之间的搬移，难免就有些大材小用，如果是平面多点搬移，则用途上相当于 XYZ 直角坐标机器人），但其结构轻便、响应快，有些类型的运动速度比一般多关节式机器人快很多（视具体规格的速度参数而定）。图 2-16 所示为某国产品牌 SCARA 工业机器人的性能参数，可类比了解一下，如有需求，可向厂商索取型录来查阅。

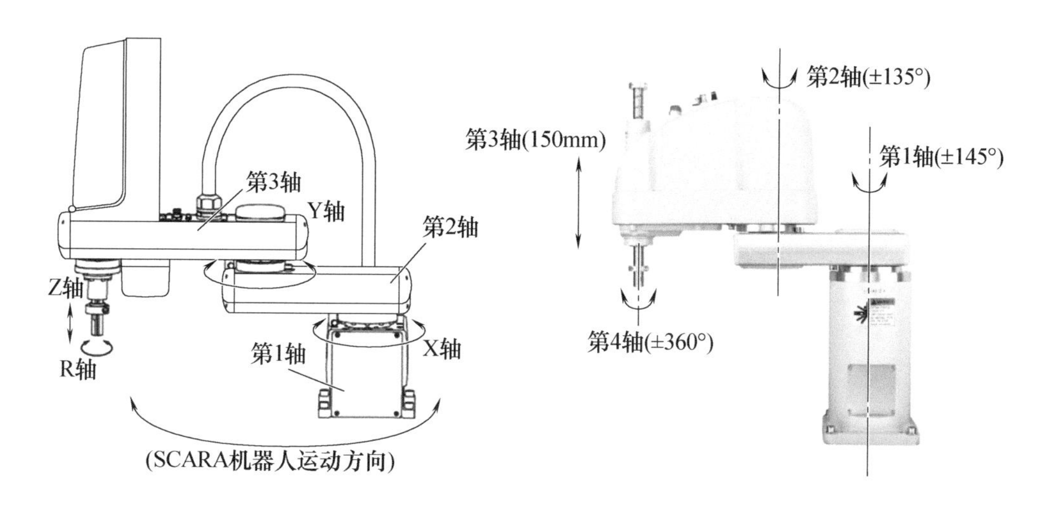

图 2-15　SCARA 工业机器人的动作示意

需要补充说明的是，SCARA 工业机器人第 4 轴既能旋转又能移动，主要是因为其内部有两个“轴”，一个是驱动滚珠丝杠螺母（转动了，则丝杠轴不转动，垂直上下运动），一个是驱动滚珠花键螺母（转动了，则带动丝杠轴运转，传递一定的扭矩），其原理如图 2-17 和图 2-18 所示。

2.1.4　直角坐标工业机器人

直角坐标工业机器人是指在工业应用中，能够实现自动控制的、可重复编程的、在空间上具有相互垂直关系的三个独立自由度的多用途机器人，其基本结构如图 2-19 所示。机器人在空间坐标系中的移动关节 1、2、3 都可以在独立的方向移动。或者说，直角坐标机器人是以 XYZ 直角坐标系统为基本数学模型，以伺服电动机、步进电动机为驱动的单轴机械臂为基本工作单元，以滚珠丝杠、同步带、

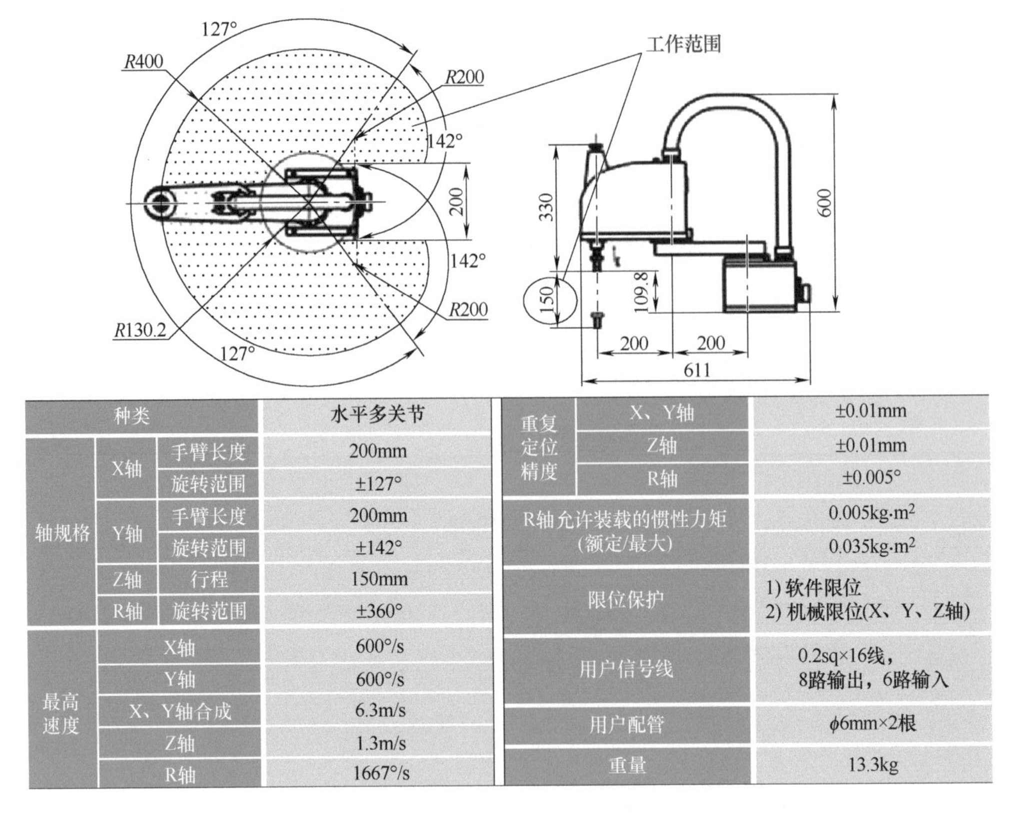

种类			水平多关节
轴规格	X轴	手臂长度	200mm
		旋转范围	±127°
	Y轴	手臂长度	200mm
		旋转范围	±142°
	Z轴	行程	150mm
	R轴	旋转范围	±360°
最高速度	X轴		600°/s
	Y轴		600°/s
	X、Y轴合成		6.3m/s
	Z轴		1.3m/s
	R轴		1667°/s

项目		参数
重复定位精度	X、Y轴	±0.01mm
	Z轴	±0.01mm
	R轴	±0.005°
R轴允许装载的惯性力矩(额定/最大)		0.005kg·m²
		0.035kg·m²
限位保护		1) 软件限位 2) 机械限位(X、Y、Z轴)
用户信号线		0.2sq×16线， 8路输出，6路输入
用户配管		ϕ6mm×2根
重量		13.3kg

图 2-16　某国产品牌 SCARA 工业机器人的性能参数

齿轮齿条为常用的传动方式所架构起来的机器人系统，可以完成在 XYZ 三维坐标系中任意一点的到达和遵循可控的运动轨迹。

直角坐标工业机器人走的轨迹为直线，展开来有单轴线性、XY 二轴、XYZ 三轴等类型，布局架构也有多种形式（见图 2-20），适用大量普通的移载应用工况。这种类型的工业机器人结构原理简单，市场上以国产品牌为主。

同样需要说明的是，姑且不论技术层次高低优劣，直角坐标工业机器人属于多数普通工程师能设计的类型。工程师常常根据具体应用工况来自己非标设计这样的装置、机构，类似图 2-21 所示的简易的单轴坐标机器人；当然更多是根据设计需要直接外购线性模组进行组合、集成（见图 2-22）。

直角坐标机器人的特点是直线运动、控制简单，虽然灵活性较差且占据空间较大，但实际应用极为广泛，目前可以非常方便地用于各种自动化生产线中，可以完成诸如焊接、搬运、包装、码垛、检测、装配、贴标、打码、喷涂等工作（见图 2-23 ~ 图 2-25）。

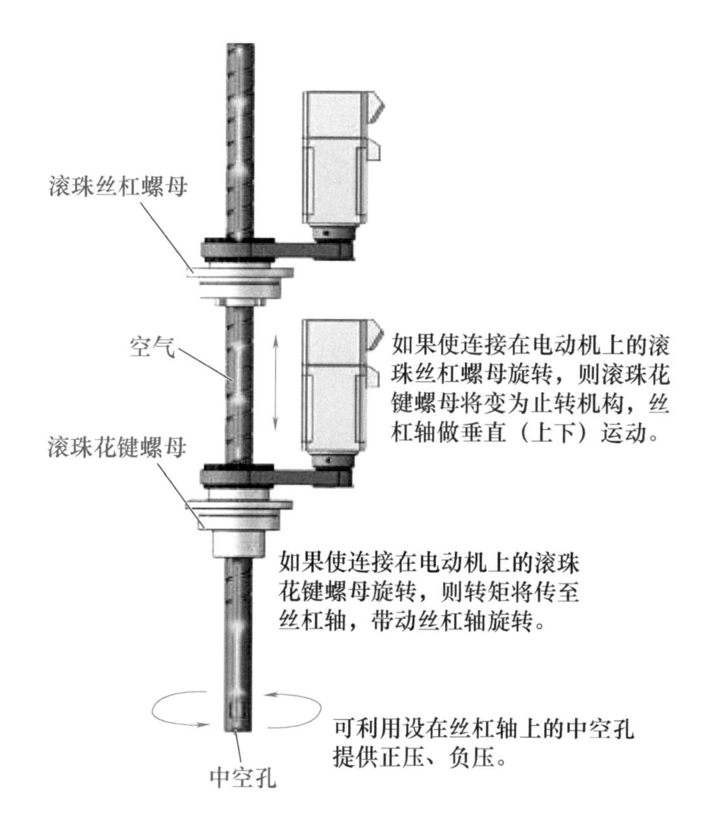

图 2-17　SCARA 工业机器人第 4 轴动作原理 1

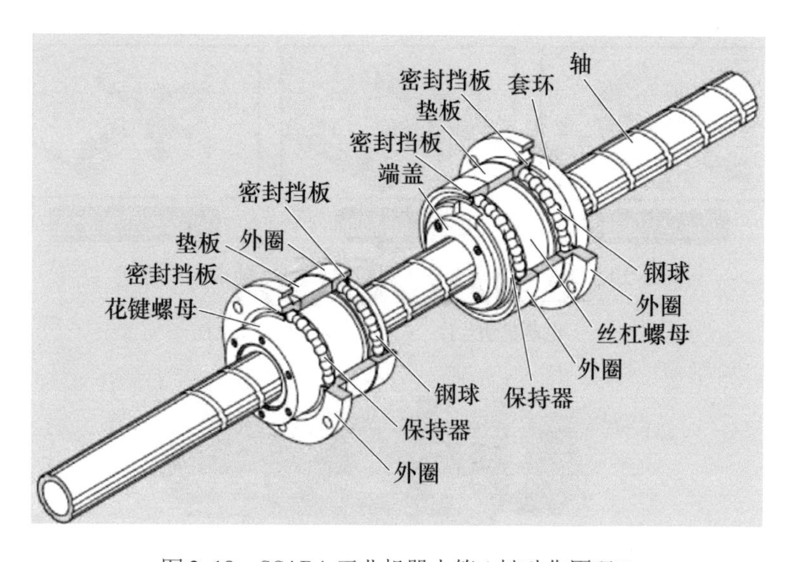

图 2-18　SCARA 工业机器人第 4 轴动作原理 2

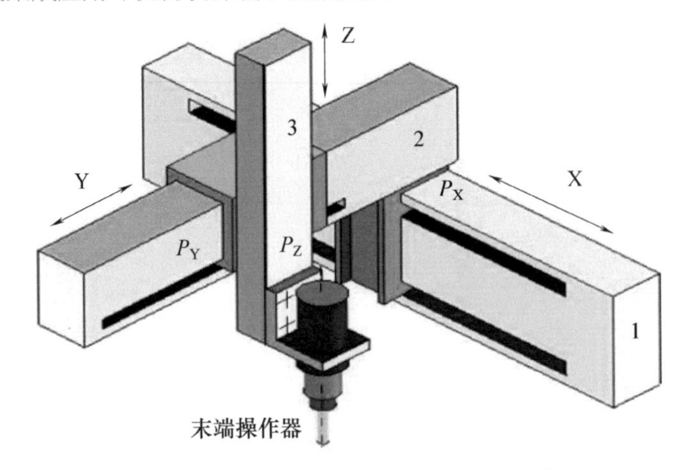

图 2-19　直角坐标工业机器人的基本结构

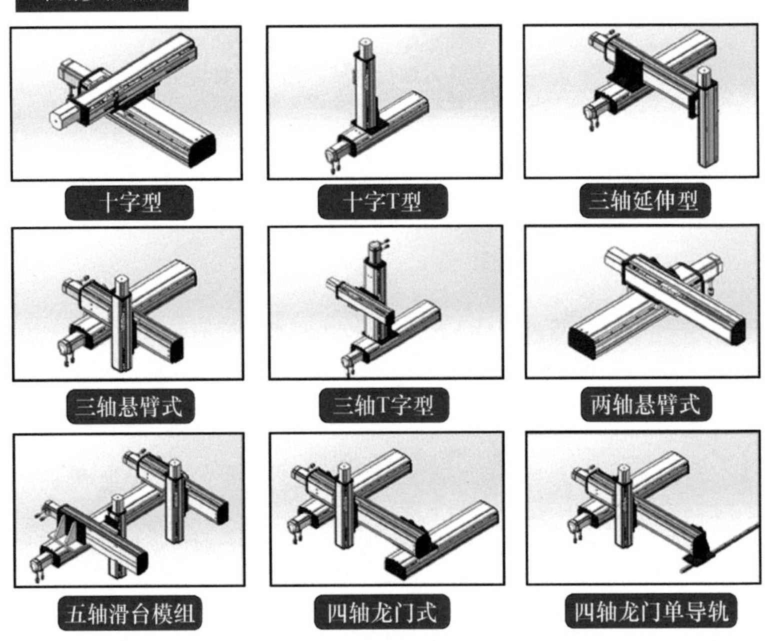

图 2-20　常见的直角坐标工业机器人的“轴布局”方式

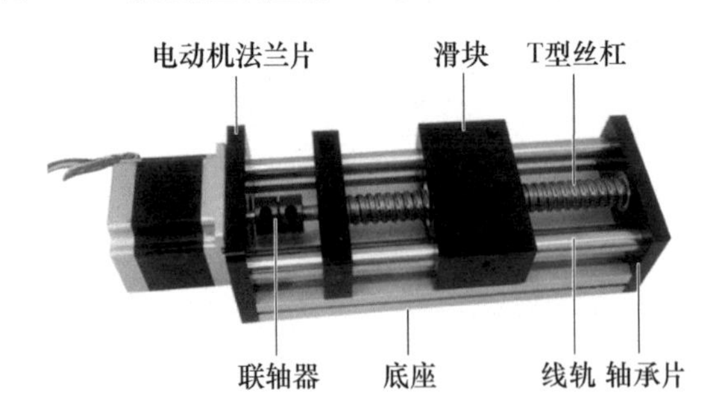

图 2-21　简易的单轴坐标机器人

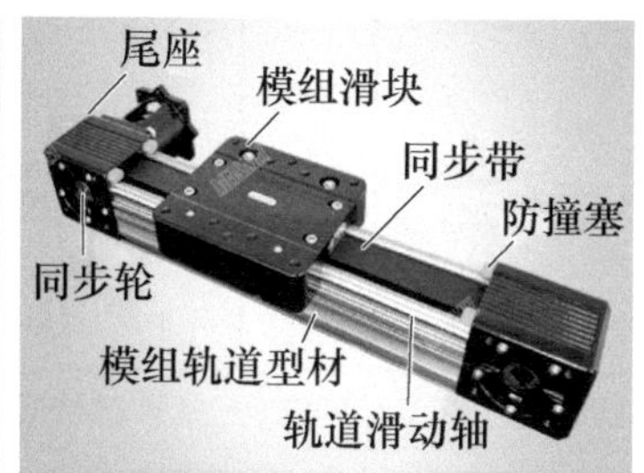

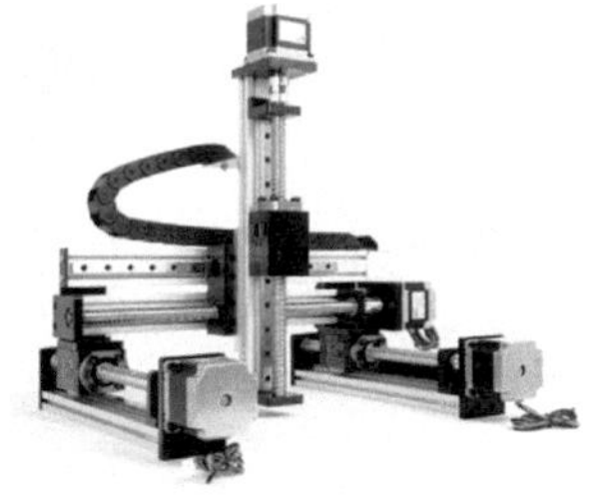

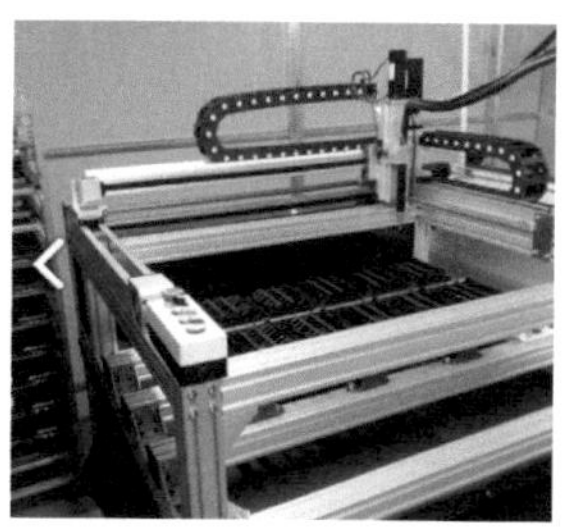

图2-22　常见的直角坐标机器人

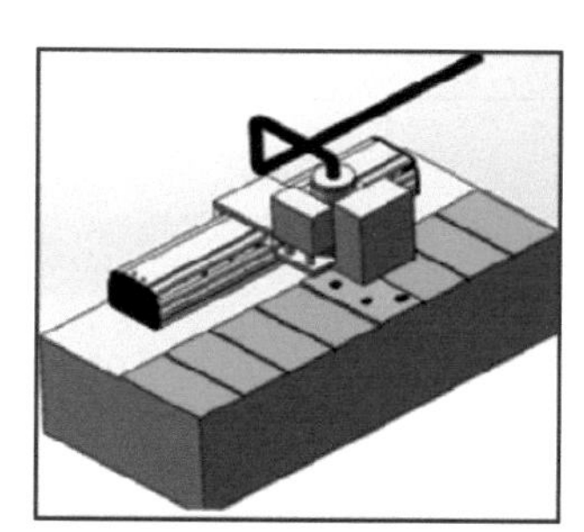

电路板表面处理清洁装置

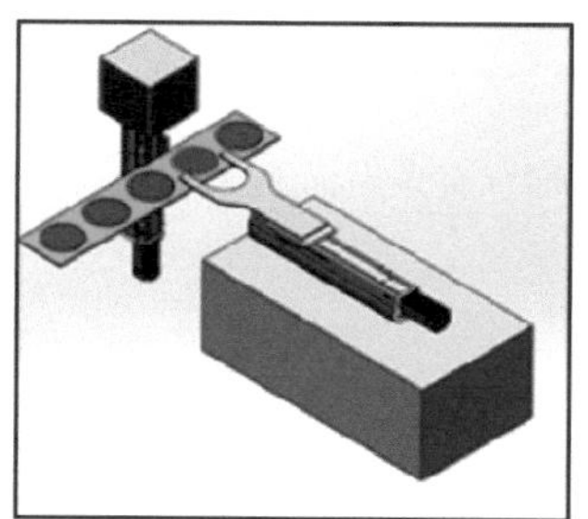

光碟收料装置

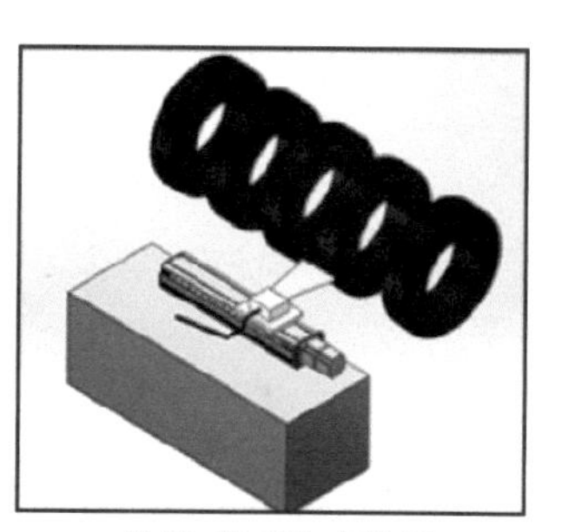

轮胎表面检查装置

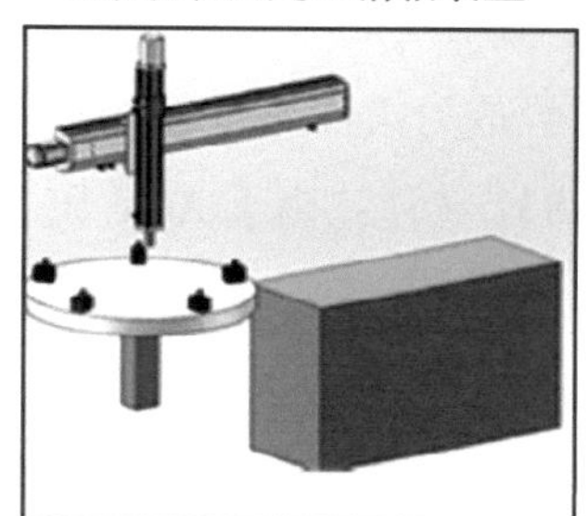

条码扫描装置

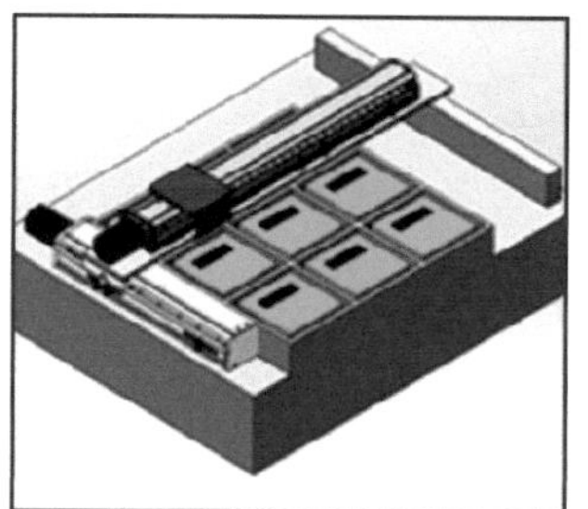

小型部件组立装置

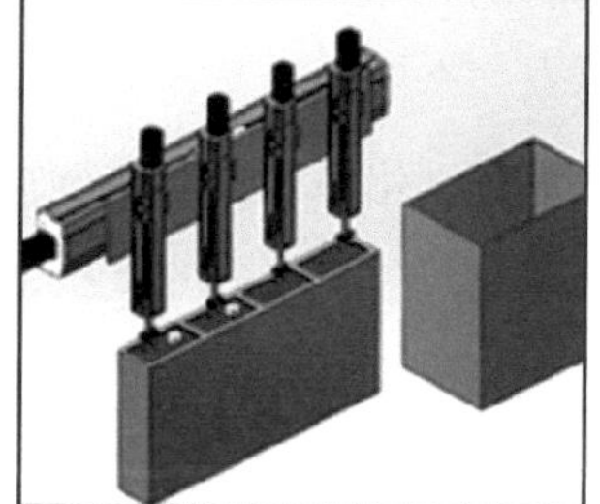

圆盘机组立装置

图2-23　直角坐标工业机器人的应用1

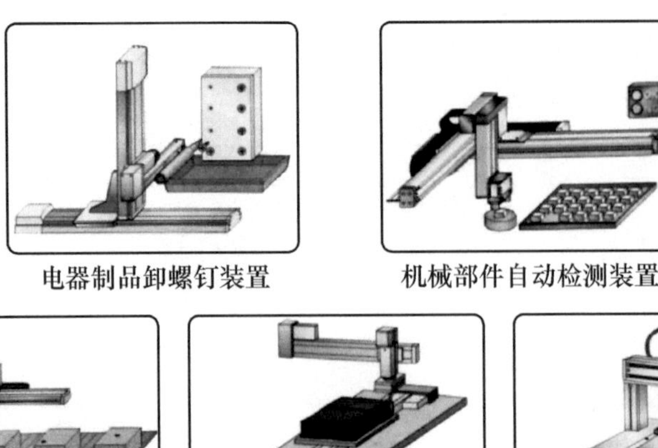

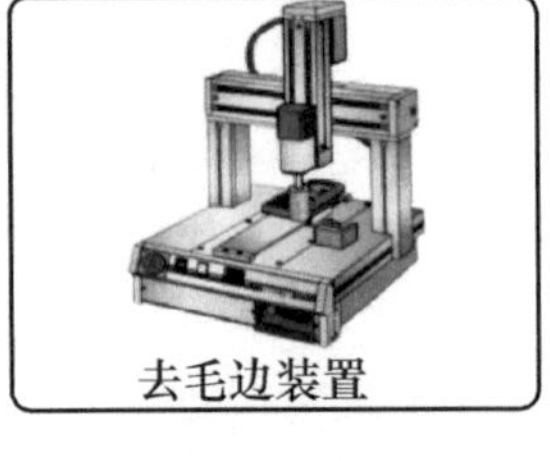

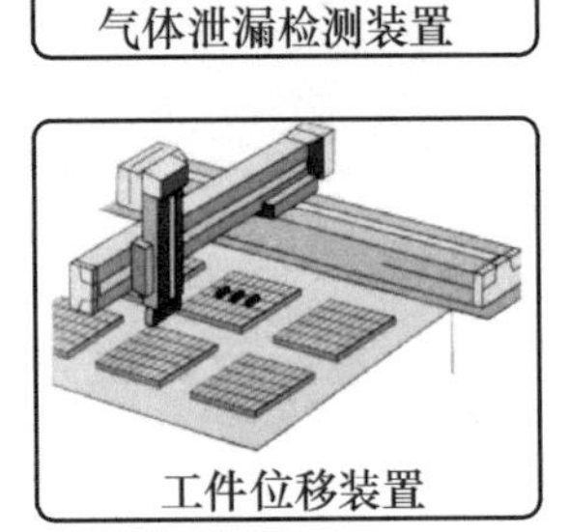

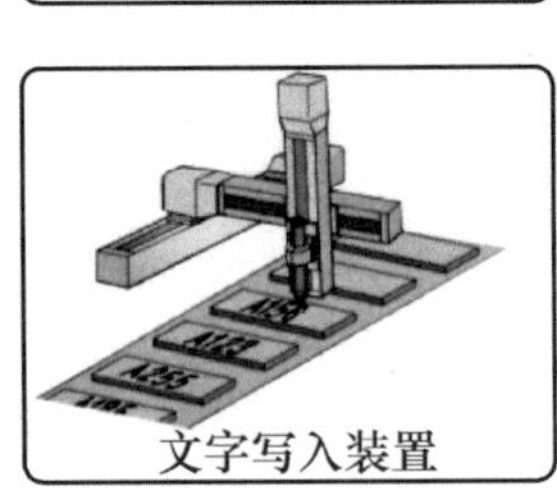

图 2-24 直角坐标工业机器人的应用 2

2.1.5 AGV

AGV（automatic guided vehicle）即自动导引车，其硬件系统构成如图 2-26 所示。AGV 装备有电磁、光学或其他自动导引装置，能够沿规定的导引路径行驶，具有安全保护以及各种移载功能。其系统技术和产品已经成为柔性生产线和仓储物流自动化系统的重要技术和设备（见图 2-27 和图 2-28）。（注：由于 AGV 属于智能物流建设方面的专机，所以本书不作为重点内容来论述。）

AGV 领域的主流供应商有很多，以国产品牌为主，例如沈阳新松机器人自动化股份有限公司、云南昆船智能装备有限公司、广东嘉腾机器人自动化有限公司、广州远能自动化设备科技有限公司、湖南驰众机器人有限公司、深圳佳顺智能机器人股份有限公司、苏州华天视航智能装备技术有限公司等。某企业的 AGV 性能参数见表 2-2，其应用工厂规划和部分实际应用场景分别如图 2-29 和图 2-30 所示。

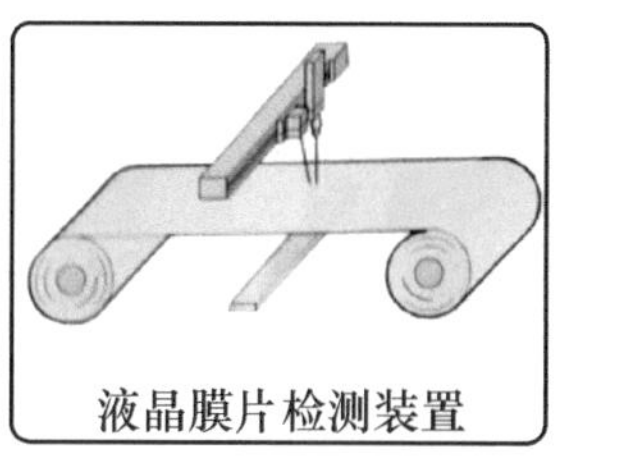

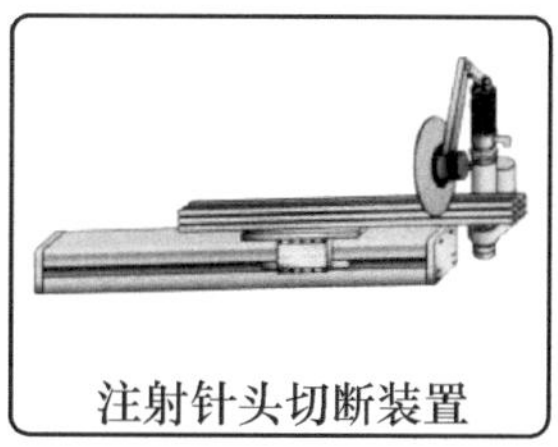

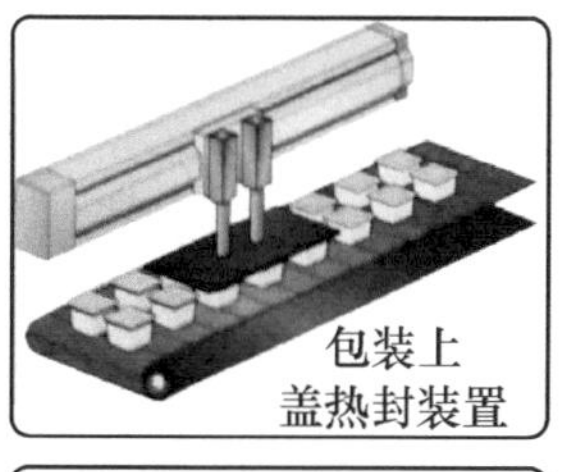

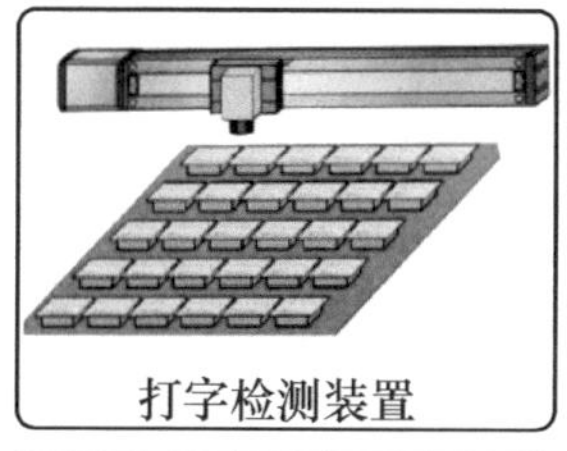

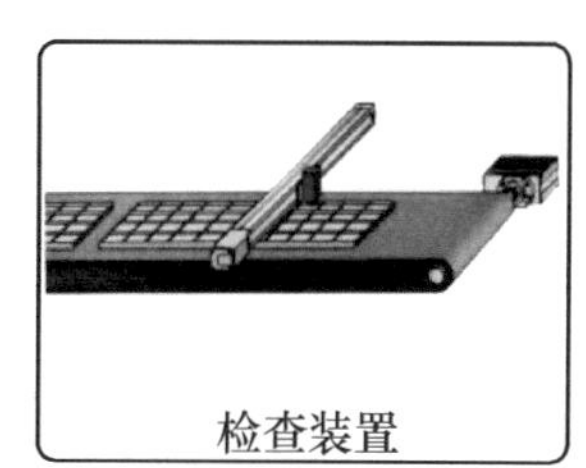

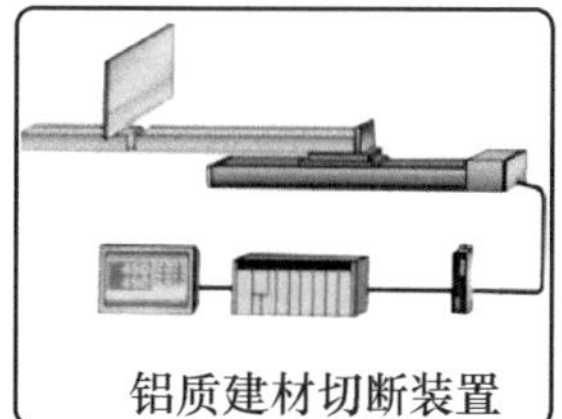

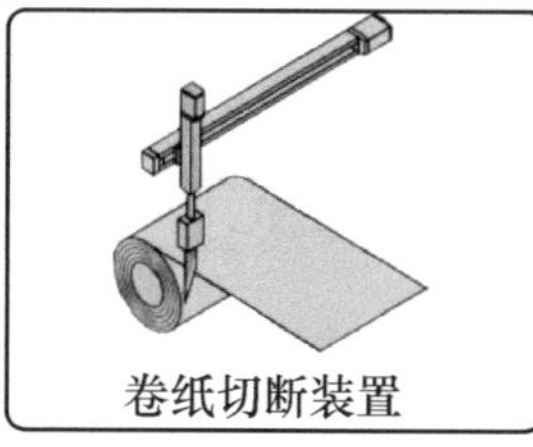

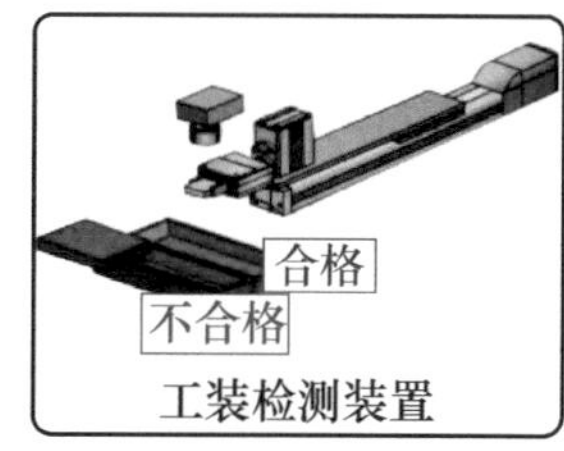

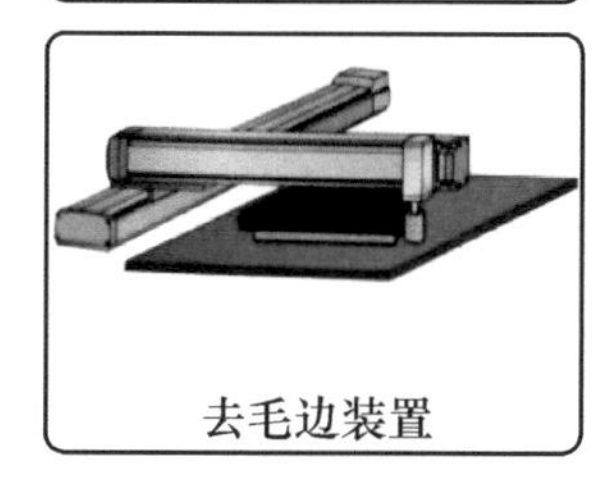

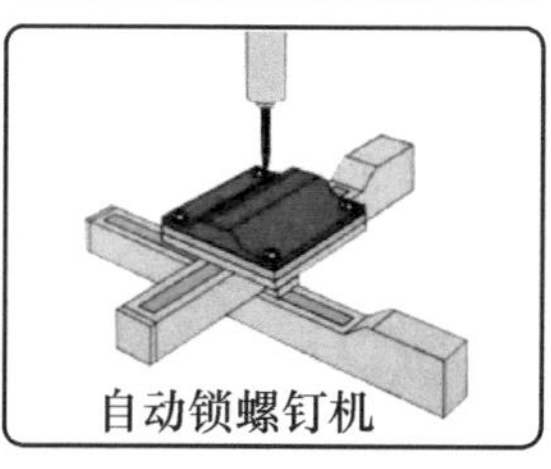

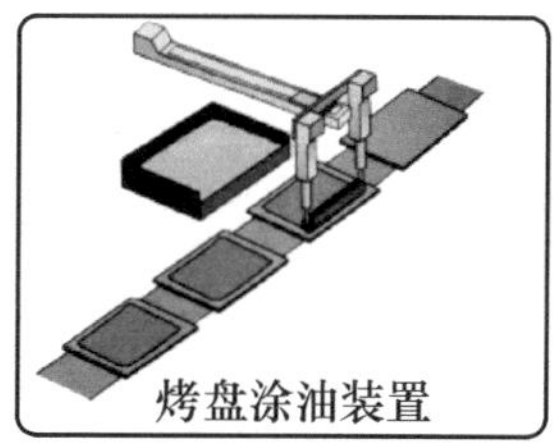

图2-25　直角坐标工业机器人的应用3

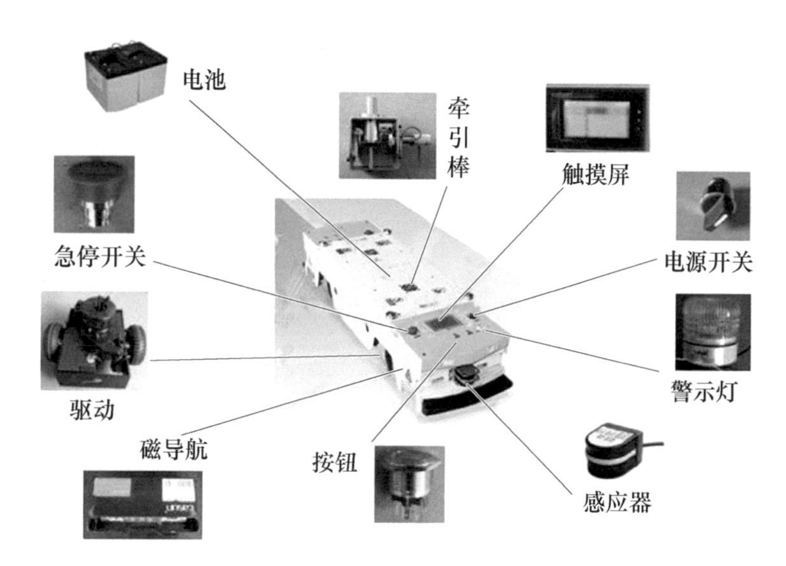

图2-26　AGV的硬件系统构成

图 2-27　AGV 的应用形式

收货

远距离搬运

入库

分拣

跨楼层搬运

出库

图 2-28　AGV 的应用场景

表 2-2　某企业的 AGV 性能参数（光电导引）

外形尺寸	950mm×400mm×380mm（长×宽×高）
自身重量	75kg+20kg（配重块）
导引方式	光电导航
驱动方式	两轮差速驱动
前进速度	0～45m/min 可调，兼顾电池寿命及工作时间，AGV 满载时取平均速度 25m/min

（续）

牵引能力	负载不大于500kg
爬坡能力	2°
转弯半径	不小于900mm
允许道路表面凹凸高度	10mm
允许沟槽宽度	20mm
蓄电池	采用大容量12V、46A·h优质电池，连续工作时间不少于12h
安全感应距离	不超过3m，紧急制动±10mm
安全防护装置	红外传感避障+机械防撞双重保险
通信功能	具备物联网通信功能，使用射频识别技术，对多车控制、排队、发车等运行时实行交通管制，使AGV工作顺畅
使用环境	室内温度：-5～40℃，相对湿度：40%～80%

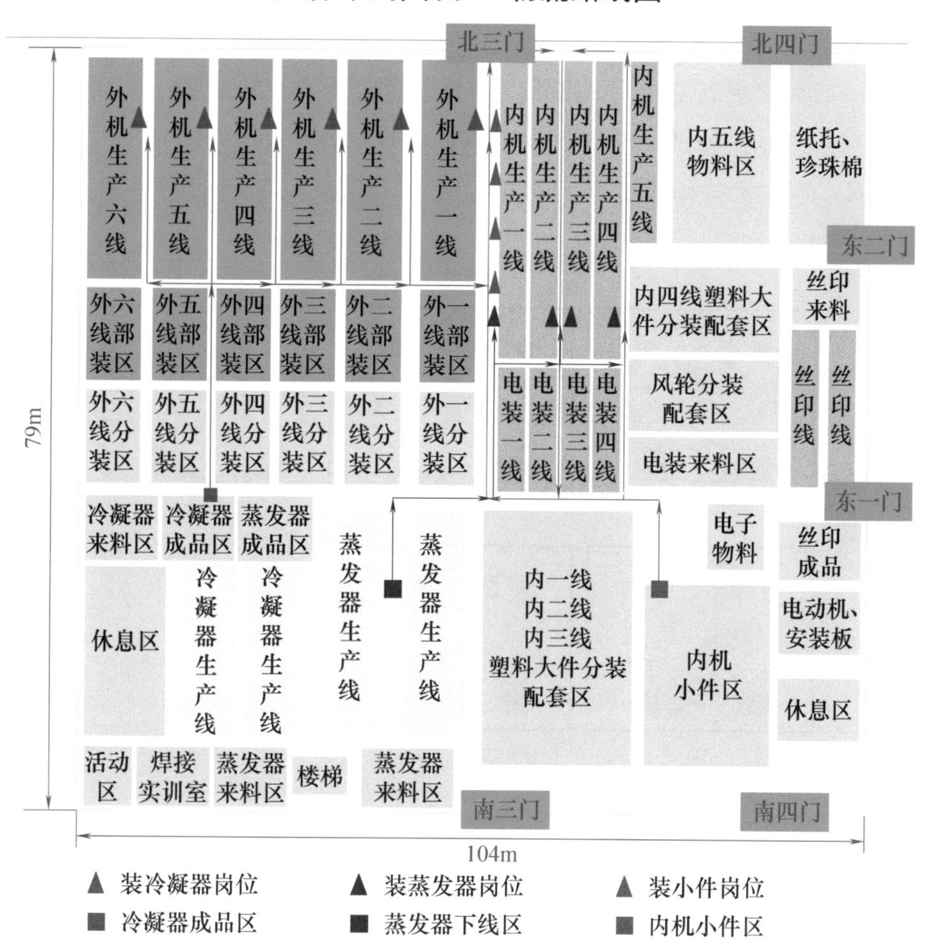

图2-29 AGV的应用工厂规划

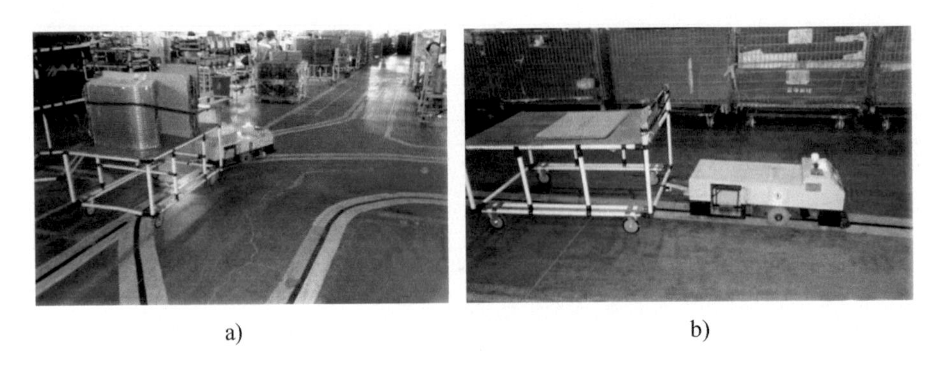

图 2-30 AGV 的实际应用场景
a）送料 b）回空车

AGV 能够在计算机监控下，按路径规划和作业要求，精确地行走并停靠到指定地点，完成一系列作业功能。归结下来，AGV 的应用功能离不开控制系统中的路径规划和导引控制技术，AGV 的主流导引方式如图 2-31 所示。AGV 导引技术一直朝着更高柔性、更高精度和更强适应性的方向发展，且对辅助导航标志的依赖性越来越低。相信不久的将来，5G、AI（人工智能）、云计算、IoT（物联网）等技术与智能机器人的交互融合，将给 AGV 行业带来翻天覆地的变化。

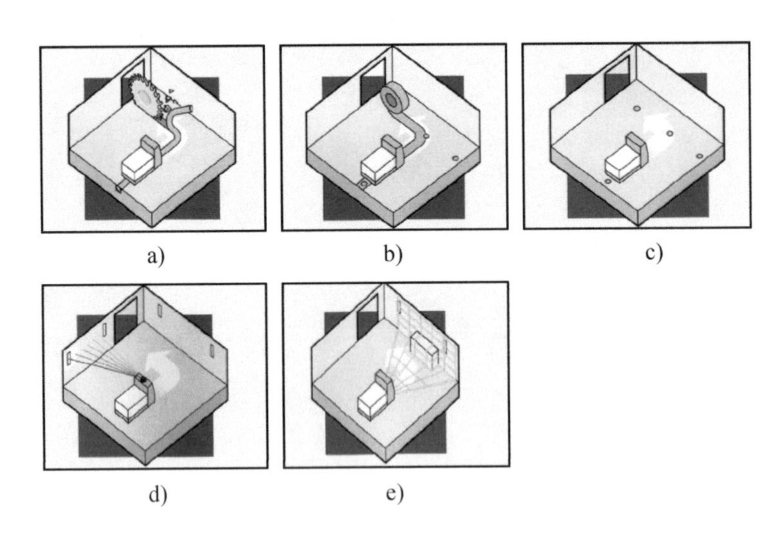

图 2-31 AGV 的主流导引方式
a）电磁导引 b）磁条导引 c）惯性导引 d）激光导引 e）视觉导引

事实上物流设备除了 AGV 之外，常见的还有 RGV（rail guided vehicle），即有轨导引车，又叫有轨穿梭小车，AGV 和 RGV 的性能比较见表 2-3。RGV 常用于各类高密度存储的立体仓库，小车通道可根据需要设计任意长度。简单理解就是，RGV 是有轨道的，只能沿着轨道跑，并且改变轨道很麻烦，灵活性相对于 AGV 来说没那么好。AGV 灵活度高、可以任意转弯、智能程度比 RGV 高、价格比 RGV 贵。从自动化及智能化方面而言，AGV 相对于 RGV 来说具备更广泛的应用场景，在机械加工、仓储、组装等制造的不同环节，AGV 都发挥着重要的作用，甚至已经成为现代化智能工厂最具标志性的配置之一。

表 2-3　AGV 和 RGV 的性能比较

比较项	AGV	RGV
运动速度	一般	高
定位精度	±10mm	±(5～10)mm
载重量	0～2000kg	0～5000kg
灵活性	高	低
空间利用率	低	低
可靠性	一般	高
采购/维护成本	高	一般
实物图		

2.1.6　其他类型工业机器人

基于特定工况的应用优势，工业机器人衍生出很多细分的类别和机型，原则上以“品质优先、成本兼顾”为原则来选用。譬如精密电子行业的零部件装配一般采用偏小型的工业机器人，如果还有速度要求，则往往会考虑采用并联机器人，如图 2-32 所示。再譬如有些设备的零件上下料，由于动作单一和考虑成本，往往会采用旋转升降机器人（注：也叫柱面坐标机器人，如图 2-33 所示。）……所以我们还需要了解其他各种各样的工业机器人，限于本书性质和篇幅，从略。

图 2-32　并联机器人

图 2-33　柱面坐标机器人

2.2　工业机器人的性能指标

工业机器人的性能指标包括机构属性、承载能力、工作范围、移动速度、定位精度和其他参数。此文只介绍前五个指标，其他参数省略不讲。

2.2.1　机构属性

工业机器人即广泛用于工业领域的多关节机械手或多自由度的机器装置。它本质上是一个主要以伺服电动机为动力的高柔性、易集成、标准化的智能装置，可实现相对高速、精密、多方位的移载功能，搭配设计精巧的工具、手爪后，尤其擅长辅助处理搬移、点胶、焊接等通用工艺。理解了工业机器人的这一机构属性，有助于我们在规划和设计自动化实施方案时灵活、恰当地应用它。换言之，我们要牢牢记住，它不是万能的，只是一个辅助达到某个功能的装置，但是如果能够发挥它的优势，将相关机构整合到位，则设备、机构的整体性能将大大增强，而这一切能否完美实现，需要你的设计与掌控。

1. 工业机器人不仅仅是一个标准化装置

因为工业机器人是一个标准化且相对复杂的装置，所以实际应用起来就必须首先了解它的类别、功能、特性、安装和注意事项等，同时对其机构原理、电气编程、品牌优势等具备一定的认识和理解。工业机器人在它擅长的领域，几乎是最优的机构形式，我们绝大多数从业人员也不具备设计它的能力。

可能少数读者会觉得工业机器人跟气缸、马达一样，只要找本型录查查规格或者找个厂商咨询下性能就能选用了，那就陷入认识误区了，两者有本质差别。气缸、马达只是一个动力，关注的是性能，相对比较容易掌握，哪怕选错了、用错了可能也并不致命，大不了更换一个；工业机器人是一种机构形式，跟凸轮机构、气动机构地位等同，应用起来往往是设备的主体机构，如果考虑不周的话项目可能需要推倒重来，即便只是换个机器人也会付出昂贵的代价。

另一方面，工业机器人厂商可能对其产品熟稔乃至精通，但90%以上的技术售后并不具备特定行业方案规划和集成设计的能力，况且多数项目是要靠敏锐眼光去发掘、靠工艺理解去支撑的，所以掌握好这样一个“机构”“装置”，在必要和恰当场合拿来就用并把它用好，是广大机构设计工程师的必修课之一，也是笔者编写这本书的出发点。

2. 工业机器人的性能指标

一般来说，我们设计的自动化装置、机构，都有一定的性能要求，主要包括承载能力、活动行程、动作速度、移动精度等。既然工业机器人也是一个装置、机构，而且还是市场通用产品，必然有其共通的性能呈现。图2-34所示为安川MH6型工业机器人及主要性能参数。

项目	技术参数	
控制轴数量	6	
负荷能力	6kg	
重复精度	±0.08mm	
最大动作范围	S	170°
	L	−90° ~ 155°
	U	−175° ~ 250°
	R	−180° ~ 180°
	B	−45° ~ 225°
	T	−360° ~ 360°
最大速度	9000cm/min 线速度为1.5m/s	
重量	130kg	
周围条件	温度	0 ~ 45℃
	湿度	20% ~ 80%
	振动加速度	4.9m/s²
工作范围	最小381mm 最大1422mm	
功率	1.5kW	

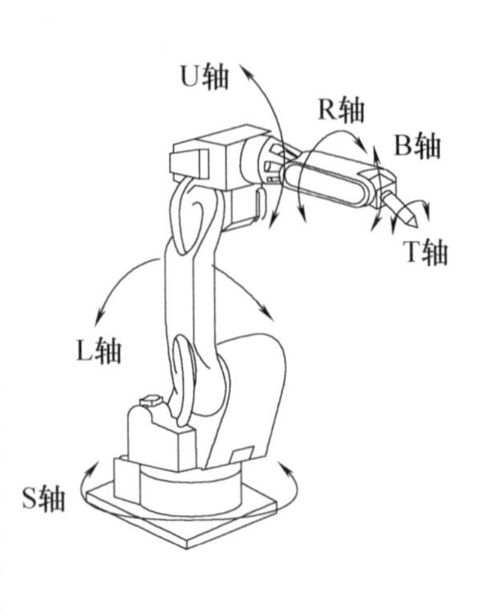

图 2-34 安川 MH6 型工业机器人及主要性能参数

常见的工业机器人性能指标有很多，但对机构设计来说，核心的几个如图 2-35 所示。其中承载能力和工作范围两项，只要有一个没选对，选用工作就几乎失败，而且在别人看来属于“低级错误”。当然，很多情况下，其他指标也不可忽视，比如机器人本体重量是设计机器人单元时的一个重要因素。如果工业机器人必须安装在一个定制的机台或导轨上，那么你可能需要知道它的重量来设计相应的支撑。

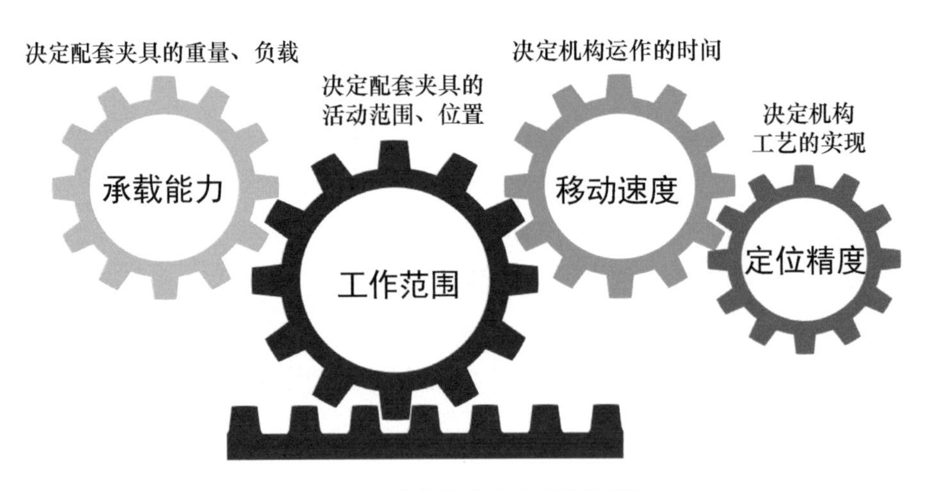

图 2-35 工业机器人的重要性能指标

2.2.2 承载能力

承载能力是指工业机器人在作业范围内的任何位姿上所能承受的最大外力

（包括重力）。为了安全起见，评估承载能力这一技术指标时，一般以高速运行时的状态为准，而且主要评估第 4、5、6 轴。承载能力不仅取决于负载的质量，而且与机器人运行的速度、加速度的大小和方向等因素有关。

必须强调一下，在某些场合、应用下，承载能力指标非常关键，如果所选工业机器人的承载能力不足，则几乎注定项目失败了（要么无法动作，要么频繁报警，要么容易损坏）。当然也有情况例外，比如电子行业，由于产品小，重量轻，工具、手爪轻盈，可能并不需要太关注机器人的承载能力，实际用起来也没有任何问题。所以有些设计人员干脆是这样做的：只要安装在机器人末端的夹具、产品总重量小于机器人额定负载就可以了，如果拿捏不准，再请厂商帮忙评估一下。当然这是个工作技巧，但不是一个设计方法，也并不可靠、长久。一来遇到条件、要求相对苛刻的工况（如要在狭小空间搬移偏重物体），可能不得已要选规格偏小的机器人但又怕其承载能力不足，此时如果认知理解不到位，就会盲目地给出错误的评估结论（选错了或放弃了）；二来即便求助厂商，由于他们未必能洞悉你的项目工况、条件、要求（注：这些信息没有掌握，找个博士生导师来做严谨的校核分析都没有用），而且有的也并不专业（可能是电气工程师出身），也不一定能给出准确合理的建议，所以求人不如求己。退一步说，即便事情是别人做的，自己心中有数总不是坏事吧？

1. 粗略校核判断（有些误差，但取安全系数后，也不太容易出问题）

评估机器人承载能力，不仅要看力（一般为重力，如有外力则为合力），还要看力矩（包括静力矩和惯性力矩，如果工具不重、动作不快可只校核静力矩），一般不要超过额定负载的 85%，以降低评估误差的影响。

（1）重力　简单机构可直接计算得到重力 G，稍微复杂的机构往往借助软件辅助确定。需要特别注意的是，这里的重力包括工具、手爪以及产品（不要漏掉，除非产品很轻，可以忽略）等几部分的重力。

（2）静力矩　与工具重力 G 以及重心到评估轴的中心点之间的力臂 L 有关，静力矩 $T' = GL$，相关参数往往借助绘图软件例如 SolidWorks 辅助确定。要注意的是，考虑到实际的承载情况，一般校核的是第 4、5、6 轴，尤其是第 5 轴（主要跟工具到旋转中心之间的力臂长度有关，不同的位姿可能第 4、5、6 轴承受的力矩不一，一般挑最大那个进行校核，往往是第 5 轴）。

（3）惯性力矩　与工具、手爪运动方案设计（移动距离 S，线性位移 V，最大角速度 ω，加速时间 t 等），工具重力 G（或质量 $m = G/g$），以及工具重心到评估轴旋转中心之间的距离 r 等有关。由于转动惯量 $J = mr^2/2$，$\alpha = \omega/t$，则惯性力矩 $T'' = J\alpha$。

最后判断所选机器人的额定负载是否适合工况的总力矩为 $T = T' + T''$。

由上可见，具体分析判断时，找出工具、手爪的重心位置是一个难点和重点。由于工具可能不规则或相关组件过于复杂，有时很难通过计算或感觉直观确定，实际常常借助设计软件来辅助判断。举个例子，图 2-36 所示的 SCARA 工业机器人集成机构，采用 SolidWorks 软件绘制，我们把工具拆解成标准件和加工件，标准件可查型录、说明书或咨询厂商得到重力，加工件亦可根据材质（密度）和体积通过计算得出，便可粗略得到工具总重力 G，同时找到大概的工具重心，如果标准件密度或重力较大（一般会比五金件小、轻），则将工具重心往该标准件位置适当、少许移动。

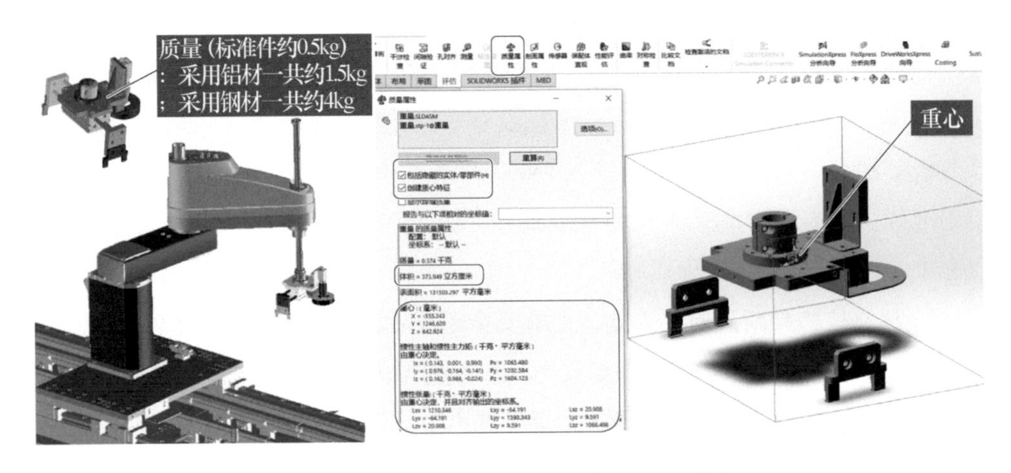

图 2-36　利用软件评估工具的重力和重心位置

找到重心后，还需要搞清楚重心到哪个点之间的距离，才是校核力矩时要用到的力臂长度。如果是 6 轴多关节机器人，由于其所用伺服电动机的功率一般是逐轴递减的，所以我们只要确保第 5 轴和第 6 轴即可，如果必要，亦可追加到第 4 轴。第 5 轴力臂的确认如图 2-37 所示。如果重力 G 满足要求，假设工具重心到第 6 轴法兰中心距离为 L，第 6 和

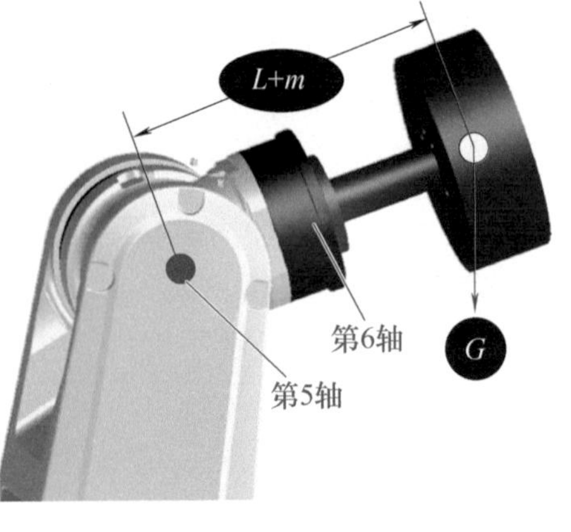

图 2-37　第 5 轴力臂的确认

第 5 轴的旋转中心距离为 m，则第 5 轴力臂长度为 $L+m$，相应的静态力矩 $T'=G(L+m)$；第 6 轴由于重心过轴心，故可认为静态力矩为 0，代入具体数据再核对相应机器人的性能参数表，也可以直接查阅下类似图 2-38 和图 2-39 所示的机器人负载能力图（找厂商要到机器人型录），核对看看是否满足要求。

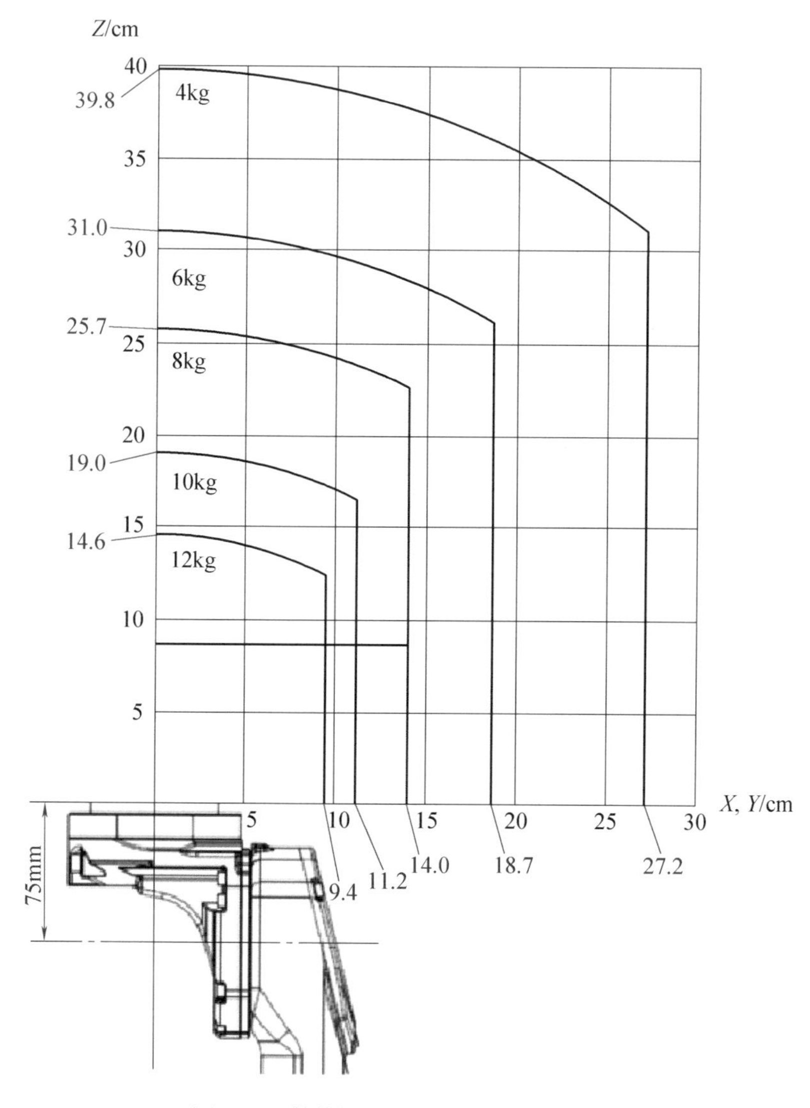

图 2-38　某款机器人第 5 轴的负荷能力图

如果工业机器人运作速度较高或者工具比较笨拙，则别忘了还有一个惯性力矩要校核。这部分内容就跟所选工业机器人的规格、性能以及我们机构设计的预期扯上关系了。我们以校核 FANUC M-10*i*A 机器人第 6 轴为例，其最大角速度

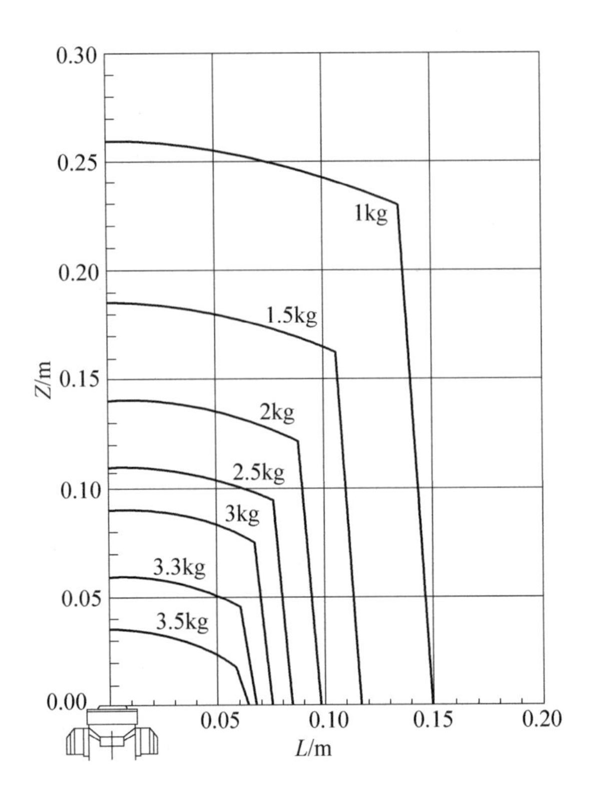

图 2-39 某款机器人第 6 轴的负荷能力图

$\omega = 10.65\text{rad/s}$，假定需要机器人在 0.1s 加速到最大角速度，则角加速度 $\alpha = \omega/t = 10.65\text{rad/s}/0.1\text{s} = 106.5\text{rad/s}^2$，假设工具质量 $m = 5\text{kg}$，旋转半径 $r = 0.05\text{m}$，则转动惯量 $J = mr^2/2 = 5\text{kg} \times 0.05^2\text{m}^2/2 \approx 0.006\text{kg} \cdot \text{m}^2$，则 $T_6'' = J\alpha = 0.006\text{kg} \cdot \text{m}^2 \times 106.5\text{rad/s}^2 = 0.639\text{N} \cdot \text{m}$。同理，第 5 轴的角加速度 $\alpha' = \omega'/t = 7.15\text{rad/s}/0.1\text{s} = 71.5\text{rad/s}^2$，假设旋转半径 $L + m = 0.15\text{m}$，则转动惯量 $J' = m(L + m)^2/2 = 5\text{kg} \times 0.15^2\text{m}^2/2 \approx 0.056\text{kg} \cdot \text{m}^2$，得到第 5 轴的惯性力矩 $T_5'' = J'\alpha' = 0.056\text{kg} \cdot \text{m}^2 \times 71.5\text{rad/s}^2 \approx 4.00\text{N} \cdot \text{m}$……然后结合具体机构具体参数，将静态力矩和惯性力矩相加即为综合考量工况要求后的校核力矩，可以适当取安全系数，比如 1.2、1.3 之类（当然越大越安全），再对比型录参数（见表 2-4），在其规定范围内即可，否则应选择更大规格的机器人。

另一方面，为了尽可能让所选机器人运作轻松点，在设计机构时应有强烈减重和“缩距”意识。比如为了减轻工具重力，如果没有特别要求，一般其零件材质建议用铝材，比如尽量让零件组合后重心靠近机器人各轴旋转中心。

表 2-4 FANUC M-10*i*A 系列机器人的性能参数

Item		Specifications				
		M-10*i*A/10S	M-10*i*A	M-10*i*A/6L	M-20*i*A	M-20*i*A/10L
Type		6axes (J1、J2、J3、J4、J5、J6)				
Reach		1098mm	1420mm	1632mm	1811mm	2009mm
Installation		Floor, Upside-down, Angle mount				
Motion range (Maximum speed) (Note 1, 2)	J1 axis rotation	340°/360° (option) (220°/s) 5.93rad/6.28rad (option) (3.84rad/s)	340°/360° (option) (210°/s) 5.93rad/6.28rad (option) (3.67rad/s)		340°/370° (option) (195°/s) 5.93rad/6.45rad (option) (3.40rad/s)	
	J2 axis rotation	250° (230°/s) 4.36rad (4.01rad/s)	250° (190°/s) 4.36rad (3.32rad/s)		260° (175°/s) 4.54rad (3.05rad/s)	
	J3 axis rotation	340° (270°/s) 5.93rad (4.71rad/s)	445° (210°/s) 7.76rad (3.67rad/s)	447° (210°/s) 7.80rad (3.67rad/s)	458° (180°/s) 8.00rad (3.14rad/s)	460° (180°/s) 8.04rad (3.14rad/s)
	J4 axis wrist rotation	380° (410°/s) 6.63rad (7.15rad/s)	380° (400°/s) 6.63rad (6.98rad/s)		400° (360°/s) 6.98rad (6.28rad/s)	400° (400°/s) 6.98rad (6.98rad/s)
	J5 axis wrist swing	380° (410°/s) 6.63rad (7.15rad/s)	380° (400°/s) 6.63rad (6.98rad/s)		360° (360°/s) 6.28rad (6.28rad/s)	360° (400°/s) 6.28rad (6.98rad/s)
	J6 axis wrist rotation	720° (610°/s) 12.57rad (10.65rad/s)	720° (600°/s) 12.57rad (10.5rad/s)		900° (550°/s) 15.71rad (9.60rad/s)	900° (600°/s) 15.71rad (10.47rad/s)
Maximum laod capacity at wrist		10kg		6kg	20kg	10kg
Allowable load moment at wrist	J4 axis	22.0N·m		15.7N·m	44.0N·m	22.0N·m
	J5 axis	22.0N·m		10.1N·m	44.0N·m	22.0N·m
	J6 axis	9.8N·m		5.9N·m	22.0N·m	9.8N·m
Allowable load inertia at wrist	J4 axis	0.63kg·m^2		0.63kg·m^2	1.04kg·m^2	0.63kg·m^2
	J5 axis	0.63kg·m^2		0.38kg·m^2	1.04kg·m^2	0.63kg·m^2
	J6 axis	0.15kg·m^2		0.061kg·m^2	0.28kg·m^2	0.15kg·m^2
Repeatability		±0.05mm	±0.08mm			
Mass (Note 3)		130kg		135kg	250kg	
Installation environment		Ambient temperature: 0~45℃ Amibient humidity: Normal 75% RH or less (No dew not frost allowed), Short term 95% RH or less (within one month) Vibration: 0.5*g* or less				

2. 专业软件模拟（也有误差，但如果工况模拟准确，评测会更接近实际状况）

如果要为专业厂商评估，则应稍微严谨一些，一般采用类似表 2-5 所示的表单或软件来辅助。但需要提醒的是，任何自动化软件可能都要设置参数、条件，这一步是否妥当处理会影响结果，也就是说还是离不开人员的专业分析和判断，不能以为人家“算账”有计算器就一定比用算盘的要精准、稳当。

表 2-5 FANUC 机器人承载能力评估表

机器人输入数据	
机器人型号	M-20*i*A
负荷的输入方式	CofG-SI
机器人文件参考序号	1
第 5 轴偏移量	0.1

负荷数据：重心-SI	
J6 Payload Mass/kg	6
J3 Arm Load Mass/kg	
Payload Center *X*/m	
Payload Center *Y*/m	
Payload Center *Z*/m	
Payload Inertia I_X/kg · m^2	
Payload Inertia I_Y/kg · m^2	
Payload Inertia I_Z/kg · m^2	

工作数据	规定	实际值（实值）
第 6 轴可搬质量/kg	20	6.000
第 3 轴手臂可搬质量/kg	12	0.000
第 4 轴扭矩/N · m	44	5.880
第 5 轴扭矩/N · m	44	5.880
第 6 轴扭矩/N · m	22	0.000
第 4 轴转动惯量/kg · m^2	1.04	0.060
第 5 轴转动惯量/kg · m^2	1.04	0.060
第 6 轴转动惯量/kg · m^2	0.28	0.000

参考数据	
机器人“E”号	
工具号码	
机器人工作台番号	
负责人	
注释	

结果摘要	
手腕部可搬质量	OK
扭矩	OK
转动惯量	OK
是否许可	OK

详细结果	
第 6 轴可搬质量（最大许可值的百分比）（%）	30
相对于当前第 3 轴手臂质量的第 6 轴最大可搬质量	20.0
扭矩（最大许可值的百分比）（%）	
第 4 轴	13
第 5 轴	13
第 6 轴	0
转动惯量（最大许可值的百分比）（%）	
第 4 轴	5.8
第 5 轴	5.8
第 6 轴	0
注：警告（%）	90

2.2.3　工作范围

如为6轴机器人，则工作范围指机器人本身的工具中心点（tool center position，简称TCP）理论上所能到达的空间区域，但不包含外装执行机构和操作工具。此外应注意机器人在近身及后方存在一片非工作区域或死角，应避免在该区域布局功能机构。在某些场合和某些应用中，这个指标同样非常关键，如果所选工业机器人的工作范围覆盖不到实际应用所需空间，则项目几近失败了（有时就算换台机器人也未必能改善，因为牵涉到太多周边设备搭配问题，需慎重对待）。为了加深读者对机器人工作范围的理解，下面对几个重要的概念稍微讲解一下。

1. TCP

如图2-40所示，机器人默认的TCP位于第6轴法兰中心，默认工具坐标系的Z轴垂直于法兰面。通常说的机器人的轨迹和速度，指的是TCP点的轨迹和速度，但如果装了手爪或工具，则一般将TCP设置在手爪或工具中心，但也不一定是几何中心或工具重心（注：如果不熟悉，最好不要随意设置）。一个工具对应一个工具坐标系，可用三点法（只设置TCP）、六点法（设置TCP及方向）、直接输入法等自定义新的工具坐标系。新的工具坐标系的位置和方向始终与法兰盘保持绝对的位置和姿态关系，但在空间上一直是变化的。我们实际评估工作范围时，可以实际的TCP（可能是工具上某个有意义的点，比如焊枪的头部）来模拟评估。

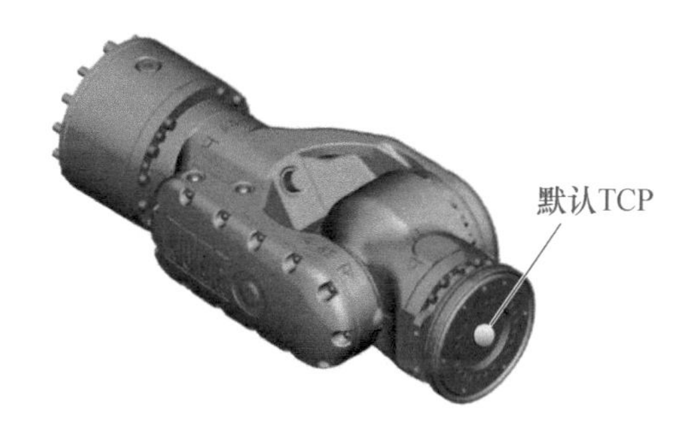

图2-40　机器人默认的TCP

2. 自由度

自由度又称坐标轴数（不含手爪或工具），一般根据作业任务决定所需机器人的自由度数。不同定位要求所需的自由度数不一样，如图2-41所示，图2-41a所示定位球体只要3个，图2-41b所示定位旋转钻头则至少需要5个。人从手指到肩部共有27个自由度，如果把机械手臂也做成这样多的自由度是很困难的，也是不必要的。一般的专用机械手臂只有2~4个自由度，通用的机械手臂则多数为3~6个自由度。

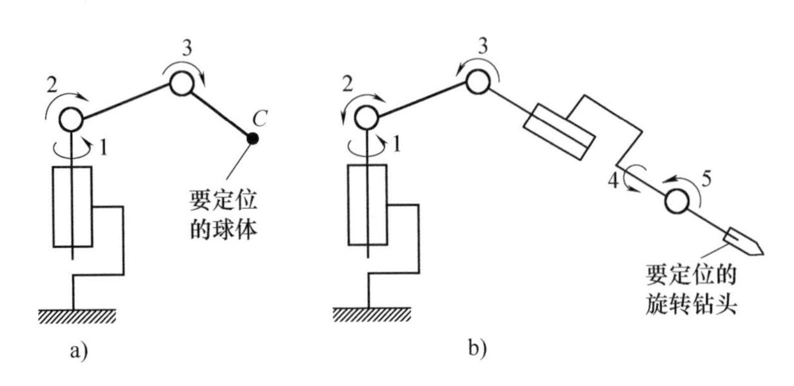

图2-41　不同定位要求所需的自由度数不一样

a）定位球体　b）定位旋转钻头

类似6自由度、6关节或6轴机械手臂的说法，它们都是说明这一机械手臂的操作有6个独立驱动的关节结构，能在其工作空间中实现抓取物件的任意位置和姿态。要达到空间任意一点，原则上需要3个运动轴，而把一件工件送到相对于工件的一定位置（点位）又需要3个运动轴（姿态）。因此，一台通用的机械手臂能够达到空间的任意点，并将工件送到相对于工件的任意位置，最低需要6个运动轴，其中位置自由度有3个，姿态自由度有3个，如图2-42所示。利用冗余的自由度可以增加机器人的灵活性，躲避障碍物和改善动力性能。自由度越高，机器人的灵活性也是相应的增加，功能也是会相应增加。但是自由度越高，控制越复杂，而且随着关节的增加，调试的复杂程度也会相应增加，系统潜在的机械共振点也不成比例的增加。

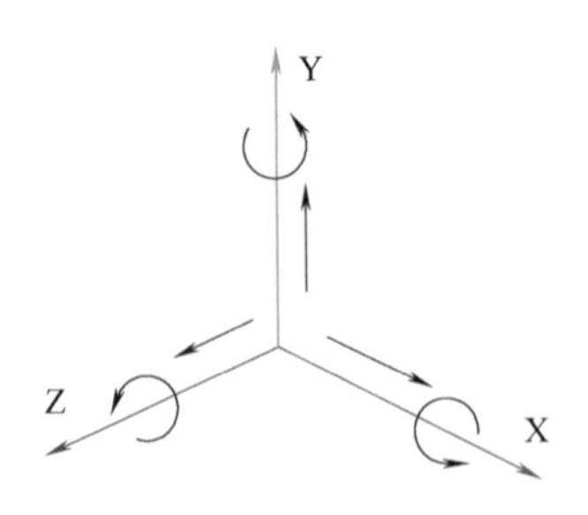

图2-42　空间任意位姿的6自由度

机器人配置的轴数直接关联其自由度。一般在一个狭小的工作空间，且机器人手臂需要很多的扭曲和转动，在成本允许的前提下，采用6轴或7轴机器人更加合理。这样也方便后续重复利用改造机器人到另一个应用制程，能适应更多的工作任务，尽量避免轴数不够的情况出现。如果是针对一个简单的直来直去的场合，比如从一条皮带线上取一个物件并把它放到另一条皮带线上去，应用持续较长时期，那么简单的4轴机器人就足以应对。

3. 奇异点

即便在工作区域内，机器人也可能出现个别点位无法达到的情况，这样的点位我们称之为奇异点，一般可以通过编程避开。在ABB机器人仿真软件RobotStudio里面的机器人模型，机器人的第5轴是如图2-43所示稍微往下倾斜的，这样设计便是为了避开奇异点。

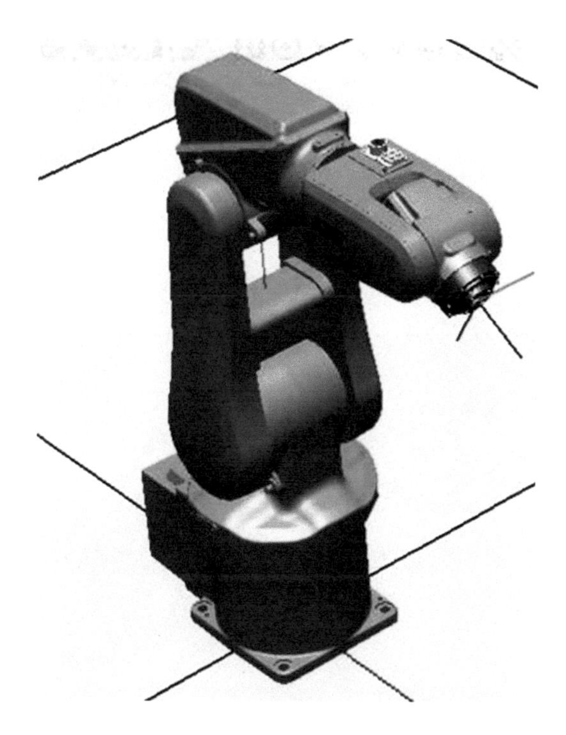

图2-43　第5轴往下倾斜是为了避开奇异点

在规划路径中应尽可能避免机器人经过奇异点、干涉点，否则可能会有抖动报警或无法达到现象。奇异点是由机器人的逆运动学引起的。当机器人连接成直线或和关节接近0°时，就会出现奇异点，如图2-44和图2-45所示。一般通过工具增加一个很小的角度（5°～15°），以减少机器人进入奇异点的机会。当然更好的方法是把任务移动到没有奇异点的区域，尤其是装上工具后对轨迹有较高要求的运动状况。

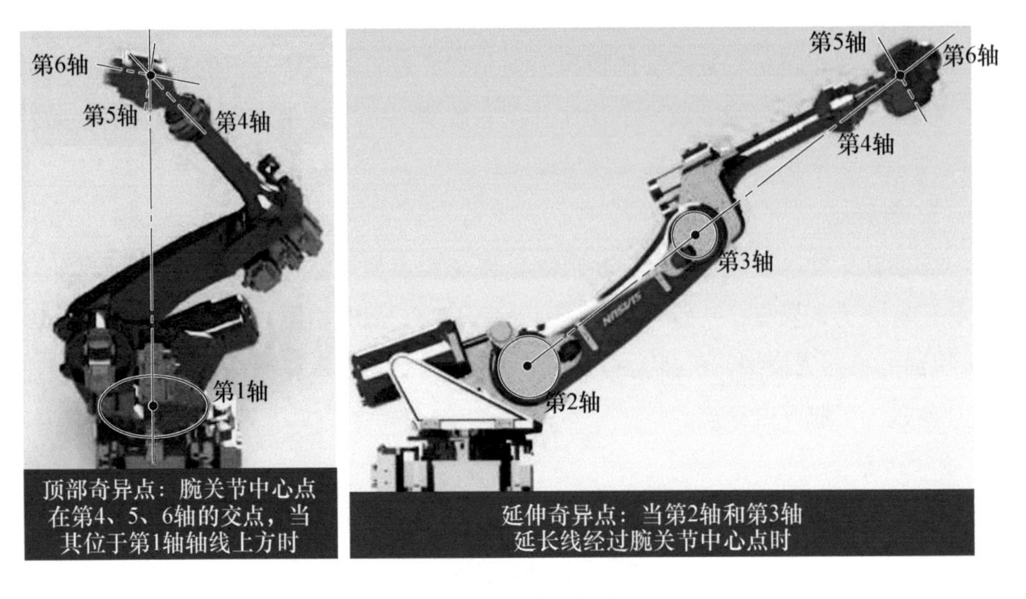

图2-44　顶部和延伸奇异点

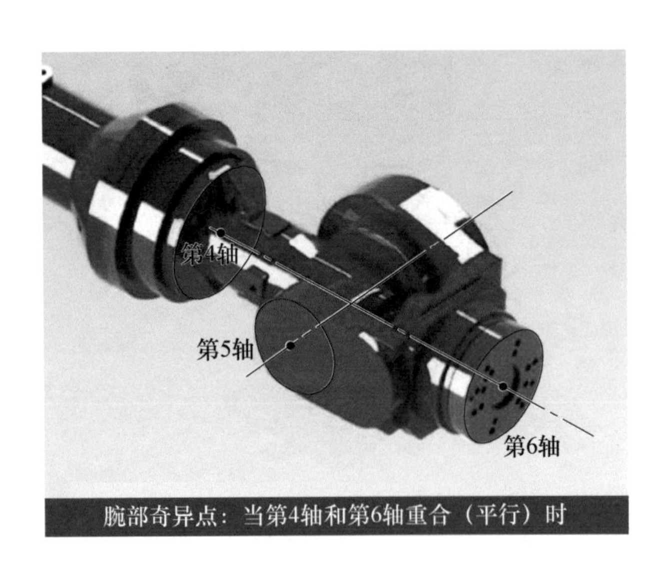

图2-45　腕部奇异点

下面我们看下 FANUC M-10*iA* 系列工业机器人的工作范围，如图 2-46 所示。从俯视图看，－170°～170°有死角，第 1 轴并不是无限旋转的，工艺布局应尽量避开此区域。从正视图看，不同规格的机器人在接近圆形的区域内（半径不一）

可自由活动，但在本体附近有无法达到的空档区域，同样应避免把工艺布局在其附近。再次提醒，动作区域指的是机器人手腕中心的运动范围，如果安装了工具，则运动幅度会改变。同时还需要注意的是，尽管机器人腕部活动是灵活多向的，但在最大和最小区域附近时，有些动作和点位可能会有难以实现的问题，所以也要尽量避免在极限位置布置对工具位姿有要求的工艺机构。

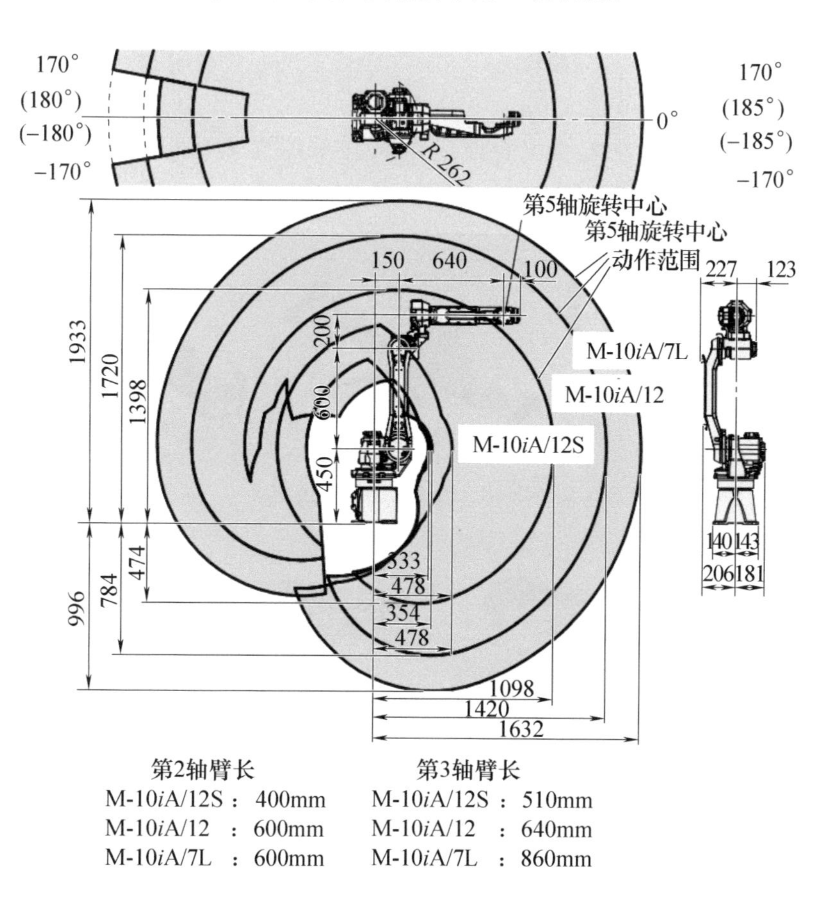

图 2-46　FANUC M-10*i*A 系列工业机器人的工作范围

常见的机器人本体的机械臂的结构形式如图 2-47 所示。实际装上工具后的动作有几种类型，如俯仰、偏航、翻滚等，形象地表达如图 2-48 所示。在规划工具运动轨迹时，还需要留意机械臂结构，有的位置可能状态不是我们想的那样（实际运行达不到），所以应考虑干涉问题，如图 2-49 所示，设计时可能是图 2-49a 所示状态，而实际运行时可能是图 2-49b 所示干涉状态，应在设计之初就考虑可能干涉，将其避位。

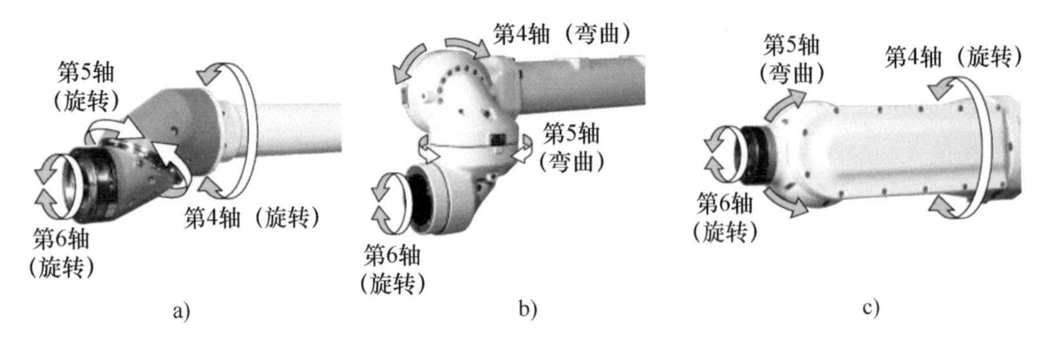

图 2-47 常见的机器人本体的机械臂的结构形式

a）3R 型 b）BBR 型 c）RBR 型

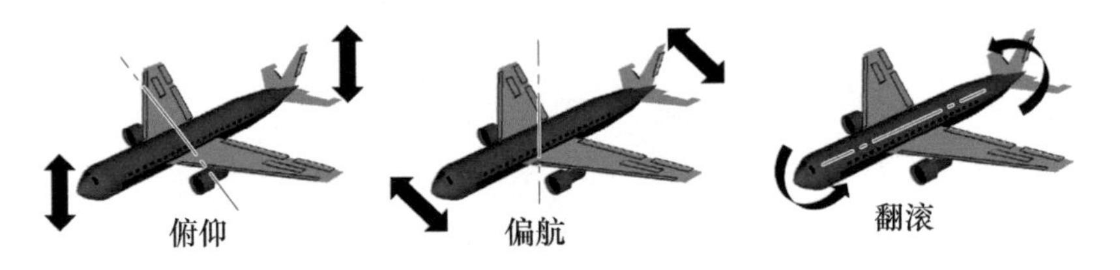

图 2-48 机械臂的动作类型

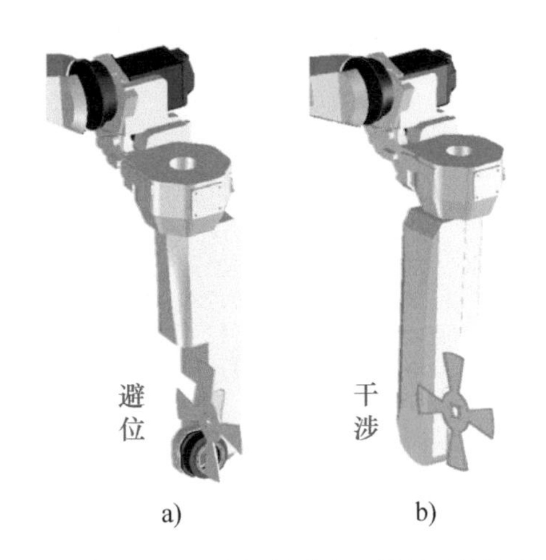

图 2-49 动态考虑机械臂和工具的干涉问题

2.2.4 移动速度

对机构而言，这个指标相对来说有一定的“讨价还价空间”，而且也不太容易“抓”得精准，原因请参阅拙作《自动化机构设计工程师速成宝典实战篇》相关章节（第 25 页）。工业机器人的速度根据各轴运动方式而定，以 FANUC 200*i*D 型号机器人为例，其折算后的理论线速度可达 2000mm/s，但实际受各种约束、条件影响（比如真空吸取费时、负载太重、机构刚性差等），机构速度会打个折扣，工业机器人运动节拍的影响因素如图 2-50 所示。举个例子，移动速度 2000mm/s 规格的机器人，末端带着吸盘从 *A* 点移动 1000mm 到 *B* 点，下降 300mm 到 *C* 点吸取产品（假定吸取时间为 0.3s），然后沿着原轨迹逆向回到 *A* 点，大概要多久的时间？理论上设备节拍为 0.3s + (1000mm + 300mm) × 2/(2000mm/s) = 1.6s，但实际运作是不可能做到的，往往需要考虑到作业的稳定性以及一些突发因素的影响，最后可能取 3.2s 或 4s。

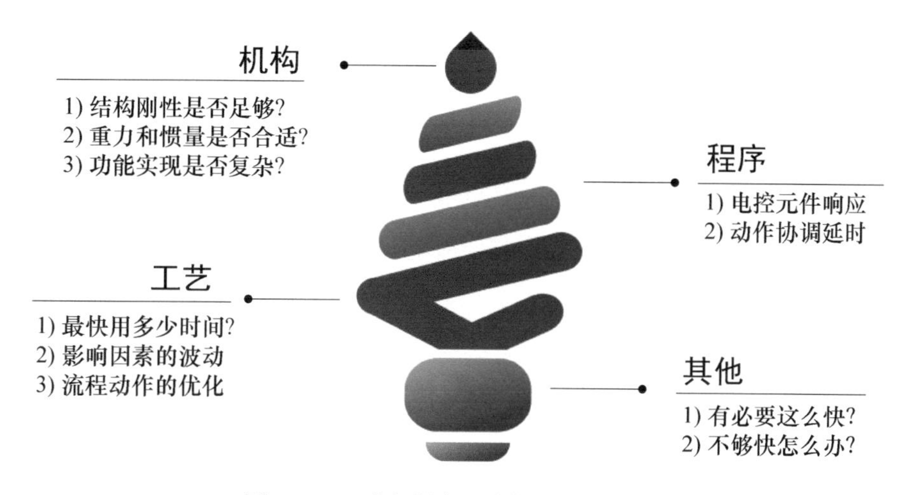

图 2-50　工业机器人运动节拍的影响因素

不同构型的工业机器人，由于机械结构的限制，能达到的最大理论速度不一样（假设关节最大速度相同），因此不同结构之间的机器人无法进行直接对比，也就无法使用同一种速度评判标准。如果是同类型但不同品牌机器人的运行速度能力，比如说在小型 6 轴机器人领域（用于小型工件加工，如 3C 领域），一般行业内以机器人额定负载下执行 25mm × 300mm × 25mm 门形轨迹（来回）所需最小时间加以评估。此时间也称为标准节拍时间，是指机器人携带 1kg 的负载，从起点开始，向上移动 25mm，平移 300mm，向下运动 25mm，然后沿路径返回起点这样一个过程所耗费的时间。图 2-51 所示的是日本 NACHI 的 MZ07 系列机器人，标准节拍时间为 0.31s，换算一下约为 2000mm/s 的移动速度。

运动速度高，机器人所承受的动载荷增大，必将承受着加减速时较大的惯性力，影响机器人的工作平稳性和位置精度；反之，机器人动作幅度大或夹具偏重，

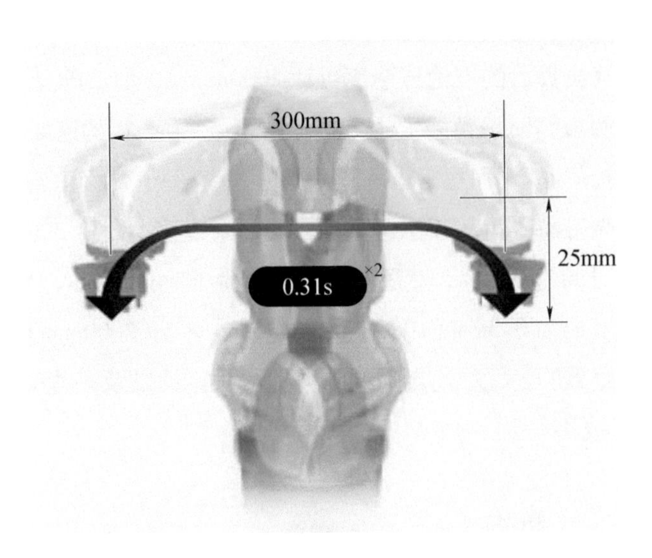

图 2-51 NACHI 的 MZ07 系列机器人标准节拍时间

出于安全考虑，实际也很难“飞”速运行，因为如果加速或减速过快，有可能引起定位时振荡加剧，使得到达目标位置后需要等待振荡衰减的时间增加，则也可能使有效速度反而降低。换言之，考虑机器人运动特性时，除最大稳定速度外，还有其最大允许加减速度。

综上所述，设备实际作业的生产节拍，可参考一些现成的经验案例进行估测（这点在思路上跟凸轮机构的有点类似），不可简单地按机器人移动速度折算而来。举个例子，如果设备是用于代替人工上料，且作业行程范围不大，则其作业周期跟人工一般不会差多少，人工要 10s，设备可能用 8s 或 9s，哪怕根据移动速度算出来只要 2s 或 3s，因为移动速度只是描述了机器人“动”的部分，但是“停”与“等”的部分呢？因此，一般动作复杂的设备，在评估生产周期或节拍时，可能需要借助时序图这样的辅助工具（注：方法可参考本人的《自动化机构设计工程师速成宝典高级篇：凸轮机构设计 7 日通》第 3 章）。

2.2.5 定位精度

工业机器人也是装置、机构，所以符合基本的机械设计原则。比如都是由伺服电动机驱动，在理想条件下单轴精度会比多轴高，侧重精度应用时宜选用简单直接的、轴少的形式。影响机器人系统误差的因素有很多，包括机器人本体、伺服电动机、减速器等机械的精度和刚性，控制系统的计算能力以及算法，具体工况应用等。

就机器人本身而言，机器人的精度包含轨迹精度和位姿精度。一般厂商的产品型录只有重复定位精度的规格数据。定位精度规格未在型录中体现，说明要么不可控，要么难以定义。位姿精度则主要侧重点的位置精度，轨迹是由点构成的，所以轨迹需要注意描点方法，比如异形件抛光打磨。更多数情况下，我们关注点位精度，它一般由定位精度和重复定位精度这两个概念来描述。

1. 定位精度

定位精度指机器人末端执行机构实际到达位置与目标位置（理论位置）之间的接近程度。比如从 *A* 点移动到 *B* 点，目标距离是 100mm，结果是 101mm，则误差或者说定位精度为 1mm。假设用的单轴机器人，这是有意义的，可以通过运动多少次来测试和定义精度；但如果用的是多轴机器人，那么这样测试显然就不现实了，因为涉及多轴联动，有些机构和算法的差异使空间上有无限个 100mm 可能性，每个状态精度都不一样。既然测试不了也预测不了，自然无法给出恰如其分的承诺，这点似乎也成了厂家的“潜规则”。

2. 重复定位精度

重复定位精度指机器人末端执行机构重复到达同一目标位置（理想位置）与实际到达位置之间的接近程度。它不仅与机器人驱动器的分辨率（即设备输出最小位移或角度的能力）及反馈装置有关，还与传动机构的精度及机器人的动态性能有关。实际应用中常以重复测试结果的标准偏差值的 3 倍来表示，它是衡量一列误差值的密集度，大概涵盖了整个过程波动范围的 99.73%。通俗点说，厂商给了重复定位精度规格，相当于承诺 99.73% 的“点”会落在规格以内。

定位精度和重复定位精度的定义如图 2-52 所示。假设运行指令到达位置 *O* 点，但实际落在 *G* 点，则 *O* 和 *G* 之间的距离则为定位精度（偏差）；实际的位置也不会一直在 *G* 点，而是落在其附近并形成一个区域，这个区域大小的半径就是重复定位精度（偏差）。特殊的情况是，*O* 点和 *G* 点重合，则定位精度为 0。如果不同厂家的同一重复定位精度规格机器人在应用过程有不同的精度呈现，一般是定位精度的差异，也就是 *O* 点和 *G* 点之间距离大小的问题。对于单轴机器人而言，从 *A* 点移动到 *B* 点，目标距离是 100mm，结果第一次实际移动 100mm，第二次为 102mm，第三次为 104mm，则重复定位精度为 ±2mm；而定位精度分别为 0mm、2mm、4mm。如果是多轴机器人呢，则情况会复杂一些，实际“落点”的集群是三维形态的，如果用一个球体来包覆这些点，则重复定位精度就是“最大球体半径”。

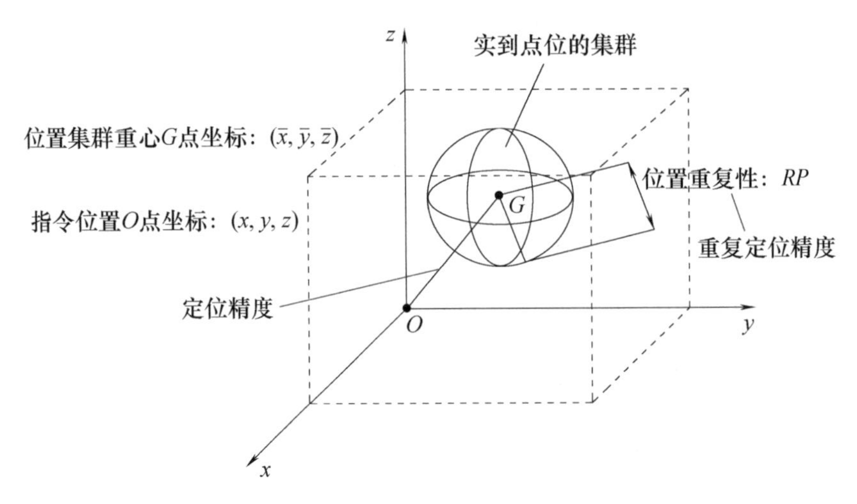

图 2-52　定位精度和重复定位精度的定义

为了便于大家理解以上两个概念，再以图 2-53 所示的实际形态阐释一下：图 2-53a 所示为重复定位精度的测定方式；图 2-53b 所示 h 偏大说明定位精度较差，同时实到点区域分散说明重复定位精度也较差；图 2-53c 所示 h 较小说明有良好的定位精度，但实到点区域很分散说明重复定位精度很差；图 2-53d 所示 h 很大说明定位精度很差，但实到点区域较集中说明有良好的重复定位精度。

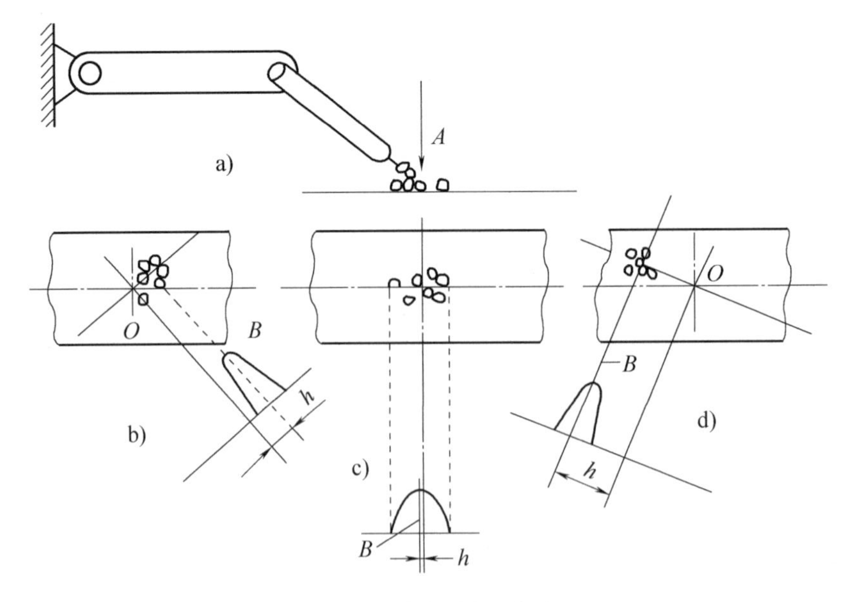

图 2-53　精度形态的判定

由上可见，买到重复定位精度为±1mm的机器人，目标距离是100mm，但实际移动102mm、103mm、104mm，甚至个别的为99mm的情况都是正常的，因为规格是依据统计学得到的，只要99%以上的点落在±1mm以内，就在厂商的承诺范围内。这跟打靶是一个道理，不能说有一发子弹没打好就说专业选手水平低。可是问题来了，我要的是100mm，结果偏差这么多，都变成（103±1）mm了，为什么？怎么办？

还是回到打靶的比喻。专业的就是准，毫无疑问，依靠的是方法、训练、体质和天赋。同样道理，机器人也是，不同厂家产品的性能有差距，两个同样精度规格的机器人，你会发现实际可能会“打”出不一样的“环数”——这个是机器人制造实力使然。了解了这点，使用多轴机器人，建议不要奢望机器人本身精度去满足工况的苛刻要求，而应当变换思路，默认为我要（100±1）mm，但是机器人是可能会跑出101.5mm，102mm之类数据的，即便重复定位精度合格，实际也会偏离设计预期。有没有解决方案？没有就放弃。这个解决方案，往往来自于机器人之外的“精度补强设计”，比如CCD（电耦合器件）导引、二次定位、辅助校正等，方法还是有一些的。

当然，同样的要求下，如果用的品牌较好，即便没有“精度补强设计”，也有一定概率达成设计目标，因为好的机器人偏差中心无限接近于理想目标值，至于如何接近法，只有用过才知道，因为厂家也保证不了。经验上，直观的、实际的定位精度效果，在数据上会比重复定位精度大一些，至少有个几倍的落差，重复定位精度越好这种偏差会降低。偏差也不可能太大，毕竟机器人是一个精密运动组件，除非产品本身品质确实低劣。比如重复定位精度为±0.1mm，我们可以认为定位误差有可能是0.5mm，如果这样都不影响实际应用，那因为精度出问题的概率就很低了，也就没必要额外设计“精度补强”的装置或机构。

重复定位精度可以被描述为机器人完成例行的工作任务时每一次到达同一位置的能力。一般为±0.02mm～±0.10mm，甚至更精密。现在主流的工业机器人，重复定位精度标识约为±0.02mm（实际可能有些折扣），全工作空间内绝对定位精度可能高于±1mm，基本可以说是“高精度”机器人了。另外一方面，组装工程的机器人精度的选型要求，也关联组装工程各环节尺寸和公差的传递和计算，比如来料物料的定位精度，工件本身在治具中的重复定位精度等。

一般来说，工业机器人的精度是足够用的，如果产品小、精度要求高，往往用的是小型机器人，其精度也较高；如果产品大或工艺动作幅度大的场合，机器人的精度显然不会太高（事实上也没有同时满足重载又高精度的机构），绝大多数工况也不需要高精度。例如，如果需要你的机器人组装一个电子线路板，那么你可能需要一个超级精密的、重复精度高的机器人；如果应用工序比较粗糙，比如打包、码垛等，工业机器人也就不需要那么精密。尽管如此，还是有极少数场合，对机器人精度有特殊或严苛的要求，这时应考虑二次定位之类的设计，避免精度不足造成的设备运行不稳定问题。

此外，实际精度还会受运动方式、负载状况、机构刚性、定位方式等影响，所以多轴不等于高精度。常见的6轴机器人，机器人控制器控制6个轴动作利用差补方法实现机器人终端路径行走，6轴联动，精度变差，因此很难利用多轴机器人行走实现高精度的直线、圆弧、面等路径。比如轴孔的精密装配，由于机器人重复路径精度不高，轴可能会卡在孔中间，很难将轴完全插入到孔内。当然，实际机构设计上，也有一些应对的做法。比如为了利用机器人来实现高精度的路径，我们可以借助辅助工装和机器人软浮动功能，辅助工装纠正路径，让机器人仅仅提供动力。再比如有些机构，可以利用导轨滑块实现高精度路径，而只是让机器人提供前进的动力。还比如配合现在的机器视觉技术的运动补偿，可以减低机器人对于来料精度的要求和依赖，提升整体的组装精度。

那么到底如何根据定位精度和重复定位精度选用工业机器人？一般工业机器人型录规格表里给定的是重复定位精度，类似±0.05mm的表达，这个公差越小则机器人点位偏差的区域越小，是机器人固有的能力，很难通过其他手段来改善。定位精度则不同，很多时候可通过二次定位或辅助装置来增强，比如移动机器人到某个点总是会偏差且落到某个区域，则可以通过编程补偿距离或感应装置来找正位置，从而使“定位效果”得到改进。

【案例】 假设客户需要把一个带定位孔的铁片吸附起来移动100mm放到一个装有定位针的载具上，精度要求±0.05mm，如果用6轴工业机器人，由你帮其设计方案，请问如何确定机器人的精度?

【分析】 非标机构设计讲究的是具体个案具体分析。首先，就案例而言，精度要求其实挺高了。很多设计人员会以为选个重复定位精度为±0.02mm或以上的机器人就能满足要求了，这是个认识误区，原因如上所述。也就是说，机器人实际可能会走出类似101.01mm、101.03mm之类的数据，重复定位精度符合要求，但是中心偏离目标位置了，所以会造成实际应用达不到要求的情况，有时就“扯不清楚”。当然，不同品牌不同精度机器人的这种偏差程度会不同，对于精度要求高的场合，如果选用较好品牌或精度较高的机器人，有概率但不是绝对会出现误差带中心和目标位置无限接近甚至重合的情况。

其次看工艺，如果工况是定位针有倒角，超出规格也能放进去（比如实际±0.5mm也可以），那精度要求就是名义上的，需要跟客户探讨协商，对此还是应有信心的，甚至用±0.05mm重复定位精度的机器人也未尝不可。反之如果定位针没导引效果，超规可能“挂”住放不了，那就有必要向客户提示风险，否则可能会因为精度不足而令项目阻滞。

机器人是一个综合性、多元化的装置，要替代人工完成适应性作业，需要大量的数据运算和指令分析，而传感器等技术也需要协同发展才有可能实现，可问题在于很多操作手法，例如某款手机的软排线组装，以目前的水平是无法完成数学建模的，即便是简单的焊接，还要分电焊、弧焊等，每一个加工部件都有自己的特点，这些技术发展都需要基础学科的长期积淀。

所谓精度也是相对的，工业机器人由于结构问题，在精度上也有它的短板。比如绝大多数手机和平板计算机等电子产品之所以使用人工组装，就是因为精确度要求高，大多数机器人不如人手敏捷，无法精确组装微小的零部件。即便号称导入百万机器人的富士康公司，也只是将少量机器人用在了iPhone和iPad的生产上，主要是在一些简单、重复、枯燥的工艺上，如粉刷、检测、焊接等。

2.3 工业机器人的原点、坐标系和轨迹

原点、坐标系、轨迹等空间框架的定义，是工业机器人集成设备的软件系统和算法规则的重要支撑。如果我们有基本的认知，在机构设计和简单编程学习方面会如鱼得水，同时也有助于我们现场处理一些设备故障或异常问题。

2.3.1 工业机器人关节原点的意义

原点即零点，是工业机器人或集成机构的轨迹和位置的控制精度基准。工业机器人末端工具、手爪的运动点位控制都是基于零点数据，如果后者丢失或变动，则会造成工业机器人无法正常工作。

1. 工业机器人自身的原点

对于工业机器人自身而言，各轴的伺服电动机采用绝对值编码方式“闭环”控制。控制器输出控制命令，电动机上的反馈装置——串行脉冲编码器把信号反馈给控制器，在执行驱动过程中，控制器不断地分析反馈信号、修改命令信号，

从而在整个过程中一直保持正确的位置和速度。因此控制器必须“知晓”任何情况下每个轴的位置，以使机器人能够准确地按原定指令位置移动。它是通过比较操作过程中读取的串行脉冲编码器的信号与机器人上已知的机械参考点信号的不同来达到这一目的的。

零点复归记录了已知机械原点（见图2-54）的串行脉冲编码器的读数。这些零点复归数据与其他用户数据一起保存在控制器存储卡中，在断电后，这些数据由主板电池维持。当控制器正常断电，每个串行脉冲编码器的当前数据将保留在脉冲编码器中，由机器人上的后备电池供电维持。当控制器重新上电时，控制器将请求从脉冲编码器读取数据。当控制器收到脉冲编码器的读取数据时，伺服系统才可以正确操作。这一过程可以称为校准过程。校准在每次控制器开启时自动进行。如果在控制器关电时，断开了脉冲编码器的后备电池电源，则上电时校准操作将失败，机器人唯一可能做的动作只有关节模式的手动操作。要恢复正确的操作，必须对机器人重新进行零点复归与校准。

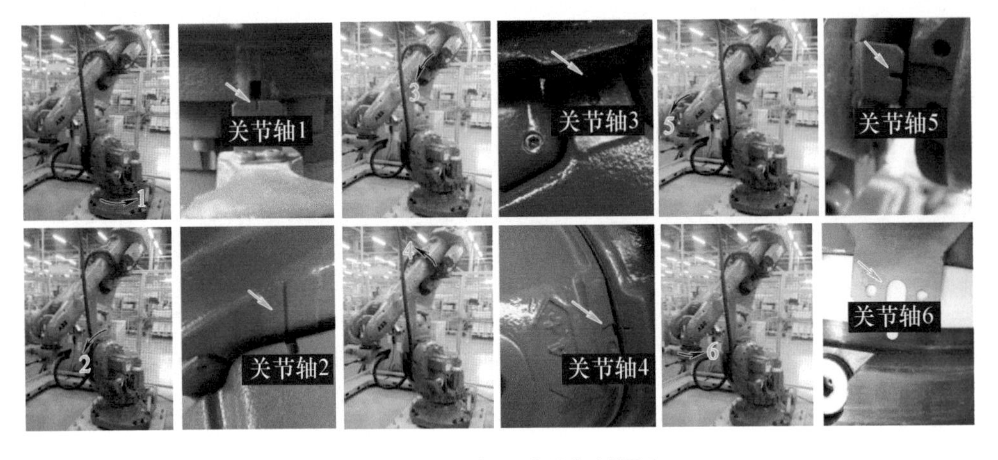

图2-54 工业机器人的机械原点

2. 工业机器人集成机构的原点

对于（工业机器人）集成机构而言，由于涉及周边设备的联动和整合，往往也会灵活设置机构原点。此原点可在机构能触及范围的任意点，原则上以便于安全维护、满足功能设计需要、维持良好姿态为考虑因素，实际作业过程中工具可经过也可不经过原点。由于机器人机构动作方位的复杂性，我们可能还会设置多个运动分支的原点。如果采用普通的直角坐标机器人，由于断电后会丢失原点数据，所以通常其原点需设置感应器，对编程而言是一个信号输入点，机器人根据此信号触发程序动作。如果采用的是6轴工业机器人，则可以通过“零点复归设置”来获得。

这里给大家强调机构原点的概念，是因为它相当于基准点，如果我们能有意识地去设置，除了安全考虑之外，还有一些指导设计的意义。举个例子，机器人末端工具从*A*点抓取一个零件，依次经过*B*、*C*、*D*等点位，最后在*E*点进行装配，由于动作较为复杂，则难免会有误差，如果我们在*D*点设置一个原点（校正）位置，则会提升定位精度。

2.3.2　常用的几个坐标系

为了量化空间物体形位关系，或者说为了沟通空间图形和数的研究，我们引入了坐标系的概念。在参照系中，为确定空间一点的位置，按规定方法选取的有次序的一组数据，就叫作坐标。在某一问题中规定坐标的方法，就是该问题所用的坐标系。形象地说，坐标系就是机器人系统的运动法则，你怎么定它就怎么走。

图2-55所示是一个空间直角笛卡儿坐标系，如果没有Z轴，则为平面直角笛卡儿坐标系。通常把X轴和Y轴配置在水平面上，而Z轴则是铅垂线；它们的正方向要符合右手定则（见图2-56），即以右手握住Z轴，当右手的四指从正向X轴以π/2角度转向正向Y轴时，大拇指的指向就是Z轴的正向，这样的三条坐标轴就组成了一个空间直角坐标系，O点叫作坐标原点。根据实际应用的坐标系分类很多，FANUC工业机器人常用的为关节坐标系（每次只能动一个关节，共有6个关节，J1～J6轴）、世界坐标系（相当于笛卡儿空间坐标系，也叫全局坐标系）、工具坐标系（可设定10个）、用户坐标系、点动坐标系等，如果没有定义，则用户坐标系、世界坐标系、点动坐标系是重合的。以上坐标系需要读者稍微熟悉和理解，本节只简要介绍常见的几种，实际采用何种坐标系，可在程序上定义。

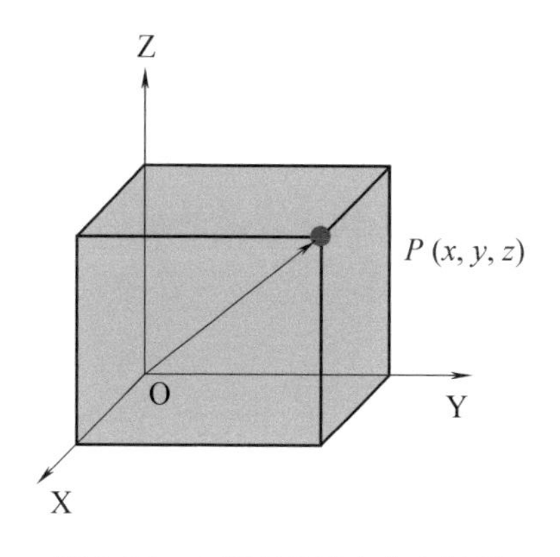

图2-55　空间直角笛卡儿坐标系

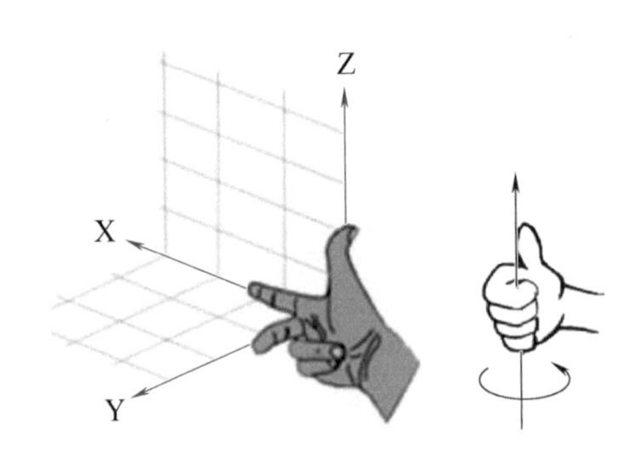

图2-56　右手定则

1. 右手定则

伸出右手，让大拇指向上，使其和食指及中指构成空间坐标系；大拇指所指方向为Z轴正方向，食指所指方向为X轴正方向，中指所指方向为Y轴正方向。用右手握住旋转轴，大拇指和轴正方向一致，旋转方向和四指方向一致为正，反之为负（绕X轴为W，绕Y轴为P，绕Z轴为R）。

2. 关节坐标系

关节坐标系是设定在机器人关节中的坐标系，其原点设置在机器人关节中心点处。关节坐标系中机器人的位置姿态，是以机器人各关节底座侧为基准而确定的。工业机器人的每个轴都是由伺服电动机驱动的，转动是最直接的输出动作。在关节坐标系下，工业机器人各轴均可实现单独正向或反向运动。当大范围运动，且不要求TCP姿态时，可选择关节坐标系。

3. 世界坐标系

世界坐标系是被固定在空间的坐标系。它被固定在机器人事先确定的位置，用户坐标系、点动坐标系都是基于该坐标系而设定，它用于位置数据的示教及执行，相当于默认的用户坐标系user（0）。世界坐标系如图2-57所示，其特点是原点位于机器人J1轴基座法兰中心，末端工具、手爪除了能在X、Y、Z轴方向上直线移动，还能做围绕X、Y、Z轴的旋转运动，但在某些点位可能会出现无法动作的死点（也叫奇异点），此时一般切换成关节坐标系避开该点，否则动作无法延续。

4. 工具坐标系

工具坐标系是用来定义工具中心点（TCP）的位置以及工具姿态的坐标系。工具坐标系要事先设定，如果未设定，将由默认的机械接口坐标系替代。工具坐标系通常以TCP为原点，将工具方向取为Z轴。安装工具后，TCP将发生变化，

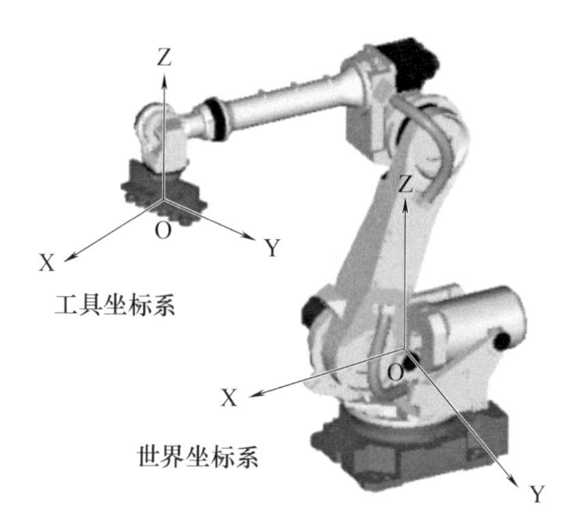

图 2-57　世界坐标系

变为末端工具重新设置的点，其在空间上是不断变化的，相对默认 TCP 的绝对位置不变。因此，为实现运动控制，当换装工具或发生工具碰撞时，必须事先定义工具坐标系。工具坐标系如图 2-58 所示，夹取的时候，我们可以把工具坐标置于夹爪端点/面；焊接的时候，可把工具坐标置于焊枪的顶点。设定了工具坐标系的打磨系统如图 2-59 所示，由工业机器人本体和打磨工具组成，由内部预定程序来控制机器人，完成工件各个部位的不同打磨工序和加工工艺。

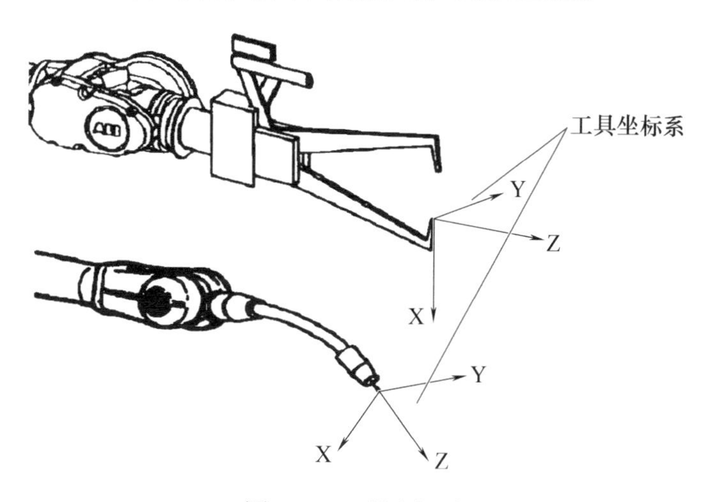

图 2-58　工具坐标系

5. 用户坐标系

用户坐标系就是用户对每个作业空间进行自定义的直角坐标系。它用于位置寄存器的示教和位置补偿指令的执行等，未定义时，将由世界坐标系替代该坐标系。

图 2-59 设定了工具坐标系的打磨系统

用户坐标系的标定，一般通过示教 3 个示教点实现。用户坐标系的优点是：当机器人运行轨迹相同、工件位置不同时，只需要更新用户坐标系即可，无须重新编程。用户坐标系如图 2-60 所示，工装 1 与机器人 J1 轴基座位姿一致，采用世界坐标系即可；但如果是工装 2，在斜面走位就会很麻烦，所以可自定义新的用户坐标系，建立后机器人的点位将以新的坐标为准。比如用户坐标系下，往 X 轴正方向移动 10mm，则实际会沿着斜面 X 轴正方向（而不是水平面的 X 轴正方向）移动 10mm。

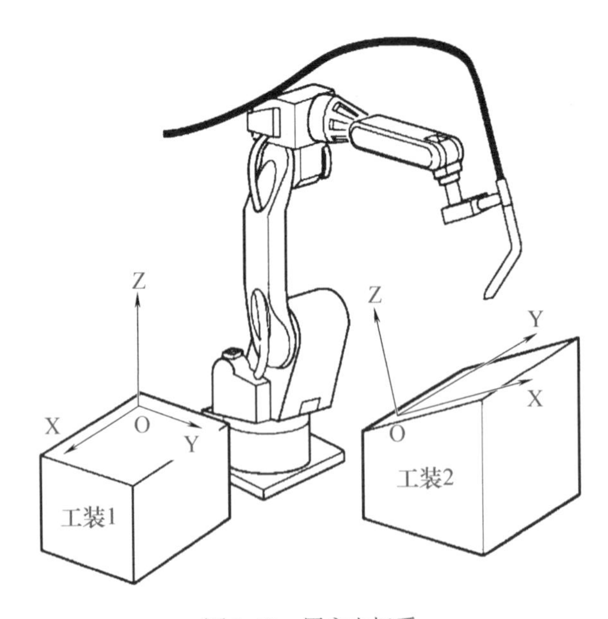

图 2-60 用户坐标系

6. 点动坐标系

点动坐标系是在机器人作业空间中，为了方便有效地进行线性运动示教而定义的坐标系。该坐标系只能用于示教，在程序中不能被调用。未定义时，动作效果与世界坐标系相同。使用点动坐标系是为了在示教过程中避免其他坐标系参数改变时误操作，尤其适用于机器人倾斜安装或者用户坐标系数量较多的场合。

7. 如何选用坐标系

通常在创建项目时，至少需要建立两个坐标系，即工具坐标系和用户坐标系（常常直接用默认的世界坐标系，根据具体工况来决定工具坐标系）。前者便于操纵人员进行调试工作，后者便于机器人记录工件的位置信息。

点动坐标系是在作业区域中为有效地进行直角点动而由用户在作业空间进行定义的直角坐标系，只有在手动进给时才使用该坐标系，其原点没有特殊的含义，未定义时，将由世界坐标系来替代该坐标系。

坐标系选用得当，既可以优化程序代码，还能直接解决问题。比如手动操作时，尽可能避免 J5 轴在 $-5° \sim 5°$，否则可能会出现奇异点报警，此时可将坐标系切换至关节坐标系，调整 J5 轴位置。当机器人出现行程极限报警时，亦可切换至关节坐标系进行调试。正常情况下，我们一般采用世界坐标系示教、执行即可。

2.3.3　动作轨迹的拆解优化

多轴工业机器人的移动轨迹有点到点、直线和圆弧等形式，如图 2-61 所示。比较特殊的是，工业机器人移动时，两点的直线距离最短，但速度并不是最快的。此外理论上讲，只要在规定的工作范围内，工业机器人末端工具、手爪的动作轨迹是自由的，但是实际操作时最好能有所讲究，原则方法很多，个人总结以下两点很重要。

1. 以制程/工艺为导向拆解并减少动作次数

工业机器人本质上只是一个移载模组，在具体集成设计机构中，跟普通设备没有太大的差别。比如用于装配，则一般需要先将产品展开成组件、零件，再进行制造流程和实施工艺的排配。产品有几个组件，先组装 A 还是 B，A 和 B 分别采用何种方式才能装配到 C，能否用“机器人 + 工艺机构”的模式来实现……这些动作进行拆解后所进行的工艺布局，对应着机器人的运动规划方案，而且常常不止一种，需要对比权衡。

【案例】 采用载具输送产品的生产线有一道工序是产品的保压（维持固定压

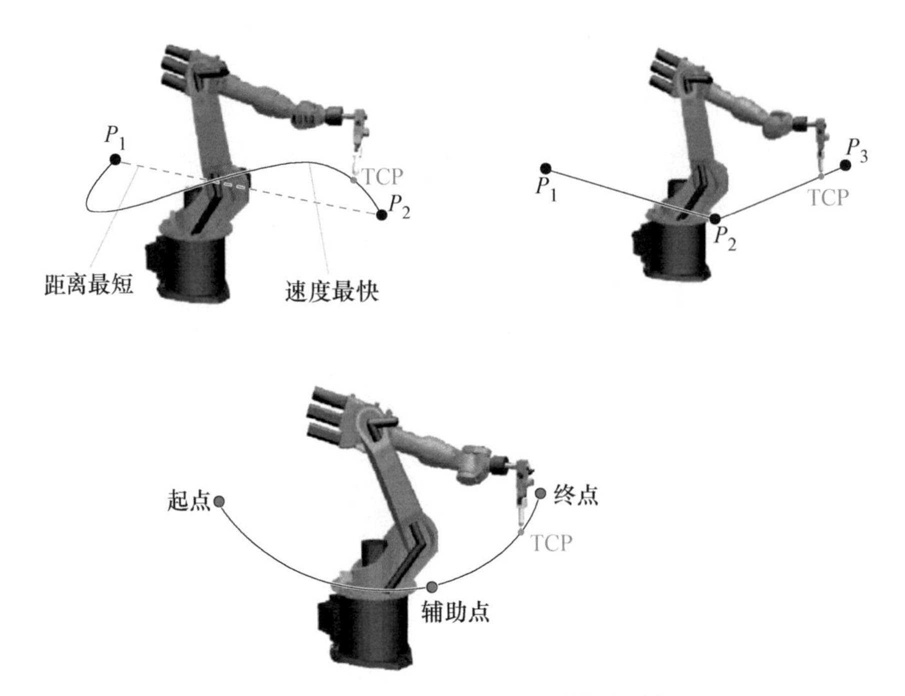

图 2-61 多轴工业机器人的移动轨迹形式

力施加在产品上，往往是前一个工艺的延伸）（见图 2-62）。原来的做法是，装有产品的夹具输送到位后，作业员将产品从定位座取出，放到生产线外的保压治具里面，启动按钮，气缸下压推动压块压紧产品，延迟 3s 后达到设定压力 45N（有压力传感器），然后再保持压着状态 10s，之后气缸使压块上升，作业员将产品取出放回夹具上的定位座，再取夹具另一侧的扣合盖扣到产品定位座上，由于两者是卡勾结构，定位座把扣合盖勾住，使产品维持压紧状态……作业时间约 20s，要求做到 17s，请问可否有自动化实施方案（优先采用 6 轴工业机器人）？

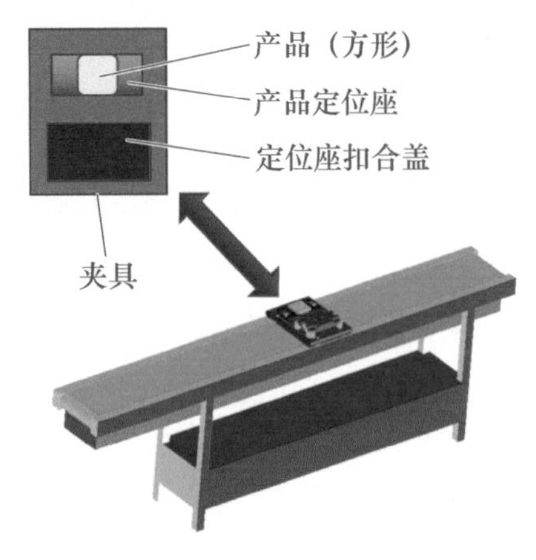

图 2-62 生产线保压工序

【评析】 我们首先要解答的问题，当然是这个项目到底有没有可行性。从需求信息来看，并没有明显难点，由于经验起点不一，可能有的设计新人对于保压工艺不太熟悉，但因为已经有现成保压治具可参考，所以不外乎就是抓取、搬移、压合之类的功能组合与排序，粗略评估可以做到。

接下来是思考，具体要如何做才能达成项目目标？这个环节一般叫“方案制作”。构思方法很多，最常用的是工艺逻辑法。类似本案例，从实施自动化影响最关键的工艺因素看，由于已经有人工操作的保压治具参考，不存在陌生或摸索的问题，基本原理也可借鉴；至于端盖的抓取和扣合也是比较常规的作业，实施起来并不困难。如果模拟人工连贯作业，原有的保压治具是利用起来还是放弃不用，是否考虑不要搬移产品，直接将保压做到产品上方，载具移动到位后，直接保压，然后再抓取端盖扣合到产品载具上？这样操作在理论上是可以的，但是如果在脑海里构思一下机构的细节，就会发现空间很狭隘难以布局，如果把保压治具利用起来，像人工一样，把产品吸附后放入治具，完成保压后再取出放回载具，最后抓起端盖扣合上去……似乎也可行。但产品抓来抓去会增加不稳定因素，此外作业时间是否能控制在 4s 内（预期周期 17s，传感器延迟 3s，保压 10s，剩下 4s）也是一个问题。既然有这些问题，如果用一个灵活性高点的工业机器人，是否能解决问题？答案是肯定的，但客观地说，不用工业机器人肯定也能实现，最终决定采用何种模式，这就涉及设计人员是否了解工业机器人的优势，或者所在企业对于工业机器人应用是持鼓励还是排斥态度了。

一般情况下，我们是把机器人当作“搬移装置”来用，所以很自然的会优先借鉴既有生产流程：先将产品从夹具中取出来，放入工艺（保压）设备，做完后再取出产品，放回夹具。但是这种方案其实是为了解决工艺时长满足不了作业周期的问题的，比如生产周期是 20s，工艺就要 30s，显然只有若干工艺同时进行才可能满足作业周期要求，类似图 2-63 所示的做法。但是，就这个案例而言，如果套用这个方案，一台保压设备肯定是难以满足要求了，需要两台保压设备交替进行。

那还有没有其他方案呢？当然有，这个思路就是充分利用工业机器人的优势、减少搬运之类的无价值动作，如图 2-64 所示的制程工艺改进后，工业机器人本身具备保压功能，省去了保压设备，也满足了作业时间，只是需要将保压机构设计到机器人末端罢了（机构和保压设备类似，略）。这是个实际项目问题，不是构想出来的，只是描述时为了避免争议做了些提炼和修改，实际应用时肯定会有些见

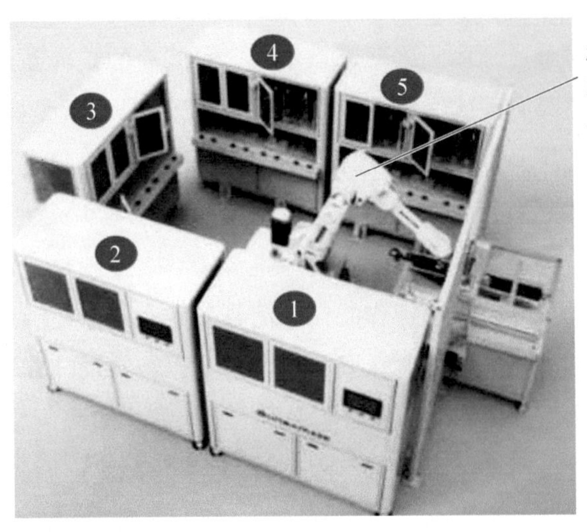

图 2-63　多工艺同时进行的工业机器人应用

招拆招的问题。比如直接在载具上保压，如果载具尺寸有偏差会不会影响效果？会，那如何在工业机器人工具上做点文章来克服呢？这就是非标机构设计的内容了，不属于本书探讨的范畴。

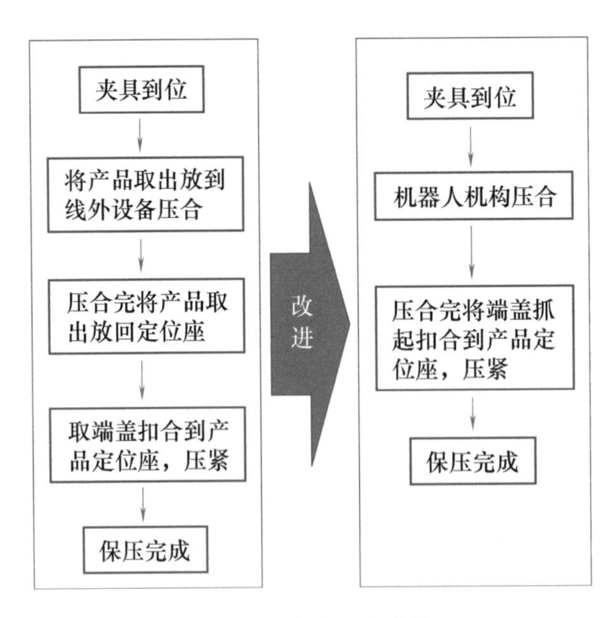

图 2-64　制程工艺改进

总之，制程工艺改善往往是机构创意的源泉。类似案例工况俯拾皆是，也许不是保压，也可能是装配、插针、焊接、打螺钉等，从工艺入手去简化和减少不必要的动作，是设计工程师的构思原则之一。

2. 以机构属性为考量优化并减少动作幅度

由于工业机器人可以通过编程在工作范围内自由运动，直线、曲线运动皆宜，所以可能有些设计人员就会觉得机构布局并不需要考虑过多，实则不然，机构只有在细微处斟酌和讲究才能在要求苛刻时有相对的优势。

【案例】 图2-65所示的四种机构布局方式，假定水平、竖直箭头距离相等，倾斜箭头距离相等，*A*、*B*为零件供应点，*P*为组装点，*O*为原点（生产过程可以不回原点），动作顺序为：机器人移动到*A*点，从*A*抓零件装到*P*，再从*B*抓零件装到*P*，做完产品后进入下一个产品的生产，同样再分别从*A*、*B*点抓零件装到*P*……如果不生产了，则回到原点*O*。请问这些布局有差别吗，或者你认为你会选哪种?

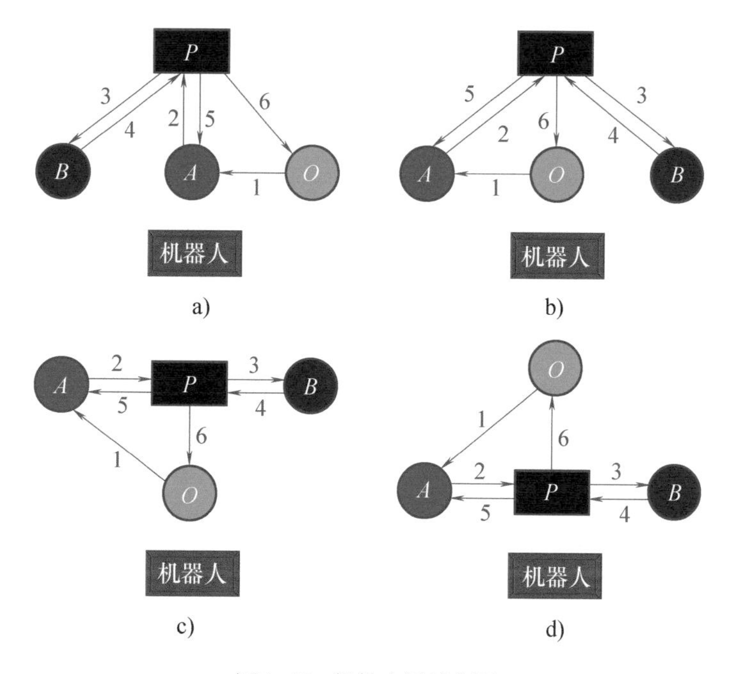

图2-65　机构布局示意图

【评析】 非标机构设计本来就是见仁见智的，但有些道理还是通用的。这是一个机构布局问题，要评估优劣当然一般就围绕着负载、速度、精度、可调性、经济性、稳定性等性能指标。粗略来看，在机器人能正常运作的前提下，设备、机构性能其实都比较接近，实际用哪种方式可能区别不大。但是如果我们稍微深入点，就会发现它们在精度、速度和可调性方面略有差别：①可调性，原点是不妨碍作业的安全位置，图2-65a 和图2-65d 都有机构布置在可能有障碍的位置，图2-65b 和图2-65c 尤其是图2-65c 稍微合理些；②速度：对机器人来说，都是走直线，显然距离短为好，图2-65c 和图2-65d 尤其图2-65c 占优势（移动同样距离，图2-65c 的J1 轴转角略小，更轻松）；③如果工站的方位布局规则化（比如直线形式），有利于提高机构之间的布局便利性和定位精度。综上所述，图2-65c 从理论上占优，实际上很多机构布局也采用这个方式。

以上这种分析，建议读者经常做，如果你的眼中看到的是几个示意图，那说明在你的观念里没有很强烈的机构原理意识，我们在看待和分析很多复杂问题的时候，其实首先第1 步是简单化、原理化，接着再用各种工具去分析评估，“搞清楚内在逻辑”后再回到问题本身。我们可以联想下平时做的设备机构布局，有没有同样的状况，主体机构碍手碍脚的，或者没注意有些细微轨迹、动作的优化？

【案例】 图2-66 所示的双工位的工业机器人布局，托盘在流水线输送，由工业机器人取放到对应设备实施工艺，机器人搬移时间约8s，工艺时间约20s，哪种布局稍微合理些？

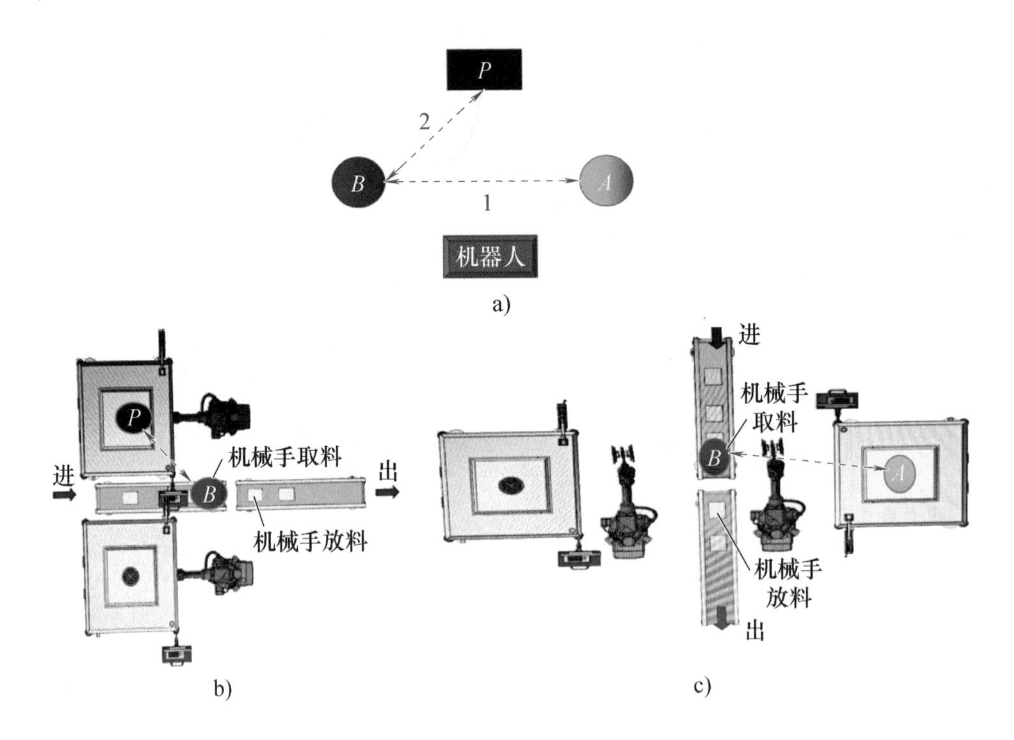

图2-66 双工位的工业机器人布局

【评析】 首先，从技术实现看，图2-66b 和图2-66c 没本质差别，但是 B、

A、P 都是落在机器人一个近乎环形的工作区域内的，所以 BP 距离小于 BA。对机器人轨迹而言，走曲线比走直线要来得快速、顺滑，因此比较之下图 2-66b 比图 2-66c 轨迹更短更直接。其次，从车间设备布局看，图 2-66b 和图 2-66c 占据面积似乎差不多，但实际上图 2-66b 会稍小一些，因为宽度几乎是固定的，图 2-66c 是狭长形的，四个角落即便腾出空间也未必能充分利用，因为车间规划往往是按横、纵划分的。再者，应当尝试着研究一下，是否可以把两工位进行合并（摆一起），用一台机器人来搬移产品，先不考虑工艺如何实现，现有模式也不是一个理想的方案——起码 ROI（投资回报率）是有改进空间的，既然瓶颈不是机器人，没理由用两台机器人。

道理很简单，工业机器人作为搬移工具，将产品从 B 取放到 P，然后等待 P 工艺完成后再取放回输送线。这里用双工位主要是因为工艺时间较长，达不到作业周期要求，机器人利用率低，就显得有些“鸡肋”了。因此，根据案例描述，用 1 台机器人搭配两台工艺设备应为首选方案。退一步说，假设用 1 台机器人满足不了搬运任务，那么能否把机器人工具改善下，一次搬运几个呢，然后只是在双工位设备前做简单切换。也许这样做最后会被证明不行，但这样的设计思考是一定要有的。工程师和绘图员有时在技术上就差一层薄纱的距离，体现为一种逻辑思维或一个自我要求。

2.4　工业机器人的安全性

安全性是设备方案的首要考虑因素。无论是工业机器人集成设备还是普通非标设备，对于安全性的要求和考虑都是必不可少的。没有一家公司能接受设备出现安全事故，有的甚至成立专门团队负责安全隐患排查和实施细节的稽核、认证。所以客户有要求时，按其标准、规范执行到位，客户没要求时，自己也要把安全设计放在第一位，秉持着强烈的态度和意识去贯彻！

2.4.1　常见的安全隐患和事故

一般来说，工厂的安全事故属于概率性意外事件，就像车祸一样每天都会发生。只不过有的企业概率高一些，有的企业低一些，而有的企业几乎没机会发生。如果形象点来描述的话，个人的理解如下所述。

1. 0.1%安全事故来自偶然

2018 年 10 月 12 日，芜湖新闻媒体报道了一个关于自动化工业机器人的意外事故，事情是这样的：在当地的一个经济开发区，一名企业员工在给自动化生产线上的搬运机器人更换刀具时，机器人突然启动，然后这位工人就被夹住了。虽然没多久就把他救下来了，但是因伤势过重，送到医院后不治身亡。

据现场人员介绍："当机器人在工作时，我们都会离得远远的，只有在给机器人更换配件时，我们才会走近。理论上来说机器人的安全门禁被屏蔽的话，机器人就会停止工作了。但是当时不知道什么原因，机器人突然启动，将他夹住了。"

对于上述事故通报，媒体没有给出调查原因，外界也很难去揣测真实状况，反正就是发生了，没有人愿意看到这样的结果。假如这起事件成为教训，引起了公司的重视，其后公司开始排查隐患、培训员工、加强管理等，后来再没发生类似事件了，那当然是好事，反之如果存侥幸心理或处理不当，再次发生类似事故，那就不是概率事件了。

2. 98%安全事故来自麻痹

2019 年 12 月 27 日，广东××汽车部件制造有限公司五金车间 071 单元自动化生产线作业人员江某发现产品异常，在没有按下生产线设备停止按钮的情况下，进入机器人作业区，此时该区域内的 2 号机器人处于自动运行状态。江某放入铝杆，手按切割机操作按钮，触发了 2 号机器人动作。2 号机器人转动到切割机上方，往下抓取工件，机器人在运行轨迹上，碰撞到江某的头部，并将其头部压在切割机上，造成江某受伤。伤者江某送医院经抢救无效死亡。

事故调查组经调查认为，广东××汽车部件制造有限公司未按照设计图纸要求完全封闭 071 单元自动化生产线作业区域，检验台和主控柜之间留空隙且未安装安全联锁装置；江某违反操作规程，在未停止机器人自动运行的情况下进入作业区域使用切割机，是此次事故发生的直接原因。

这起事故略有不同，媒体认为公司负有责任，既没有落实现场安全防护工作，也没有对员工进行安全操作培训。如果要定性的话，公司和员工都有些"麻痹"(马虎不经心，缺乏警惕性)，发生安全事故属正常，没发生才真的是"运气"。只要企业导入了设备或机器人，以下两件事是必须落实的，哪条没做好都后患无穷。

（1）隔离危险源，加强隐患排查、防护　企业使用机械手、机器人等自动化设备时必须做好设备的围蔽，安装联锁装置，确保人员进入危险区域机械设备不动作。建立健全事故隐患排查治理制度，认真开展事故隐患排查工作，及时采取措施消除安全事故隐患。

（2）加强员工安全意识培训和现场管理　加强员工安全教育培训，采用新工艺、新技术、新设备时，应对操作人员进行专门的安全教育培训，使员工熟悉设备的安全操作规程，了解岗位存在的安全隐患。

3. 1.9%安全事故来自隐患

所谓隐患，即潜在的危险，是没有意识到的危险，因为如果发现了就不叫“潜在”了，只有发生了才猛然醒悟。不同公司有不同的“觉悟”，也有不同的安全策略，所以事故率会有不同。这个道理跟计算机防护一样，有的公司可能是军工级的，有的是业余级的，发生计算机中毒的概率就不一样。因此，原来生产要素以人力为主、推行“机器换人”的企业，需要特别重视转型阶段的工厂安全管理，一方面可能人员观念没改变、素质没跟上，另一方面隐患排查和防护不到位，发生事故的概率是比较高的。技术能力有限的企业，可向行业标杆取取经，或请专家把把脉，以便更彻底地发现隐患、杜绝事故。

2.4.2　安全防护规范和做法

一般来说，设备安全事故属于概率性事件，所以应对策略就是把概率降到最低。如果是工业机器人集成设备，首先务必按厂商的规定和建议去严格执行安全防护措施（通常有手册或规范）。其次是从设备安全生产角度，加强“软硬结合”的全面防护。

1. 机械防护——第一道防线

有句话叫“常在河边走，哪有不湿鞋”，对于设备安全性考虑也是如此，最好的方式就是尽可能将作业员隔离到设备风险区域之外，或避免其接触到风险装置。其中防护隔栏是最常见的，大中型机器人应用场合用网状围栏，小型机器人应用场合则用亚克力护罩。

1）网状围栏一般采用304不锈钢，钢丝直径大于4mm，网孔方形尺寸小于40mm×40mm，钢网支撑结构件采用40mm×40mm方钢，壁厚大于2mm，立柱间隔不超过1.5m，围栏高度不低于2m。围栏色调通常需要跟机器人品牌匹配（实际以客户导向为准），比如整体表面做亮黄色油漆喷涂处理，如图2-67所示。大型机械手围栏面积建议设置为4m×4.5m，要保证安装后围栏足够稳固（其地脚用膨胀螺钉固定），不能晃动，围栏棱边使用黄色软泡棉包边。

2）亚克力护罩一般采用厚度大于8mm的透明材料，支撑结构件采用40mm×40mm铝合金型材。围栏高度不低于工作面1m，铝型材立柱尺寸不小于40mm×40mm，壁厚大于2mm，立柱间隔不超过1m（见图2-68）。

图 2-67　围栏色调与机器人匹配（或遵照客户要求）

图 2-68　亚克力护罩

3）如需在钢丝网上开设小型通孔，且不需产品通过，则必须安装类似 KEYENCE GL-GF 系列的安全光栅，光栅检测体尺寸为 ϕ14mm 左右，并且给孔周边做包边（防刮）（见图2-69）。

图2-69　开孔后的防护

4）如果机器人配备物料小车之类，则地面安装限位和位置感测机构（见图2-70）。

图2-70　周边设备就位感应

5）如有横向滑动式移动门，建议宽度小于1.5m，上下安装滚轮和导轨，必须安装开门断电保护装置（安全限位开关，开门即停机）。

6）设备醒目处悬挂安全警示牌，尺寸为450mm×300mm×5mm，使用硬质泡棉板。

……

如果所在企业没有围栏相关安全防护标准、规范，也可请围栏厂商协助制作，他们在围栏的立柱框架、防护网、安全门/进料口、外观颜色和安装方式等方面有专业的做法。

2. 电气防护——第二道防线

由于作业或维护需要，难以避免操作员或技术员进入设备的“风险区域”，此时就需要构筑电气控制防护系统，例如光栅、安全门、区域传感器等。在围栏顶部易于观察位置安装三色信号灯，将机械手急停开关安装在便于操作的位置，并保证安装牢固。意外或不正常情况下，均可使用〈E-Stop〉键，停止运行，急停开关（E-Stop）不允许被短接。这方面同样需要非常专业的做法，电气工程师有更深刻的理解，在此不赘述。

3. 加强安全培训与管理——攻心为上

在现在工厂的生产线上，各种自动化的工业机器人越来越常见，因此各种以前不会发生的错误或状态也时有发生。那么，作为企业对于自动化工业机器人的岗前培训、设备操作守则、车间管理条例等条款的普及和实行也越来越重要了，而作为一线的操作工人也应重视安全管理，不能当儿戏看待了！

（1）设备维护人员装备　绝对不要让普通操作员去处理设备相关的维护保养或故障处理工作，如果是合格的技术人员在工作期间最好能穿戴如图2-71所示的基本装备，减少潜在事故伤害。

（2）车间安全意识和管理培训　也许这项工作很无聊，但必须反复做，尤其新进员工，最好能结合视频解说、情景模拟、现场实操等方式给予强化。小时候听了各种鬼故事，长大后的人一般都不太敢走夜路，同样道理，员工安全意识和认知有了，可减少因人为麻痹和“错误”造成的事故。

（3）安全管理制度与规范的落实

1）车间管理方面。

不得在车间跑步、打闹。

设备操作员必须经过培训认证。

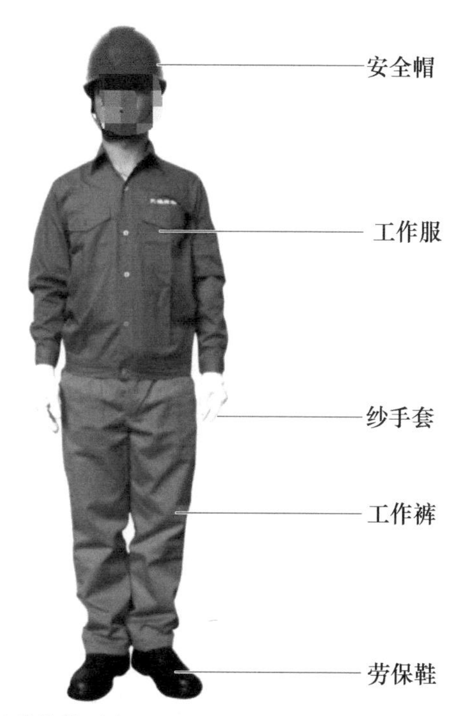

劳保用品着装要求：
1) 夏季工作服至少扣4粒纽扣；冬季工作服如有拉链则应拉到公司名称平齐位置
2) 衣袖不能卷起，工作裤裤管不能卷起
3) 劳保鞋应穿整齐，不能裸露后脚跟
4) 作业时应佩戴好安全帽，使用遥控开关时严禁戴手套作业

图2-71　技术人员基本装备

如有设备故障问题，马上汇报主管协调解决。

光线是否太暗，地面是否有油、水等杂物影响设备运作。

观看机器人运转时，不得近距离观察（尤其无安全围栏、防护缺失或有防护漏洞时）。

操作者一定要检查机器人是否在原点位置，如果不在原点位置，严禁启动机器人。

如果机器人在作业过程中需要停止工作，则可以通过按外部急停按钮、暂停按钮、示教盒上的急停按钮来停止作业；如需继续工作，则可以按复位按钮让机器人继续工作。

可以直接关闭机器人电源，不需要再按外部急停按钮。

作业结束时，一定要关闭电源、气阀，清理设备，整理现场。

在得到停电通知时，要预先关断机器人的主电源及气源。

2）维护保养方面。

设备维护人员必须经过资格认证，有专业技能和经验。

需要建立维护保养制度，包含每日、月度、季度、年度等不同周期的点检、维保。

调试前，一定要在显目位置悬挂安全警示牌。

机器人运行过程中，确保机器人的作业范围内没有闲杂人员。

气路系统中的压力可达0.6MPa，任何相关检修都要断气源。

当有故障或报警发生的时候，要把报警的代码和内容记录一下，然后反馈给技术人员解决问题。

维修人员必须保管好机器人钥匙，严禁非授权人员在手动模式下进入机器人软件系统，随意翻阅或修改程序及参数。

定期检查设备机械和电气功能，控制箱内是否进水、进油，若电器进水受潮，绝对不要开机！同时检查供电电压是否符合标准，前后安全门的开关有无异常。

确认机器人是否固定好，各轴是否明显松动（观察地脚螺栓，轻推机器人）。

检查线缆，发现裸露、破损时要立即更换或包扎。

一定给自己留足够的避让空间，以防电磁阀（继电器）失效造成气缸异常动作。

3）机器人操作方面。

调试程序时，检查程序中是否有限速指令（如 OVERRIDE = 80%），将80%改为10%再测试，否则程序执行到该步时，速度会变为80%，可能造成调试人员严重受伤。

在笔记本上记下机器人原先运行程序名，在哪一行，机器人所处点位；然后再新建程序，命名为姓名首字母加日期；离开时，要恢复原先程序、点位，不得影响现场使用。

确认当前坐标系，调试机器人必须打至 T1 档，速率≤50%；两人调试时，速率≤30%；干涉区域，速率≤20%。

不可修改或删除已有程序。

在编程，测试及维修时必须注意即使在低速时，机器人仍然是非常有力的，其动量很大，必须将机器人置于手动模式。

机器人处于自动模式时，不允许进入其运动所及的区域。

调试人员进入机器人工作区时，须随身携带示教器，以防他人无意误操作。

4. 采用协作机器人——轻载应用的备案

近年在轻载作业领域，协作机器人得到了较多的关注和应用。所谓协作机器人，指的是能和人一起“共事”的机器人，即便与人有磕绊风险但不会有伤害人的情况。与传统工业机器人相比，协作机器人不依赖笼子进行简单隔离这一安全措施，而是使用力反馈和力传感器，以及3D摄像机和激光雷达等来实现与人类的安全互动。同时，协作机器人拥有轻量的机械臂和末端执行器，这样可减少人们在与机器人接触时受到严重伤害的风险。例如KUKA的协作机器人“伊娃”（机型称号），可以检测到外围的碰撞和挤压，在装配时不会由于人员的意外介入而伤害工人。在图2-72所示的试验中，伊娃机械臂上的匕首在触碰到人体时会立刻停止，不会刺穿皮肤。

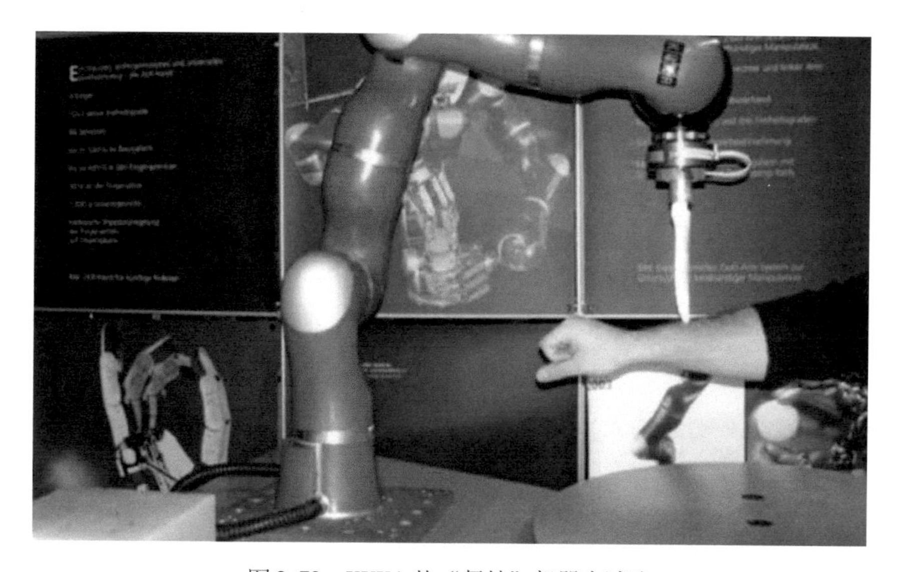

图2-72　KUKA的“伊娃”机器人试验

2.5　使用示教器进行简单编程概述

企业不会强制要求机构设计工程师精通电气控制，但是工业机器人的程序语言比较直观简洁，花上十天半个月学习后，一般可进行初级编程或简单故障处理，这对于提高工作效率乃至设计品质大有裨益。本节将给大家稍作介绍，限于书的定位和篇幅，只是“蜻蜓点水”式漫谈下，请勿将本书当作电气编程教材。

1. 示教器界面与功能简介

示教器是人机交互的一个接口，也称示教盒或示教编程器，主要由液晶屏和可供触摸的薄膜按键组成。操作时由控制者手持设备，经由按键将需要控制的全部信息通过与控制器连接的电缆送入控制柜中的存储器中，实现对机器人的控制。示教器是机器人控制系统的重要组成部分，操作者可以通过示教器进行手动示教，控制机器人到达不同位姿，并记录各个位姿点的坐标。也可以利用机器人语言进行离线编程，实现程序回放，让机器人按编写好的程序完成轨迹运动。

示教编程器上设有用于对机器人进行示教和编程所需的操作键和按钮。不同机器人厂商的示教器外观各不相同，但一般包含中央的液晶显示区、功能按键区、急停按钮和出入线口。以 FANUC 品牌为例，工业机器人编程有离线（通过计算机仿真软件模拟）和在线两种方式，多数情况采用后者，并通过如图 2-73 和图 2-74 所示的示教器（即 teach panel，简称 TP）实施。示教器背部有两个按压式开关（即 dead man 开关，使能开关为“ON”时，该开关才有效），调试编程时，可选择其中一个，用适当的力按压（力过大、过小都不行），另一只手配合操作 TP 键盘，中途遇到紧急状况，应即刻松开 dead man 开关。（注：示教器上相关按钮的详细功能、设定，请广大读者自行查阅官方教材自学，本书从略。）

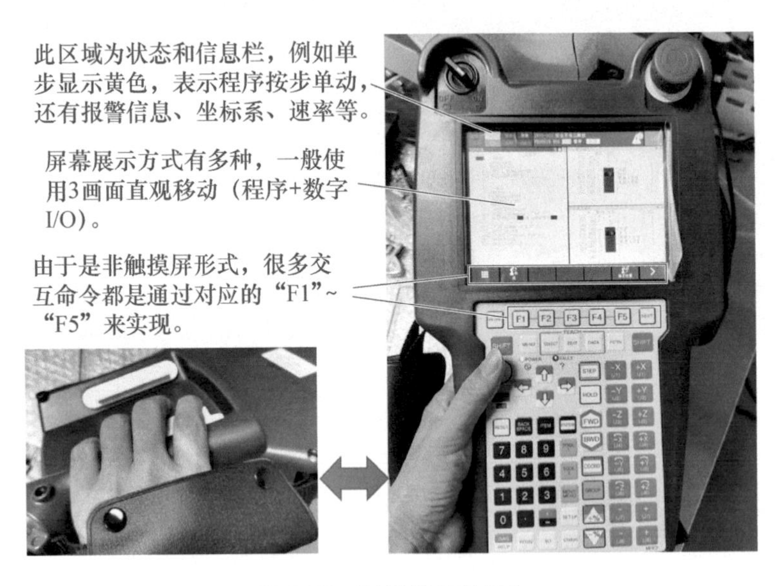

图 2-73 FANUC 示教器 1

示教器覆盖了各种操作工业机器人的功能，比如 I/O 状态、程序编制、文件存取、动作执行等（见图 2-75）。刚开始接触示教器会不太适应，但稍微“玩”上十天半个月就顺手了，跟游戏机或计算器差不多。只是时刻要牢记，你的程序“处女作”最好给有经验的人把把关，毕竟工业设备不是闹着玩的，尤其涉及安全设置方面，不能儿戏。

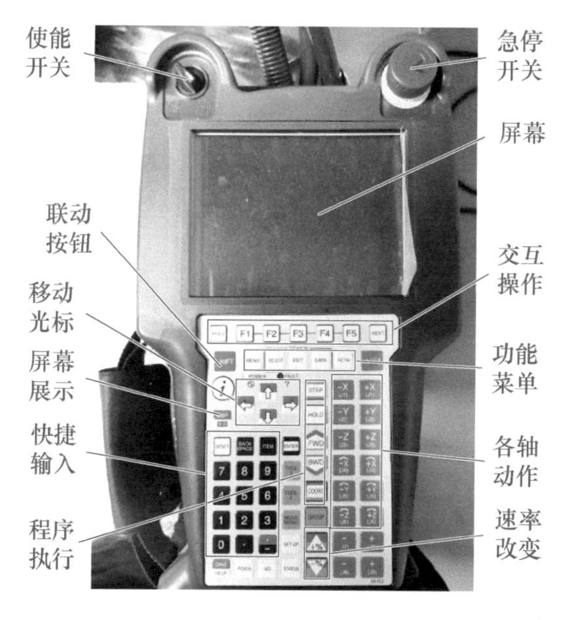

图 2-74　FANUC 示教器 2

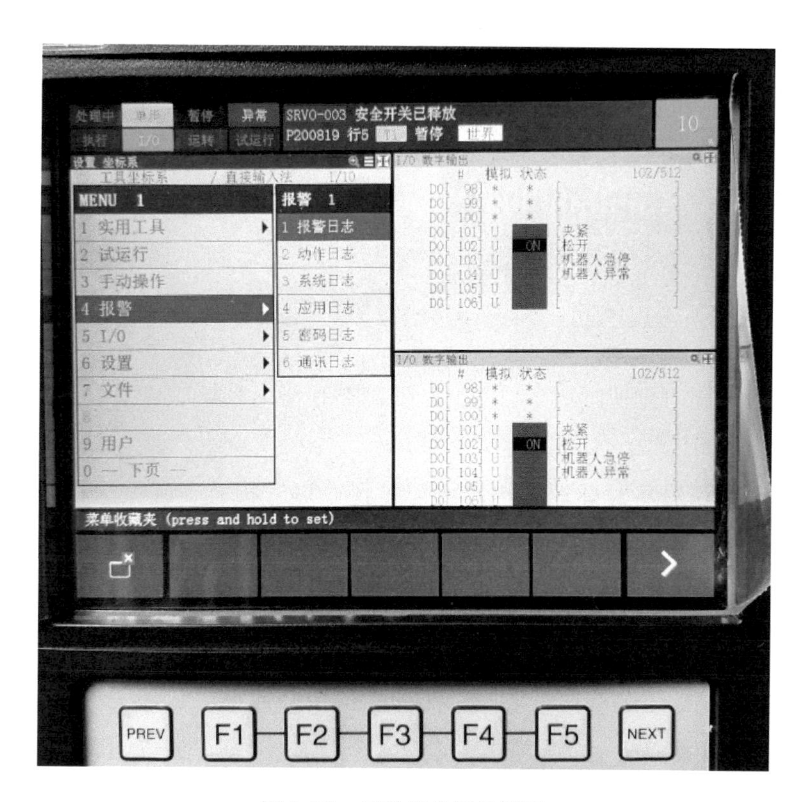

图 2-75　示教器的显示界面

2. 开机/关机

在电气供给正常的情况下，一般通过电控柜的旋钮来操作开关机与模式选择。FANUC 机器人的电控柜如图 2-76 所示，将旋钮开关转动到竖直位置（转 90°），则为开机，关机时只需旋回水平方向即可。模式旋钮一般有三个位置，其中“AUTO”是自动生产状态，“T1”（当）和“T2”为手动示教状态。“T1”模式下，当设置速度不小于 250mm/s 时，机器人实际速度不超过 250mm/s，这样更加有利于安全调试；“T2”模式下，机器人按实际速度运行，这样有利于模拟实际工况。绿色按钮为单循环启动开关（走 1 个周期，比较少用），红色按钮为急停开关（出现紧急状况或问题时按下）。

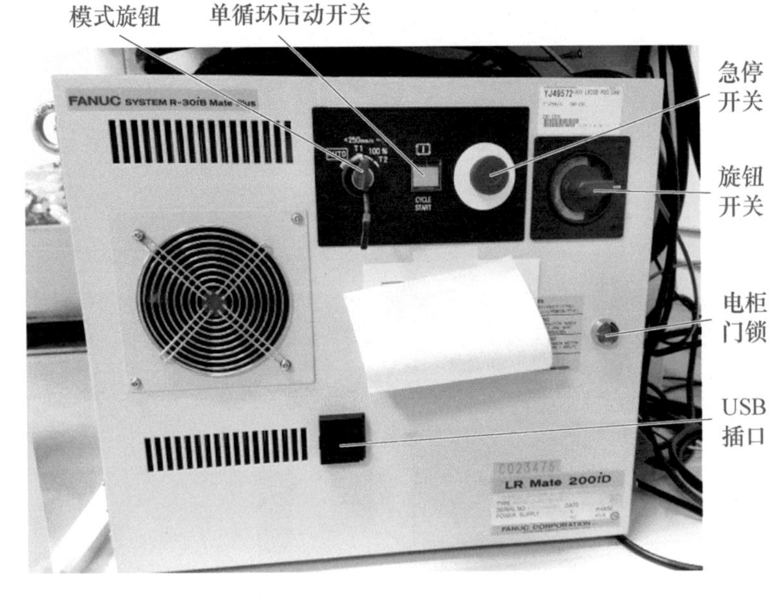

图 2-76　FANUC 机器人的电控柜

实际操作时注意以下几点：

1）新手调试设备时建议将机器人切换到“T1”模式，确保运行顺畅可靠后再切换到“T2”模式，最后再切换到“AUTO”模式，且每个模式下的示教速率应从低到高，以防零部件干涉或设计考虑不周造成撞击异常。

2）设备故障或调试时都是通过示教器来实现，此时需要将其使能旋至“ON”状态，但调试完要让设备自动运行，在消除掉报警信息后，还要满足三个条件：①电控柜运行模式切换至“AUTO”，将示教器使能开关旋至“OFF”（注：使能开关为“ON”时，才可以通过示教器编写程序，手动操作机器人），程序不是单步运行（按〈STEP〉键关掉，屏幕左上角的“单步”为绿色）。

3）如果机器人还没整合好周边设备的电气控制，可能导致信号无法传输，一般需要将“专用外部信号”设置为“禁用”才能操作，整合好后则改为“启用”（见图2-77）。

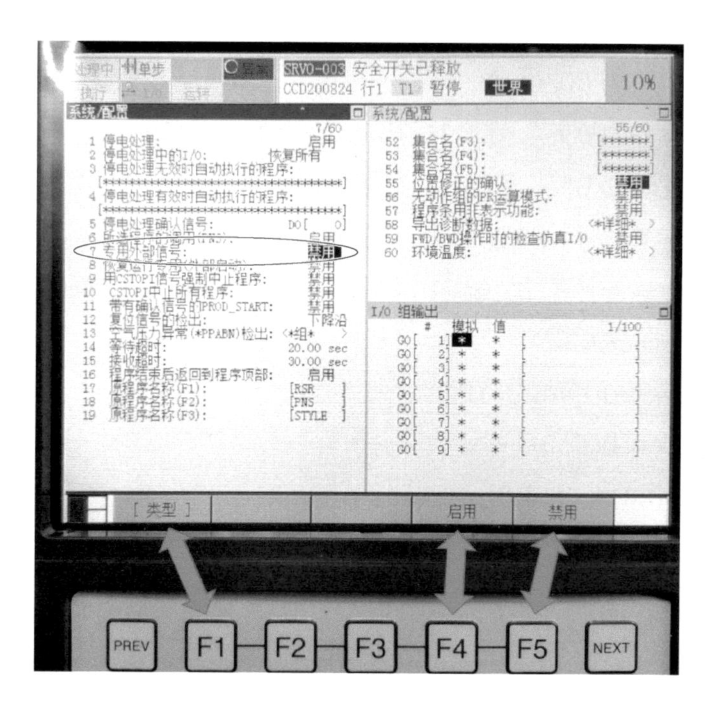

图2-77　专用外部信号的启用与禁用

3. 输入/输出（相当于机器人与机器人或机器人与其他设备之间的交互语言）

工业机器人的指令触发一般通过输入/输出端口的电气控制来实现。对机器人来说，产生结果的为输入，产生动作的为输出。比如让一个气缸动作，输出数字信号可为DO101，气缸运动到位后感应器亮了，则会有个输入数字信号DI101，我们根据这些数字信号就可以进行逻辑编程。再比如一般设备整合，需要通过PLC（可编程控制器）来控制机器人，则对机器人来说需要有各类输入信号，包括急停（常闭按钮）、暂停（常闭按钮）、中止（复归型按钮）、复位（复归型按钮）、启动（复归型按钮）和继续运行（复归型按钮）等。这些信号都是通过机器人分配的电控柜内部I/O（输入/输出）端口（接线后）来实现的，哪个端口该接什么性质的信号都有定义，接好线后在示教器上显示的就是各种信号状态（ON/OFF）。

1）机器人自带端口信号为RO/RI，只有8个，用于简单操控工具动作，如果不够用，则需要通过外部拓展增加DO/DI等信号。

2）与 PLC 互联的信号为 DO/DI，比如让真空发生器产生真空，可以输出信号 DO101 之类的。

3）外围设备是信号为 UO/UI，比如按钮盒上的一些按钮、安全围栏上的感应器信号可为 UI［2］。

4）操作系统信号为 SO/SI，比如示教器上的使能开关、急停开关；模拟信号为 AO/AI；组信号为 GO/GI 等。

调出 I/O 信号的界面如图 2-78 所示，调出 I/O 信号的方法是依次操作：在“MENU”中选择“I/O”→选择类型（如“数字”）。进入到 I/O 信号列表后，选择要打开或关闭的信号，可按“F3”键进行输入/输出信号的切换（见图 2-79）。需要注意的是，只能打开或关闭输出信号，输入信号一般由外部或内部装置输入，不受机器人控制。比如：

开启一个信号 DO[101] = ON；

关闭一个信号 DO[102] = OFF；

发脉冲 DO[103] = PULSE，0.5sec；

……

这些都是电气工程师需要研究和实施的内容，这里不赘述，广大读者稍作了解即可。

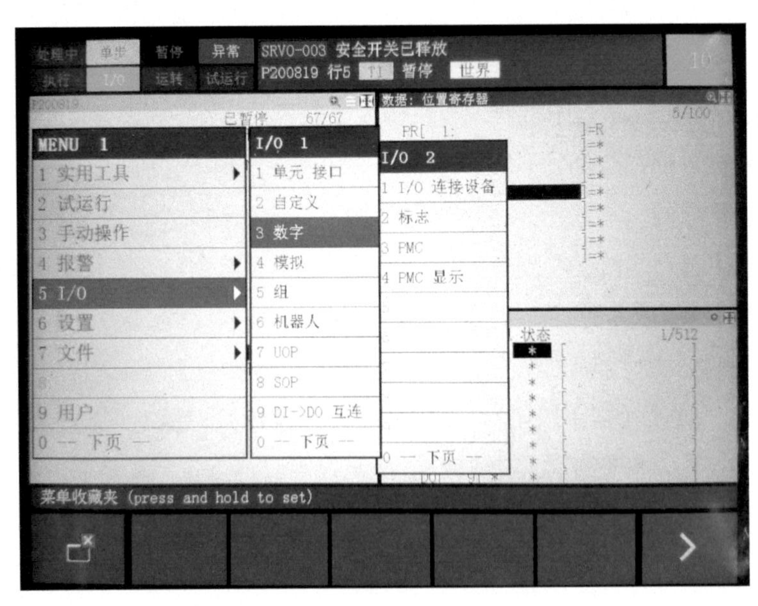

图 2-78　调出 I/O 信号的界面

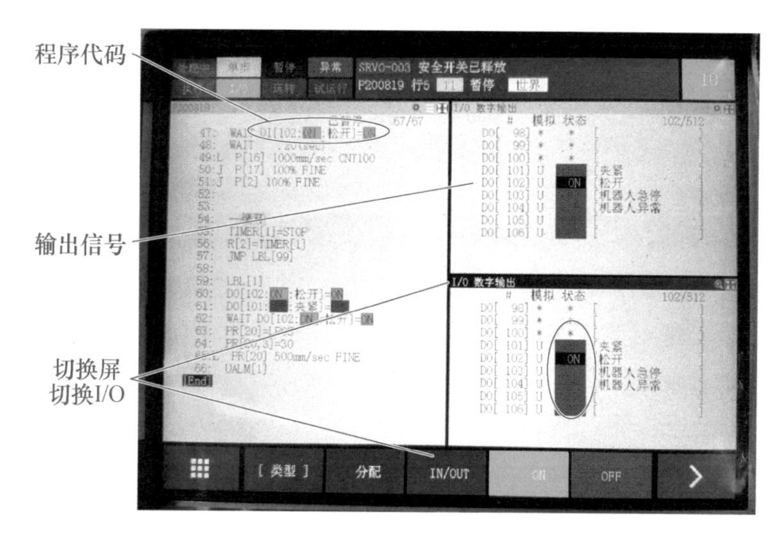

图 2-79　三屏显示（主程序和端口信号）

4. 程序执行特点

按下示教器功能菜单中的〈SELECT〉键可进入如图 2-80 所示的程序选择界面，选择程序后按〈ENTER〉键即可进入主程序画面。机器人程序是按照顺序指令来执行的，每一行为一个指令，每次执行一行指令，如果没有跳转或引用其他程序，则按照从上往下的次序执行指令，直到程序结束。图 2-81 所示的程序指

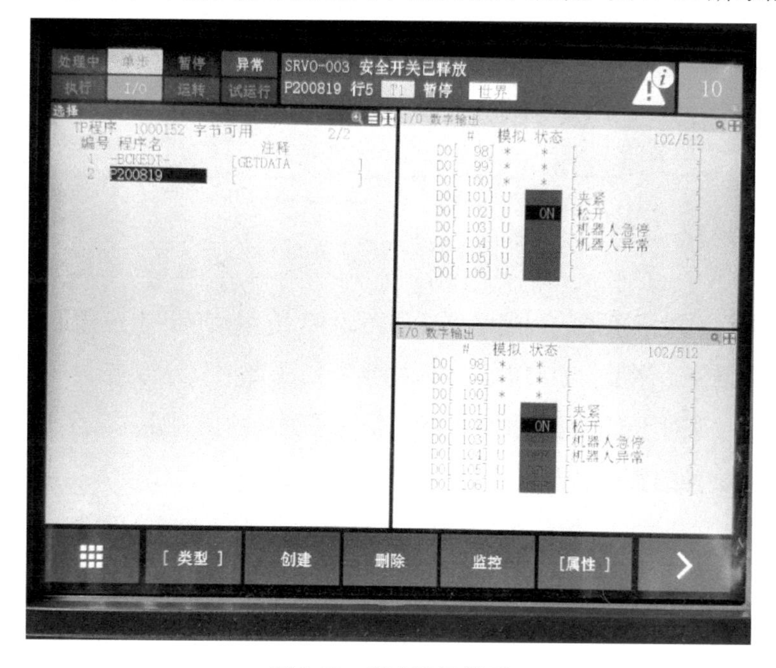

图 2-80　程序选择界面

令：第1条为注释，表示回“原点”程序段；第5条表示工具以关节形式、“80%”倍率速度移动到“P[1]”点，轨迹曲线圆滑；第9条表示标签“[99]”，如果其他位置有指向该标签的，则从此处继续执行指令；第10条表示程序计时器重置。程序中的字符输入方式如图2-82所示。

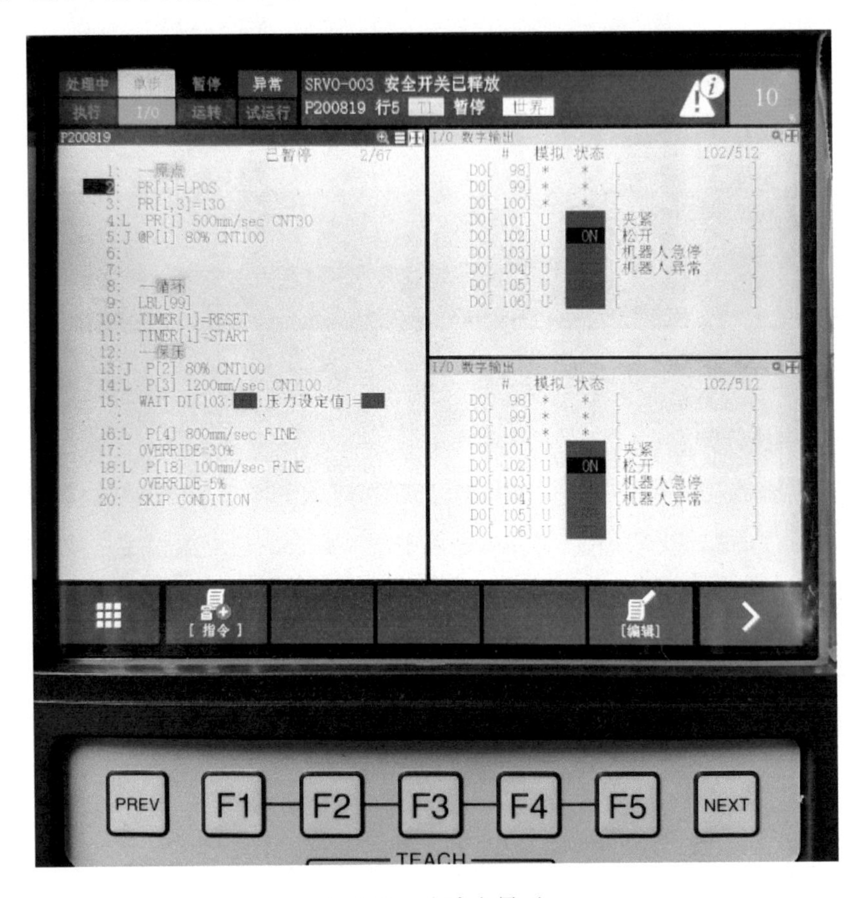

图2-81 程序主界面

我们再看一段三角形的程序案例，如图2-83所示，TCP走三角形轨迹，连续走5次后，报警，停止。如果插入其他的指令，或者把程序改变一下，则运行轨迹也将改变，这对于提高机构柔性而言，带来了极大的便利性。

5. 程序文件的备份保存

程序编制完成后，需要及时备份保存。通常用普通U盘插入到机器人电控柜或示教器的数据接口，然后用示教器作如下操作：在“MENU”中选择“文件”→再选择“文件”，进入到文件保存界面（见图2-84）。按下〈F5〉键打开“工具”菜单，选择“切换设备”（见图2-85），如果U盘是插在示教器上的，则选择“7 TP

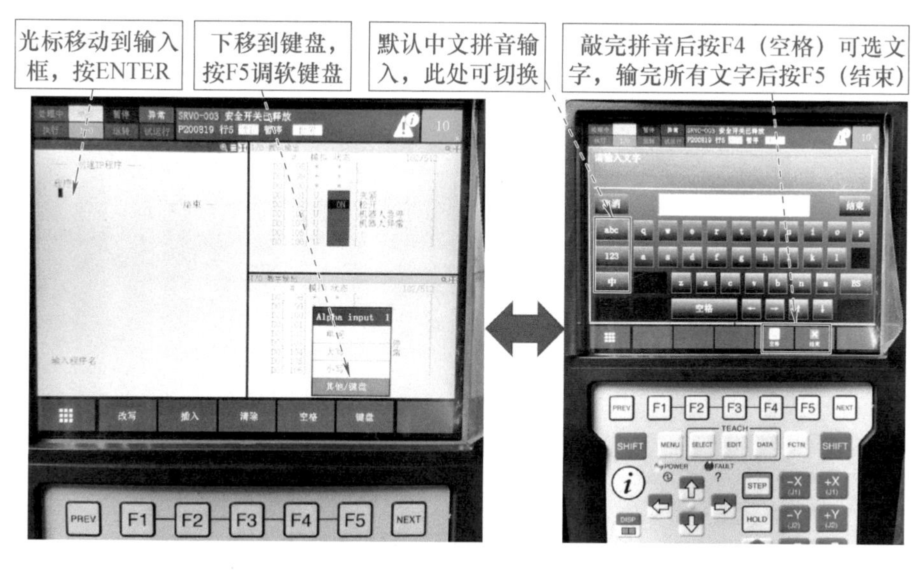

图2-82　字符输入方式

程序	注释
1. LBL[1]	标签1
2. R[1]=0	计数器清零
3. LBL[10]	标签10
4. J P[1] 100% FINE	以关节形式、100倍率速度移动到P[1]点
5. L P[2] 2000mm/s FINE	以直线形式、2000mm/s速度移动到P[2]点
6. L P[3] 2000mm/s FINE	以直线形式、2000mm/s速度移动到P[3]点
7. L P[1] 2000mm/s FINE	以直线形式、2000mm/s速度移动回P[1]点
8. R[1]=R[1]+1	计数器+1
9. IF R[1]＜5 JMP LBL[10]	判断计时器数值，如果＜5则跳转到标签10，否则往下
10. UALM[1]	警告用户，停止
11. JMP LB1[1]	跳转到标签1

P[1]　P[2]　P[3]

图2-83　三角形的程序案例

上的USB（UT1:）”（见图2-86）。第1次保存的话，按下〈F5〉键打开“工具”菜单，选择“创建目录”，则将在U盘上创建一个目录，名称自定义，一般为数字或字母（见图2-87和图2-88）；如果是再次保存但又不想覆盖原文件，那么可将光标移动到目录列表的最上方，按下〈ENTER〉键后，再重新创建新的保存目录（见图2-89）。最后按下〈F4〉键打开“备份”菜单，选择要保存文件的类型，按下〈ENTER〉键，等待保存结束的提示即可（见图2-90）。如果想在计算机上用记事本打开，则一般在“备份”菜单中选择“TP程序”→“ASCII程序”，如果想保存完整程序，则选择“以上所有”之后的操作如上，从头到尾摸索几遍就熟练了。

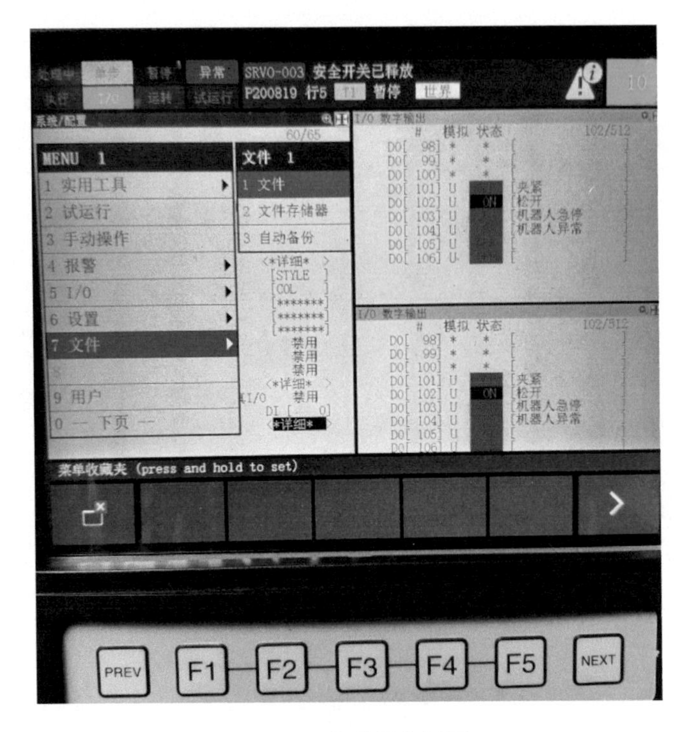

图2-84 文件保存界面

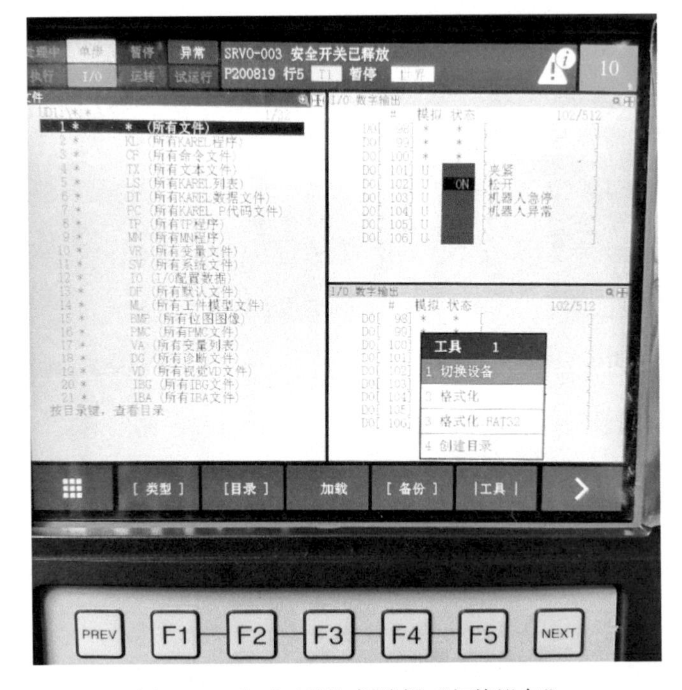

图2-85 在“工具”栏选择“切换设备”

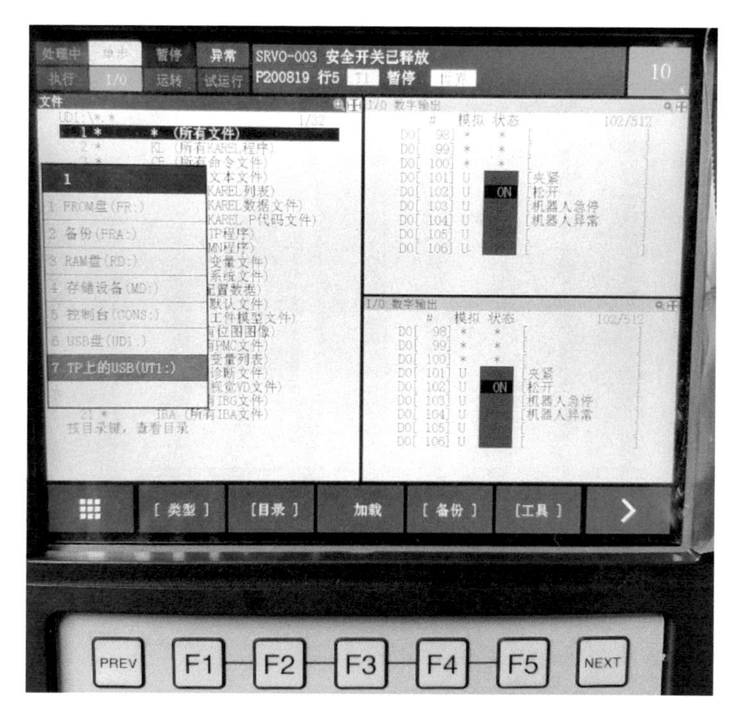

图 2-86　选择 U 盘位置

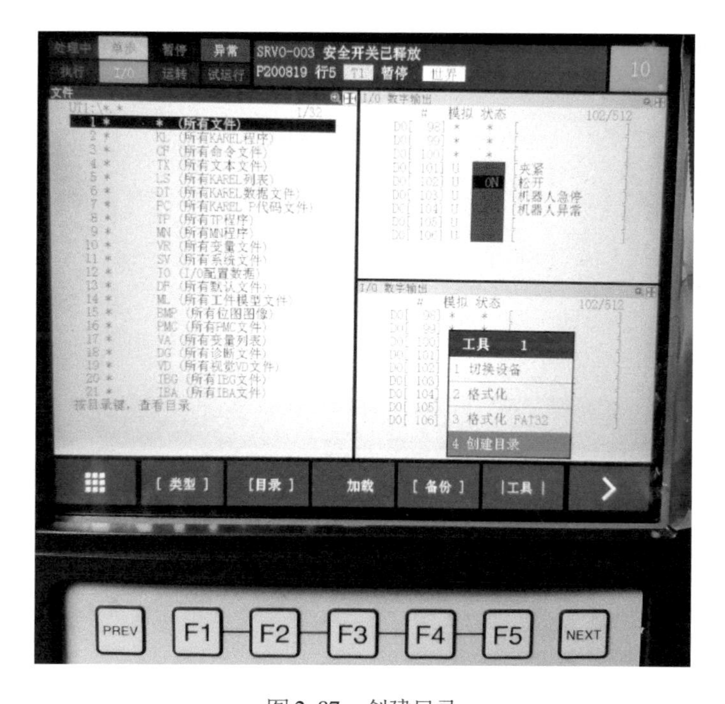

图 2-87　创建目录

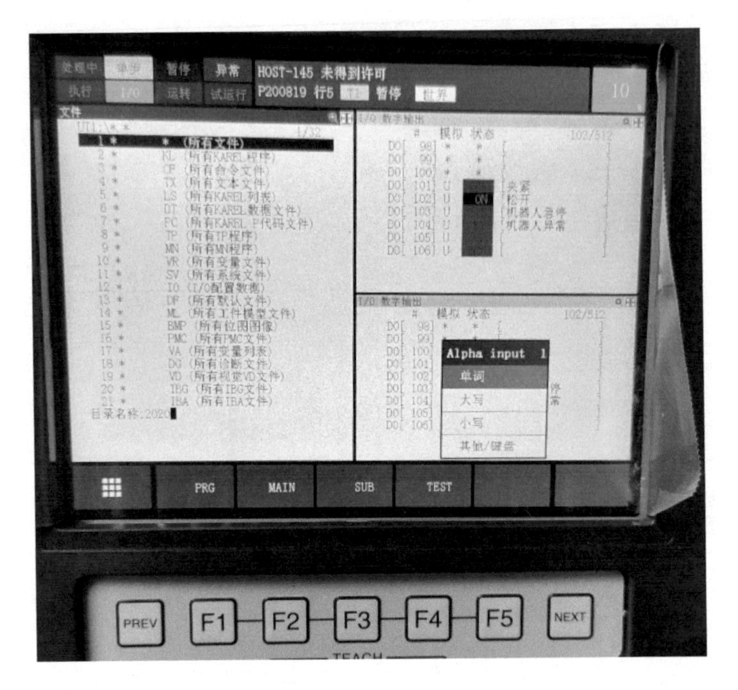

图 2-88 创建目录名称

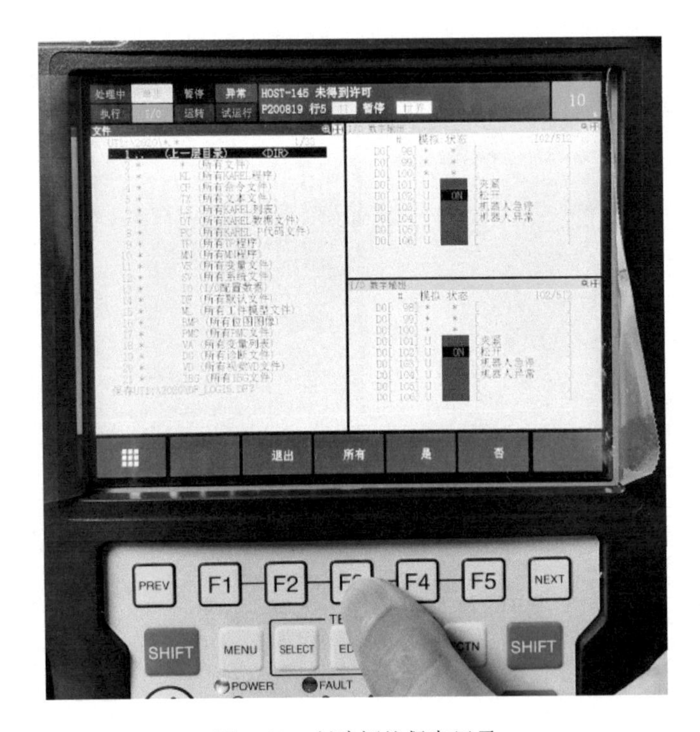

图 2-89 创建新的保存目录

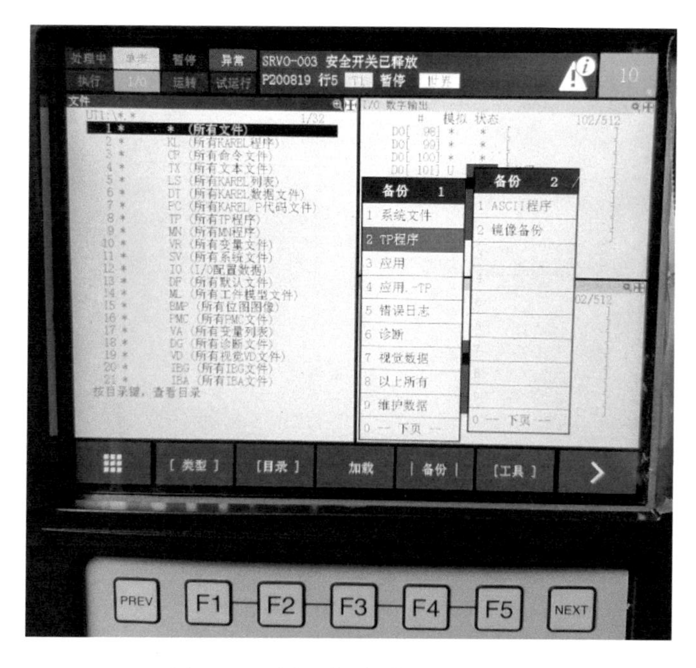

图 2-90　选择需要保存文件的类型

6. 电池更换和零点复位（Mastering）

因为 Mastering 的数据出厂时就设置好了，所以正常情况下没有必要做 Mastering，但是只要发生以下情况之一，就必须执行 Mastering。

1）机器人执行一个初始化启动。

2）SRAM（CMOS）［静态随机存取存储器（互补金属氧化物半导体）］的备份电池的电压下降导致 Mastering 数据丢失。

3）在关机状态下卸下机器人底座电池盒盖子。

4）更换电动机。

5）机器人的机械部分因为撞击导致脉冲记数不能指示轴的角度。

6）编码器电源线断开。

工业机器人的数据包括 Mastering 数据和脉冲编码器的数据，分别由各自的电池保持供电。如果电池没电，数据将会丢失。为了防止这种情况发生，两种电池（如 FANUC 200*i*D 系列的为 4 个）都要定期更换，当电池电压不足时，将有警告提醒用户更换电池。

【案例】 FANUC 的某工业机器人集成设备因长久没用，电池没电了导致“SRVO-062 BZAL 报警（G：1 A：6）”，如图 2-91 所示，机器人不能动作或只能关节点动，如何排除故障？

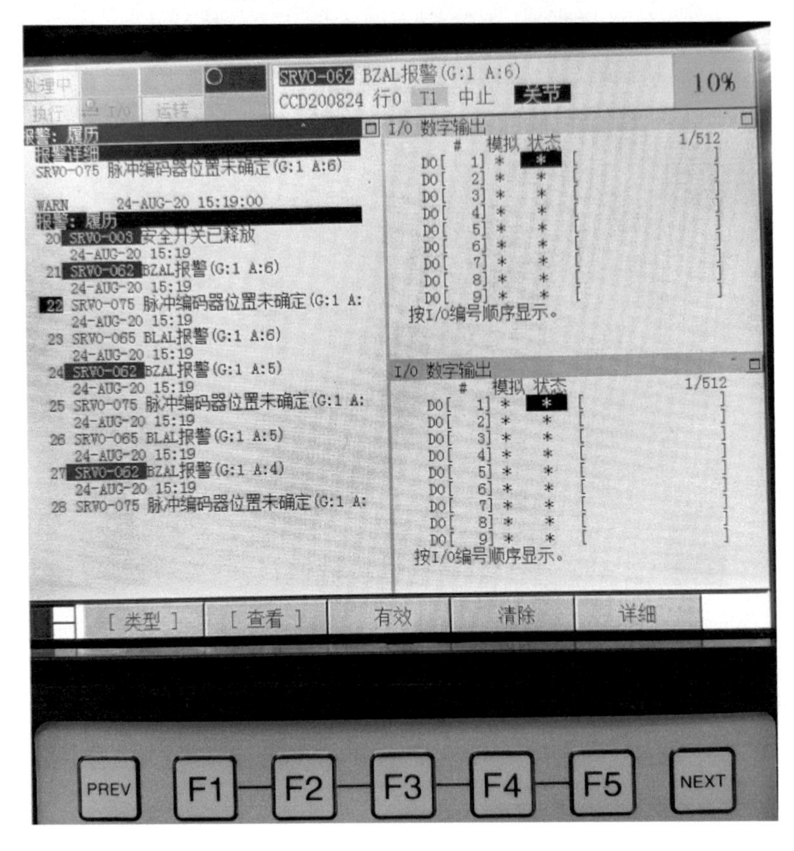

图 2-91　电量不足时报警

【对策】 为机器人换上 4 节新的 1.5V D 型碱性电池，将机器人的机械信息与位置信息同步，来定义机器人的物理位置。更换电池后，需要进行零点复位，常见步骤如下。

1）准备好工具，一字旋具和内六角扳手为必需，还可准备小型锤子（最好是塑胶的）（见图 2-92）。

2）拆卸端盖，由于内部密封圈吸合较紧可能有点难拆，注意电池的正负极不要放错，电池应购买正品的 FANUC 专用电池，以免出现问题（见图 2-93 和图 2-94）。

3）在“MENU”中选择“系统”→选择“变量”，进入变量设置页面后，在大约 334 行将“ $MASTER_ENB”的“0”设置为“1”（见图 2-95 和图 2-96）。

4）同样在“MENU”中选择“系统”，此时看到“系统”菜单上增加了一项

图2-92　更换电池工具

图2-93　电池安装方向

图 2-94 厂商建议电池

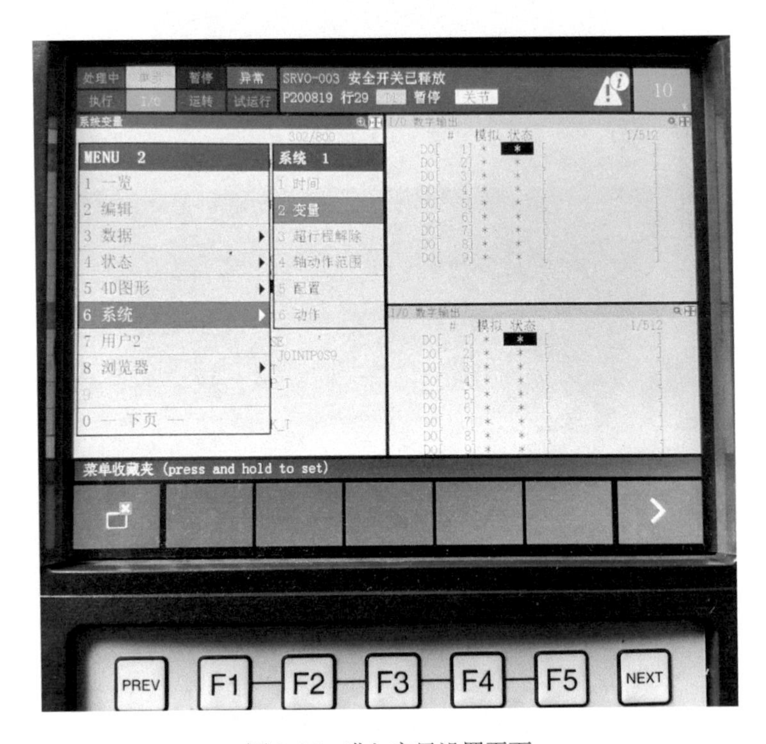

图 2-95 进入变量设置页面

“3 零点标定/校准”，按〈ENTER〉键进入（见图 2-97）。

5）选择“1 专用夹具零点位置标定”，依次选择“RES_PCA”→“是”→“完成”，将清除脉冲寄存器数据（见图 2-98）。

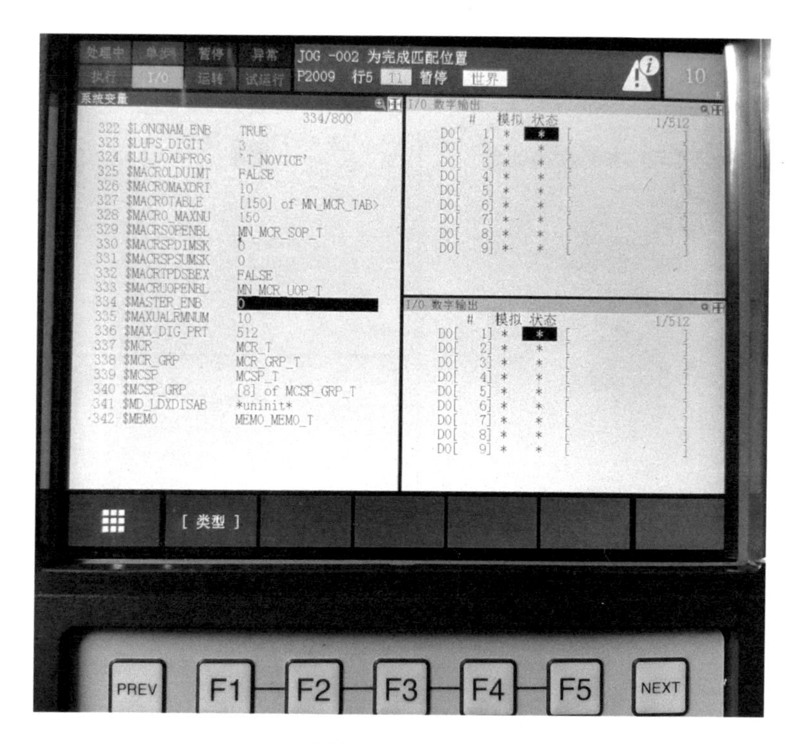

图2-96　设置$MASTER_ENB参数

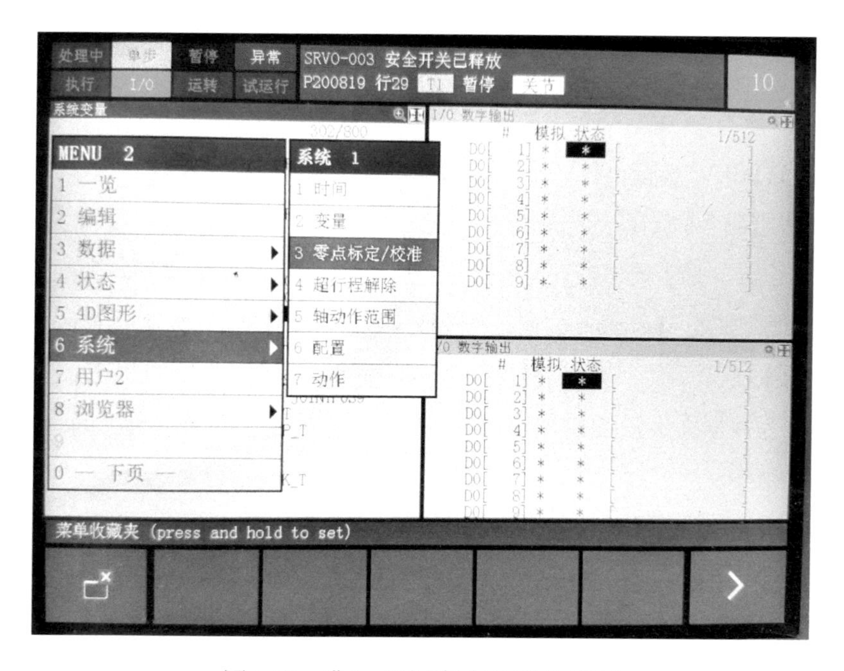

图2-97　进入“零点标定/校准”页面

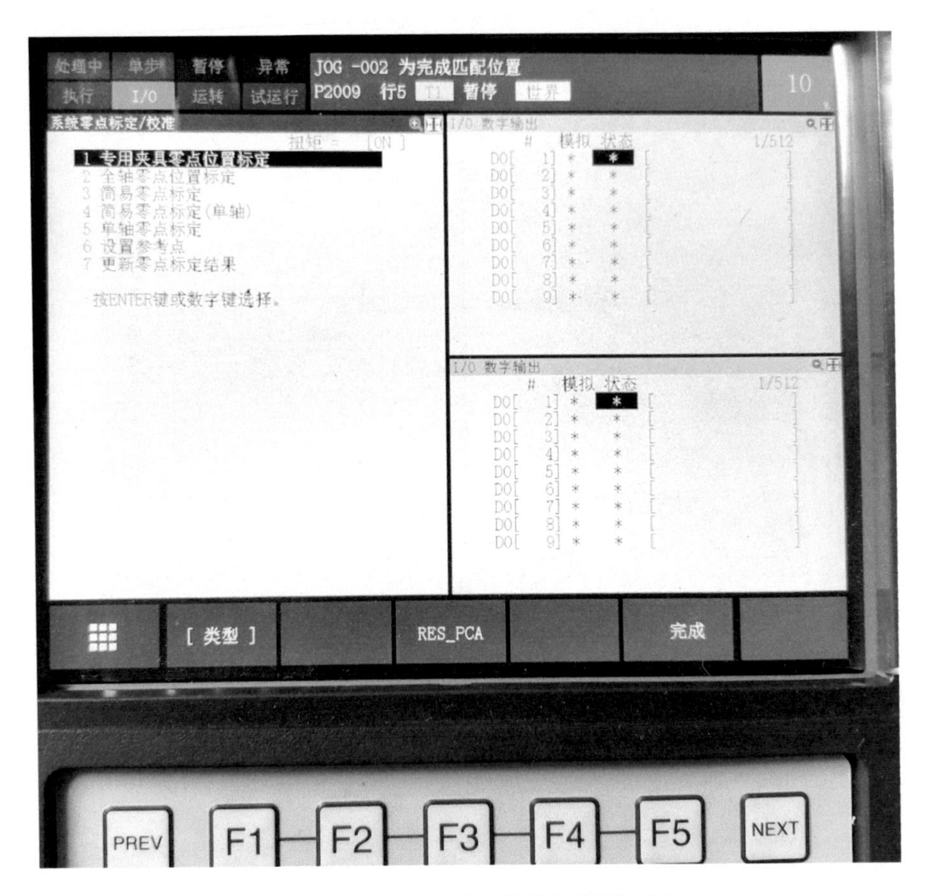

图 2-98 选择“专用夹具零点位置标定”

6）按〈PREV〉键返回前一页，选择“4 简易零点标定（单轴）”，按〈ENTER〉键进入，可看到各轴当前的坐标信息（见图 2-99）。

“实际位置”是当前机器人关节坐标下的数据；“参考点位置”为执行单轴 Mastering 设置而定义的 Mastering 位置，一般取“0.000”；“SEL”为执行 Mastering 的轴设置，一般输入“1”；“ST”显示单轴 Mastering 设置完成后的状态，显示“0”或“1”时为数据丢失需要重做 Mastering，显示“2”为完成 Mastering 设置（见图 2-100）。

7）切换关节坐标系，分别移动各轴（6 个轴），使得其到达刻度线在同一线上的位置，尽量在低速下校准一些（见图 2-101）。

8）将需要校准的轴的“SEL”值设置为“1”，需要校准几个轴就设置几个轴（见图 2-102），按〈F5〉键执行，然后可见到“ST”值变为“2”（见图 2-103），表示标定完成。

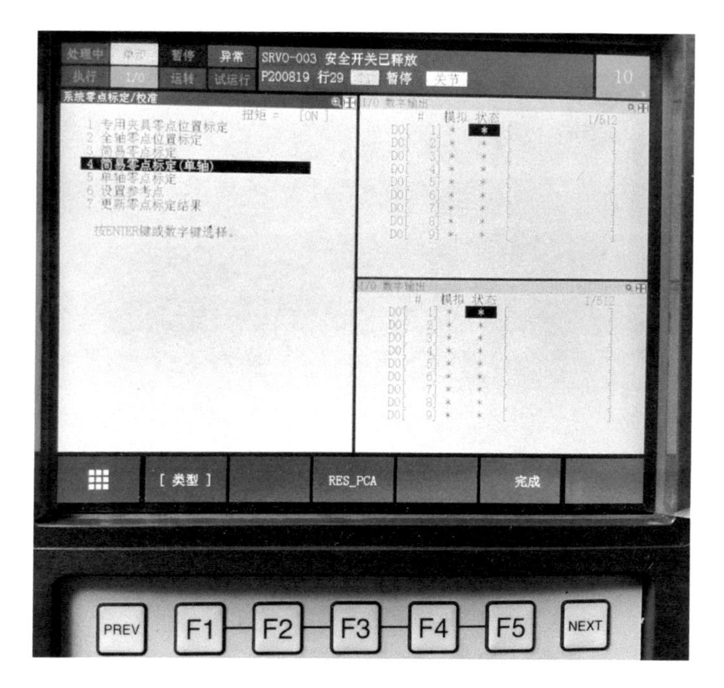

图 2-99　简易零点标定（单轴）1

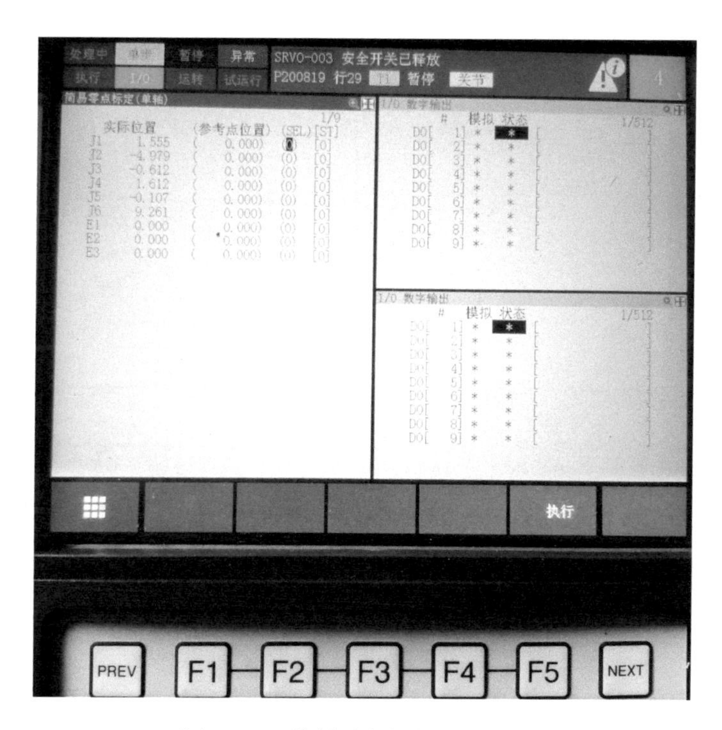

图 2-100　简易零点标定（单轴）2

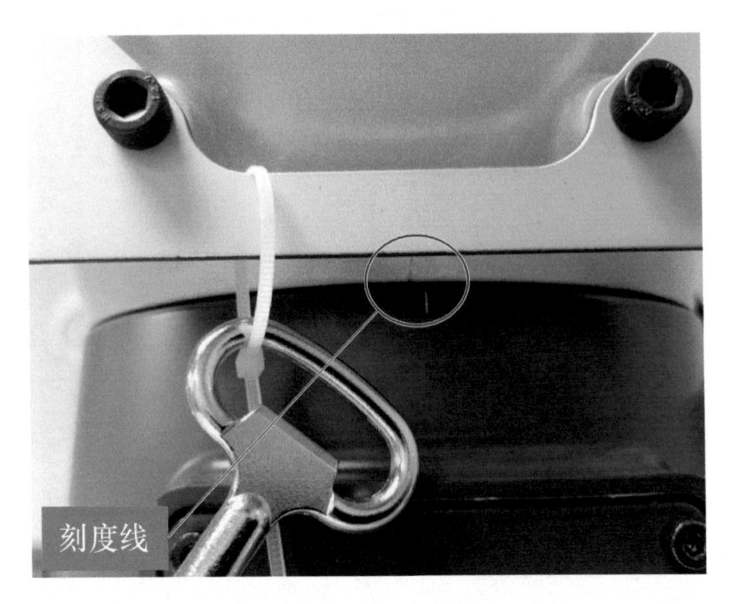

图 2-101　将刻度线移动到对齐位置

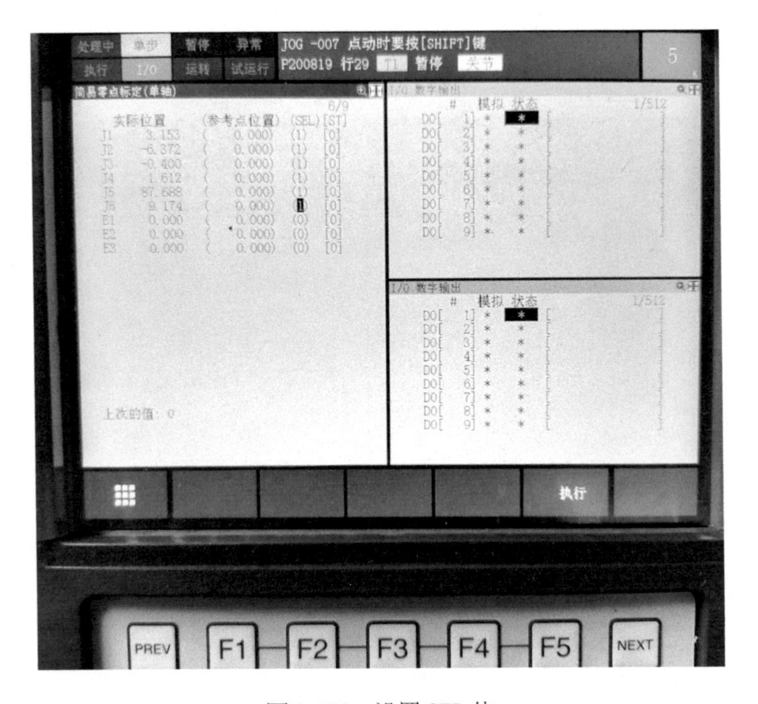

图 2-102　设置 SEL 值

9）按〈PREV〉键返回前一页，选择“7 更新零点标定结果”，按〈ENTER〉键→选择“是”，完成零点复归与校准，重启机器人（见图 2-104）。

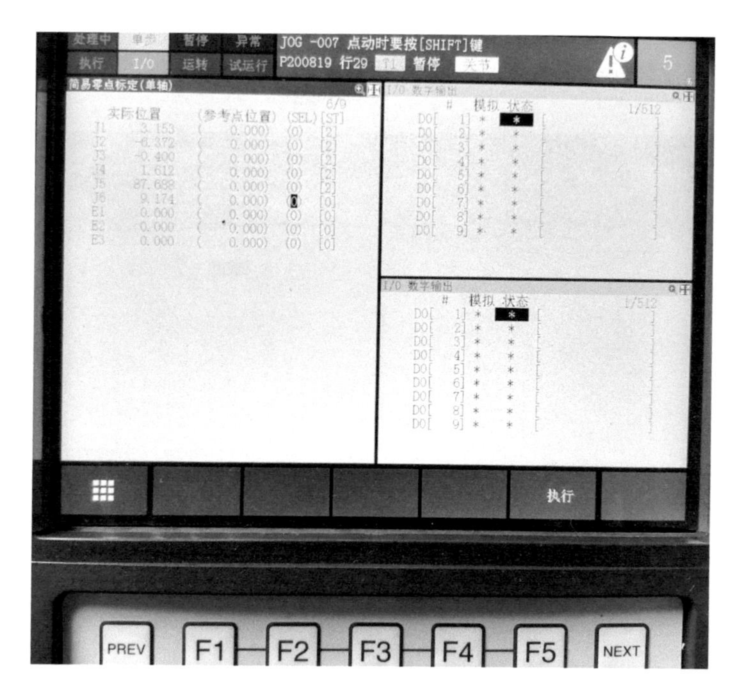

图 2-103 ST 值改变

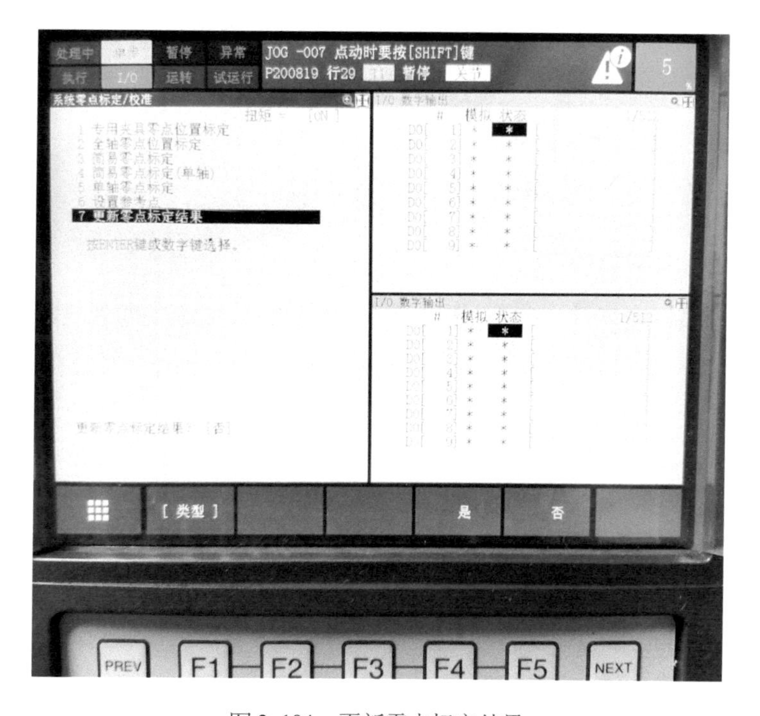

图 2-104 更新零点标定结果

注意，如在动作或执行指令时报错，如“JOG-002 为完成匹配位置”，如图 2-105 所示，则可能是上述步骤没有成功，可重新尝试一次。

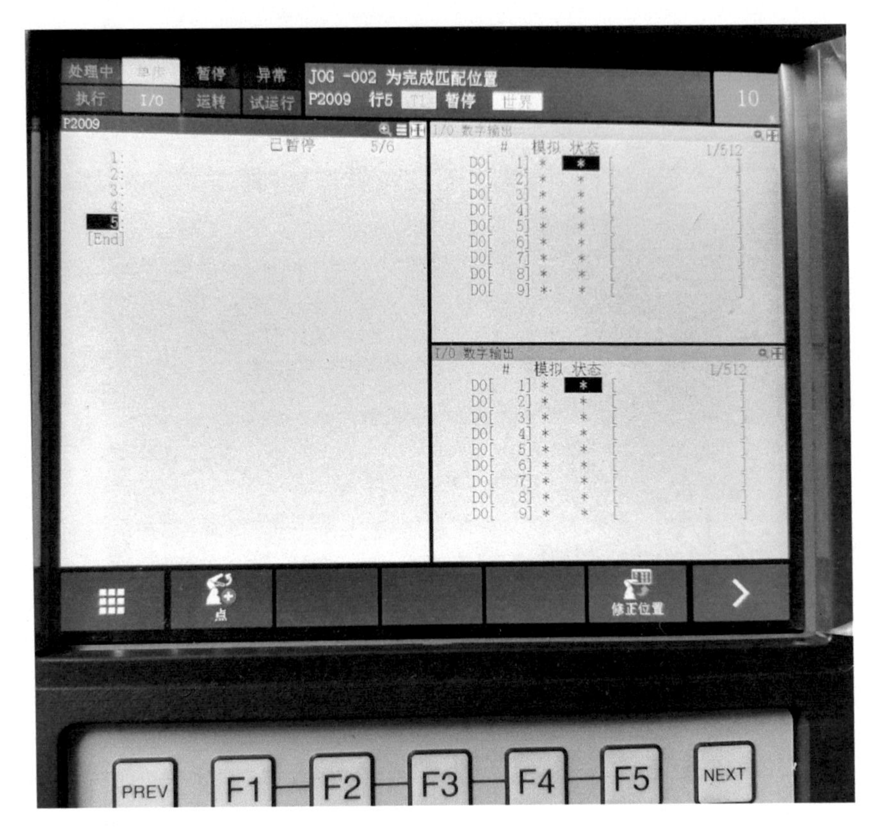

图 2-105 “JOG-002 为完成匹配位置”报错

虽然机器人编程属于“电控内容”，但由于机器人集成设备比较特殊，所以机构设计工程师最好也能“入门”。举个例子，机器人集成设备遇到故障或者需要调试，往往不像普通设备那样用扳手和铁锤来解决，而是通过示教器的数据改动或程序改善功能来完成，如果对编程一窍不通，就难以解决实际问题，也就抓不到设计的要点和精髓。所以，建议广大读者，如果要想在机器人集成机构设计上有些提升，最好能在平时加强学习积累，你不需要很专业，但是类似以上这些知识需要掌握。

小结

所谓“万丈高楼平地起”，基础没搭建好的楼层易坍塌。对于普通非标设备厂商而言，由于公司导向和技术认知问题，工程师在设计机构时往往没有使用机器人的意识，如果用到，通常也是因为“客户说要用”“老板想试试”，所以通过对本章的学习，希望大家对机器人有进一步的了解，并能够主动尝试着去用这样一个机构模式。

学习心得

第3章 CHAPTER 3

工业机器人集成设计

在有了前两章的基本认知后，接下来我们一起来探讨一下本书的重点：工业机器人集成设计（相当于搭建工业机器人应用系统集成的硬件框架）。机器人本体是系统集成的中心，而系统集成是对机器人本体的二次开发和功能延伸，因此机器人本体的性能决定了系统集成的水平，系统集成的层次制约了机器人本体的性能。目前系统集成还是以国际品牌占据主导地位（注：汽车行业占据机器人应用的半壁江山，且多以四大家族产品为主，国产品牌短期机会更多来自于非汽车行业），市场大小也是按汽车、3C电子、金属加工、物流等这种对技术要求高、自动化程度高的行业向对技术要求较低、自动化程度较低的行业排列。在工业机器人领域，我国企业目前主要的竞争优势在系统集成方面，我国绝大多数机器人企业都集中在该领域。可见，机器人无论多么优秀也绕不开系统集成企业。应用集成系统的研发，是机器人产业链上拓展机器人应用市场的关键环节。

3.1 何谓“工业机器人集成设计”

这里的“工业机器人集成设计”，是指以工业机器人为主体，依据一定的设计原理或规则把相关设备、工具或功能集合到一起，构成一个完整的自动化设备或生产系统。从硬件构成来看，集成设计后的装备包含工业机器人（相关组件）和周边设备两大模块，前者是设备的核心功能机构，后者是工装夹具、输送线、围栏等非标装置、机构。需要强调的是，本书论述的是工业机器人集成设备，而非普通的非标设备（哪怕设备中可能用了工业机器人，但机器人可能只是个陪衬或辅助装置，这是两个性质的设备），且以6轴工业机器人应用为主要内容，请广大读者知悉。

3.1.1 以工业机器人为主要功能机构

“外行看热闹，内行看门道”。有些人认为工业机器人集成机构设计似乎并不困难，也就是在机器人末端挂个工装夹具，再配上一些必要的周边设备就完成了，其他全靠编程来实现，乃至于很多经验并不丰富的设计人员翻翻厂商型录、看看行业案例都能轻松做项目。事实并非如此，觉得“简单容易”是还没有真正了解机器人，有很多要求、条件稍微严苛点的项目是有设计难度的，反之也有很多可行的项目因为一些“肤浅认识”而被轻易放弃。

一般来说，工业机器人在集成设备中占有主体地位，发挥主要功能，是一个关键的装置，这需要在设计方案中予以强化。如果我们设计自动化设备时用到了工业机器人，但别人似乎没有感到它的“存在”或者觉得有更经济、简洁的替代装置时，表明设计没有把它的优势发挥出来，相当于“奢侈设计”，这是很多集成设计方案得不到客户垂青的根本原因。那么如何设计才能有效提升方案的技术性和通过率呢？

1. 让工业机器人这个特殊作业员承担更多任务

工业机器人尤其是六轴的，虽然在很多应用场合下不如人工作业来得“智能”“灵巧”，但也是有它优势所在的，策略上应视其为“特殊作业员”，着力于研究如何取代人工更多的职能和工作。举个例子，生产线某个工站有个产品需要经历锁螺钉（4颗）、点胶（4个位置）和装盖板（装完要旋紧）三道工序（见图3-1），由一个作业员完成，从放产品基座、作业到取产品的完整周期为1min，作业区域可利用空间的长、宽、高分别为1.2m、1.2m、3.5m，现采用6轴工业机器人实现自动化，如何着手？从方案设计思路看，至少有 3 种。

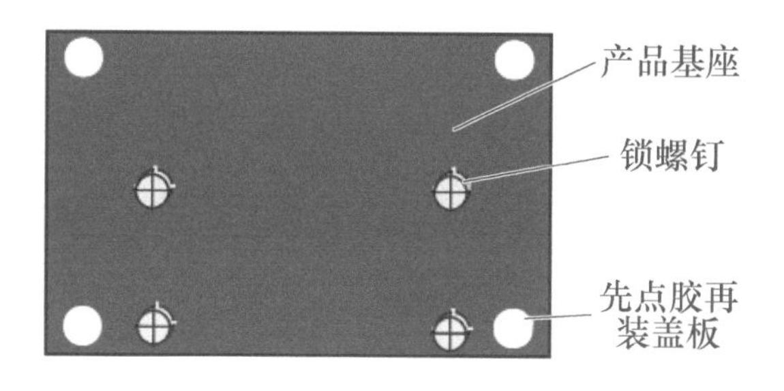

图 3-1 产品组装要求

（1）方案一 先将工艺进行拆分，比如 A 工位锁螺钉（独立设备），B 工位点胶（独立设备），C 工位装脚轮（独立设备），然后机器人负责将产品进行不同工位的移料（在不同工位取放产品），最后完成完整作业（见图 3-2）。方案本身没问题，但实现起来可能空间比较局促，此外工业机器人的利用率低（搬移产品最多也就几秒，机器人大部分时间在等待），也就失去集成设计的意义，不如直接弃用 6 轴工业机器人采用普通移载装置，起码可以缩减整体投入成本。

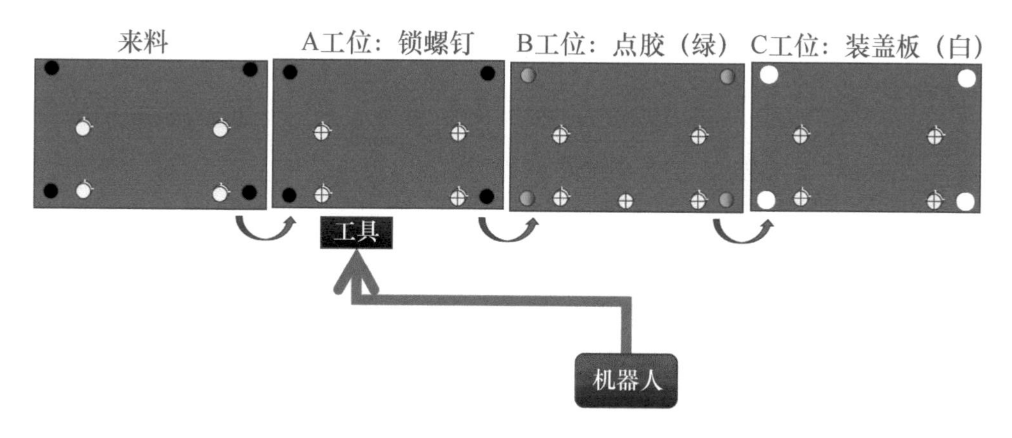

图 3-2 机器人充当搬移机构

（2）方案二 先将工艺进行拆分，比如 A 工位锁螺钉 ，B 工位合并点胶和装脚轮，再分开各用 1 台机器人集成工艺机构来完成作业（无额外独立工艺设备，但需要两台机器人）（见图 3-3）。方案二本身同样没有问题，但实现起来可能空间非常局促，虽然赋予工业机器人更重要的功能，但同样利用率低（机器人大部分时间在等待），而且因为投入过大、回报率太差推行不下去。（注：机器人作为核心设备，如要投入大于 1 台才能取代 1 个作业员，这种方案一般不容易通过。）

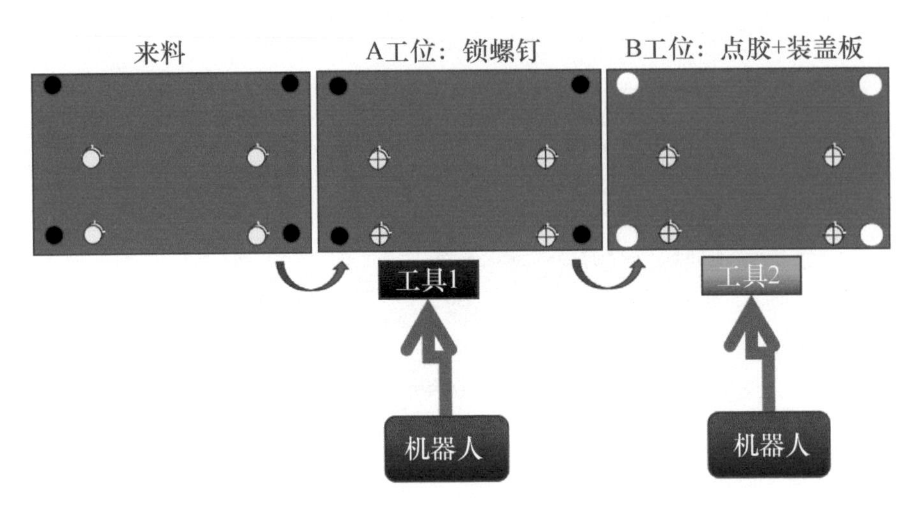

图 3-3　两台机器人实现方案

（3）方案三　先将工艺进行拆解，然后将锁螺钉、点胶、装脚轮等工艺有序排配整合在一起，再将各个对应机构整体集成到组合工具，由 1 台工业机器人携带工具来完成作业（见图 3-4）。这样无论作业空间还是机器人利用率都大大提升，虽然作业周期变长了但是符合实际要求，且设备的整体投入也还是在可以接受的范围，更重要的是把工业机器人的特长发挥出来了，这个是重点。

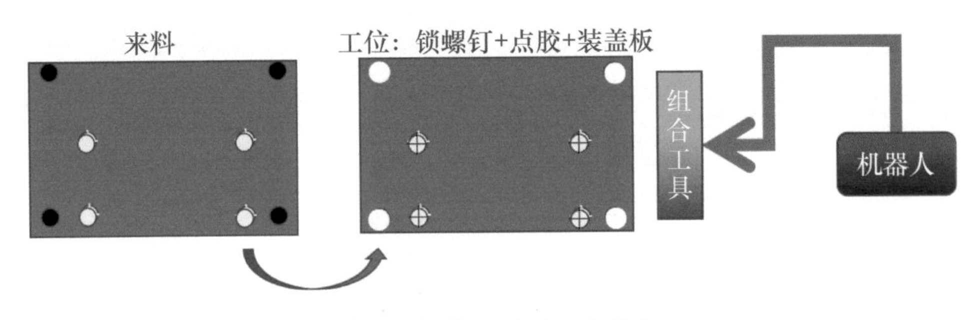

图 3-4　机器人 + 组合工具形式

由于特殊原因，这里不分享上述具体机构，重要的是广大读者要悟到背后的设计思维。集成工业机器人的设备能完成较多的工艺，更多地取代人工作业和动作，则该机器人设备会有较高的投资价值与机会，反之则失去设计意义，没有评估下去的必要。当然，由于工业机器人性能约束，相关的机构、工具并不是随意设置的，也就需要设计人员有一定的驾驭能力。但是在这之前，类似上述这种项目，如果能把工业机器人当“人”看，是更高层次的设计理念，往往决定了项目推进难度和速度，需要我们加以锤炼。

2. 让工业机器人突出柔性化生产

传统的刚性自动化生产线主要实现单一品种的大批量生产。其优点是生产效率很高，因为设备是相对固定的，所以设备利用率也很高，单件产品的生产成本低。但也是有代价的，这种模式的生产线通常只能生产一个或几个相类似的产品，难以应付多品种、中小批量的生产。随着批量生产时代正逐渐被适应市场动态变化的生产方式所替代，柔性自动化生产线已越来越占有相当重要的位置。譬如多料号产品的码垛工艺，采用6轴工业机器人能快速有效地实现多种规格料号的生产切换（见图3-5）；如果采用常规非标定制移载机构（包括自由度少的工业机器人），每次换型或者产品规格变更时可能需要有针对性地进行调整，耗时、费力。未来工厂的制造能力不是表现在能生产一万件还是十万件产品的订单，而是即便生产一件产品的订单也能快速生产交付。

图3-5　6轴工业机器人码垛

工厂是否采用工业机器人作为生产主体设备，固然是一个综合考虑的结果（参考本书第1章介绍），但不可否认，综合现有的技术手段，采用工业机器人确实能提升机器设备的小批量生产能力。虽然它并不是万能的，也有些产品工艺目前无法达成，但已经覆盖了大部分产品制造工艺，尤其是通用工艺。或者我们换个说法，其实对于工厂来说，首先要解决的问题是，到底要不要柔性生产？如果必须，为了达成这一目标，生产设备硬件上肯定表现为各种具体的机构，那除了价格略高，还有比工业机器人更适合的形式吗？

3. 让工业机器人完成复杂的工艺

比如让工业机器人完成零件曲面高品质抛光打磨工艺。图3-6所示为工业机器人水龙头抛光打磨智能系统，工站对水龙头进行打磨拉丝，采用工业机器人、力控式多功能砂带机、上下料台等组成的一体式集成工站。采用人工上料台上料，按下上料完成按钮，工业机器人依次夹取产品进行打磨抛光，然后放回初始位置，再由人工下料，完成整个打磨抛光流程。由于水龙头存在多个曲面表面要处理，一般自动化装置难以配套打磨系统来实现，因此采用工业机器人能突出它的应用优势。

图 3-6　工业机器人水龙头抛光打磨智能系统

这里引申出另一个值得思考的话题。机器换人的出发点并不仅仅是由于“劳动力成本逐年提升”，工厂还有很多脏累、高危的活儿，普遍认为这是改造重点。比如零件抛光打磨，工作环境非常恶劣，也有害健康；比如大于 15kg 的产品搬运，可能十次八次没什么，但频繁搬运特别损耗员工体力；比如给大吨位冲床上料，操作起来如履薄冰，等等。最后采用何种方式，那是另外一个问题，但很多情况下，工业机器人是最优解，甚至是唯一解。

4. 让工业机器人构筑数字工厂

由于行业特性和制造实力差异，部分企业肯定会先人一步，或者站在更高的位置去考虑“机器换人”战略，比如推行工厂的数字化、无人化。这种情形采用普通的设备构架是行不通的，由于工业机器人独具优势的数据处理和实时控制能力，使得它成为推行智能制造的最佳设备载体。换言之，某些行业企业在推行“黑灯工厂”时，首先一定是要普及工业机器人的集成应用，利用软件系统将各个作业单元打通、连接，形成数据驱动的自动化生产模式。但是从行业现状看，对于智能制造的建设，除了传统的汽车行业（见图 3-7）发展较成熟、系统外，其他行业的成功基本上属于个案和阶段性成果，且难以横向推广与复制。

图3-7　汽车行业制造系统

3.1.2　面向目标客户的整体解决方案

众所周知，由于行业产品和工艺的差异性，在推行工业机器人和进行集成设备设计时，面临的难度也是有差异的。比如汽车行业，工业机器人的应用很普遍，自动化程度较高；但某些行业（如终端家电）的生产线大部分环节仍然“人多机少”，导入工业机器人并不容易。所以如果眼光只是局限于某个设备怎么做，这还远远不够，那只是停留在“给一个项目做一个”的层次，如何在“冷门领域”搭建出一条星光大道呢？答案就是，我们需要针对性思考总结出一套有可行性的整体解决方案，在这个框架下再自由发挥。由于个人从业背景不便论述具体行业的原因，本节以××行业为代称，结合工业机器人应用与广大读者一起探讨如何去推行自动化、导入工业机器人。

例如我们面向的××行业，其生产线典型特征是：产品类似于计算机主机，订单属于少批量、多品种性质，生产线单元化（非流水线）布局，生产周期普遍在一两分钟以上，每个工站员工需要完成的作业、工作较为复杂（零件多则几十个，可能涵盖点胶、锁螺钉、贴标签、焊接、装配等工艺），且制程上存在很多线材扎束和异形件装配工艺，一条生产线多则几十个少则三五个员工。如果工厂对未来自动化、少人化甚至智能化抱有较高期望，请问如何去阶段性推动？

遇到类似上述行业，只有作业周期是一个利好，其他因素几乎全是推行自动化导入机器人的“障碍”“难点”，一般的设计人员大概只能做做纸箱码垛之类的设备了，很多项目是很难开展下去的。首先，由于是少批量、多品种性质生产（偏向定制化生产），采用普通非标设备模式是肯定行不通的，即便个别项目能完美实施，也难以覆盖更多的产品和长期延续推广应用下去，这是主基调。其次如果采用工业机器人集成设备，这倒是契合“智造”要求的，但又遇到工艺复杂、零件繁多的问题，也是工业机器人应用的技术难点。再者，如果只是省下一个人，将每个工站的工艺拆解下，用多台工业机器人来实现生产，即便技术上行得通，由于成本过高也很难推进。生产过程中还有很多自动化设备难以实现的工艺……这样，各种问题、困难就会导致我们得到一个评估结论：自动化行不通，用机器人也不行，维持人工生产是上策。如果因为这个结论可以不用再耗脑细胞，自然是皆大欢喜，但事实上往往不是这样，老板还是会要求你迎难而上。这种情况下，要形成一套行之有效的方案，至少需要解决以下几个问题。

1. 制定总体设备模式

总体来说，设备模式分以工业机器人为应用主体的智能制造和以普通非标设备（气动设备和传统机械）为应用主体的自动化生产两个方向。前者适合少批量、多品种的产品生产需求，后者则更适合大批量、单一品种的产品生产需求。具体项目，可能两个模式会有交叉应用的情况，毕竟互有擅长面和软肋，但大的方向是可以有基本共识。所以无论是客户自身还是供应商，都应该在战略上有定位和目标。

举个例子，工业机器人集成设备想在连接器之类性质的行业普及应用，几乎是不可能的，只有极少数企业可能稍微有点用量。因为从行业特性和产品工艺上来看不是最优解。绝大多数连接器属于薄利多销的元器件，结构相对简单，生产以数量取胜，讲求速度，以插针之类专用工艺为主（对应着专用设备），所以工业机器人一般只能用在少数辅助工艺或特殊项目上。反之，用常规自动化思维习惯去看待和评估产业链的下游企业（尤其是智能制造企业）的生产制造，也往往会陷入束手无策的困局，会发现过去的设备制作经验无法复制推广。因为优势是相对的，一台自动化设备一天能生产 10000 个产品，是非常了不起的，但是企业一天可能只有 500 个产品的订单，那买这台设备未免过于奢侈？或者退一步说，只要是能完成生产任务，对企业来说这点浪费倒还是其次，最麻烦的是，这 500 个产品可能跟那 10000 个产品根本不是一个难度层级的，要让这 500 个产品实现自动化生产，实际往往需要投入多台能生产10000个产品的设备才能实现，这样就不切实际了。所以企业推行“机器换人”首先需要制定总体设备模式，要有符合客观规律的导向性策略。

2. 抓投资回报率（英文缩写为ROI）

对于具体项目的设备投资，ROI是几乎所有企业都考虑的先决因素。作为客户，评估考量方案时最好能短期、长期结合并看到趋势。比如公司产品适合走智能制造方向，就不能把重点放在具体项目能否有好的ROI数据，而应该着眼于未来三年、五年甚至十年的竞争力是否得到本质提升。所谓制造竞争力，我的理解是，纵向企业能引领技术趋势或者走在智造前端，横向在对标或同类企业中处于领先地位。举个最简单的例子，同样给客户代工产品，如果A、B两家公司都是人力生产，显然比的只能是谁的人多、谁的人听话、谁的人技能好，但如果A公司经“机器换人”努力后有20%制程不依赖人来生产了，那么对于客户而言，它一定会认为A具备更好的能力和潜力，这就是竞争力。

但是必须强调，如果认为只要把生产线的人都换成设备了就有竞争力，那就麻烦大了。我的建议是，请再把本书第1章反复读3遍！企业负责人需要牢牢记住，其实生产设备并不是企业制造竞争力的护城河，或者说最多只是看得见的竞争优势之一，但是因为“机器换人”带来的“看不见的综合实力”（更高素质、技能的人才，更灵活、智能的系统，更规范、高效的制度，更扁平、顺畅的管理等）才是真正的竞争力。换言之，企业要做的是积极鼓励推行“机器换人”运动，而不是简单地“买买买”（设备）。因为“招不到人，所以要买设备来生产”是缺乏战略、目光短浅的观念。在我看来，“不缺人”的企业同样需要“买设备”，因为科技发展日新月异，未来的制造发展趋势没有人能精准洞悉，但劳动力密集型生产模式显然行不通。这是共识，所以就需要求变，这个“变”对于制造企业来说，是通过“机器换人”来实现的。因此，为了真正提升制造竞争力，过于关注个别项目的ROI显然有失偏颇。举个例子，依据公司构筑未来工厂的愿景，未来需要有视觉系统的应用，当前有个项目ROI数据不佳，但属于第1个视觉应用项目，作为拍板负责人可能就要有“奢侈一把”的魄力了，毕竟这个项目不做，无论从设备还是人员都是“0”状态，做了之后不管项目执行如何，起码积累了设备应用经验，提升了员工的技能，验证、修正了技术构想。有了这个基础，也许能发掘出更多ROI数据理想的项目呢？

因此可以认为，企业重视ROI，本质上是有一项潜在诉求：提升制造能力，而且不同企业有不同的情况。一般情况下，大中型企业虽然也面临着空前的市场成本压力，但通常会看得更远更高，而不局限于短期效益。认识这一点很重要，给客户做项目时要围绕着如何去帮助其提升竞争力。举个例子，A 是一家正在谋求升级转型、要生产高端产品、着力发展智能制造的企业，那它的未来竞争力就绝对不是简单地做些设备把人省了，因为那构不成它的竞争力。它的竞争力体现在，现在的产品可能制造周期长、量大，在市场拼低单价，未来的产品则要接个性化订单（量少）、快速生产，因为这种能力而提高销售单价，那么具体该如何落实呢？如果我们停留在给其提供便宜、高效的自动化解决方案，未必能从根本上帮助其提升制造能力，也就是失去“机器换人”的终极意义。

作为供应商，如果客户并没有走智能制造路线的概念和倾向，评估和实施具体项目时要有非常敏感而强烈的 ROI 思维。比如某个设备能帮客户省一个人，需要投入 30 万元，这种方案比较难以通过，因为当前人工可能是 6 万元/人·年，按白夜班计，不含维护、备件费用，需要大于 2 年才能回收，所以企业老板可能不太会投，除非项目有其他的意义，那为什么还要浪费时间呢？所以一般情况下，我们做的技术方案，只有在满足或接近于 ROI 标准的前提下才有意义，才有去跟其他同行比拼的基本资格。反之，如果客户企业处于转型升级或者“机器换人”的阶段，应当从帮助其提升制造竞争力的角度出发，积极协助客户发掘有价值的项目，有时 ROI 数据离预期有点偏差也是常常能被接受的。何谓有价值的项目？如果观念上停留在来一个项目做一个项目的层次上，那么这个问题无解；如果能深刻洞悉客户的愿景和设备模式导向，那么答案就出来了。

3. 落实具体项目

面对××行业，有一个比较合理的整体解决方案/思路后，接下来当然就是研究如何落实了。

多数难以实现自动化的行业，往往人机协作才是破局之路，可能有的行业人多一点，有的行业机多一点，哪种更合理，判断标准就是生产能力（产能、品质、响应性）最大化。譬如，在 A 和 B 机器人均适用（如某个工况可用 6 轴工业机器人，亦可用直角坐标机器人）时，更建议侧重长远考虑而选择通用性和可用性更强的模式。在这样的方向指引下，显然大部分项目都应该优先考虑应用 6 轴工业机器人，优先考虑应用组合功能工具，优先考虑降低非标设备或机构的比例等。这时我们也会慢慢发现，有些项目逐渐可以开展起来了，虽然困难还有很多，但是见招拆招，只要有进步，积少成多，慢慢也就有行业突破了。即便后续市场有变化，也能很快对生产设备进行变更、迭代，满足需求。

接着问题又来了，如果你面临的是另一种性质的行业、企业呢，你又将如何着手制定目标客户的整体解决方案？

3.2 形形色色的工业机器人“手爪”

工业机器人末端的工具（也经常称之为“手爪”）可以说是工业机器人应用最精髓的内容，其优劣将决定应用的层次和深度。形象地说，装了工具的机器人功能跟人手类似，但是让它搬砖块还是耍大刀，完全是专业认知和技能的问题。根据工艺、动作来看，末端工具有很多细分的执行机构类型，对应着为数众多的类似图3-8所示的应用场景，也对应着诸如搬移、检测、焊接、贴标、喷涂、组装、锁螺钉等工艺机构，属于非标定制。

图3-8 不同工具的应用场景

同样是搬移，常见的有夹持和吸附两大类。同样是夹持类，有平移式、夹钳式、脱钩式和弹簧式等具体形式；同样是吸附类，有真空吸和磁力吸（注：利用永久磁铁或电磁铁通电后产生的磁力来吸附工件，有较大的单位面积吸力，对工件表面粗糙度及通孔、沟槽等无特殊要求）等方式，各有适应面。只要牢牢抓住工业机器人的机构属性、有足够的想象力和机构驾驭能力，那么应用设计的覆盖面就极为广泛。

值得一提的是，许多做惯非标机构（尤其是气动方面）设计的人员，往往对机构处理表现得很随意，所绘制的机构既无主次轻重之分也无零件间的联系，显得毫无章法。如果做工业机器人的工具、手爪设计也这样的话，很容易降低自己的专业度，也可能使机构运作效果打折扣。从机构设计角度看，读者除了需要掌握不同类型工业机器人的工具、手爪的具体设计方法和内容外，还有必要深刻理解以下三个概念或常识。

1. 从工具基座开始

设计工业机器人集成机构应避免堆积木结构，尽量采用模组化结构，两者对比见表3-1。如果对于机构或零件的细节处理过于随意，虽然功能不一定会丢失，但在维护、安装方面一定会有不便利的呈现，也不符合机构设计的美学观念（可能会被同行诟病）。就工业机器人末端工具、手爪设计而言，精髓就一句话：从基座开始，视其为主干，尽量对称、规则布置分支功能（机构），类似设计如图3-9和图3-10所示。反之，零件随便“长”，位置随便“定”，紧固随便来，则会削弱机构的功能属性，类似设计如图3-11所示。

表3-1 堆积木结构与模组化结构的对比

机构布局	特　点	功能性	维护性	通用性	外观性
堆积木结构	机构布置随意，零件缺乏主次与定位关系，不便拆装，拓展性差	视结构而定	差	视结构而定	差
模组化结构	工具可整组便利拆装，工具动作灵活性较强，工具系列化、通用性较好	好	好	好	好

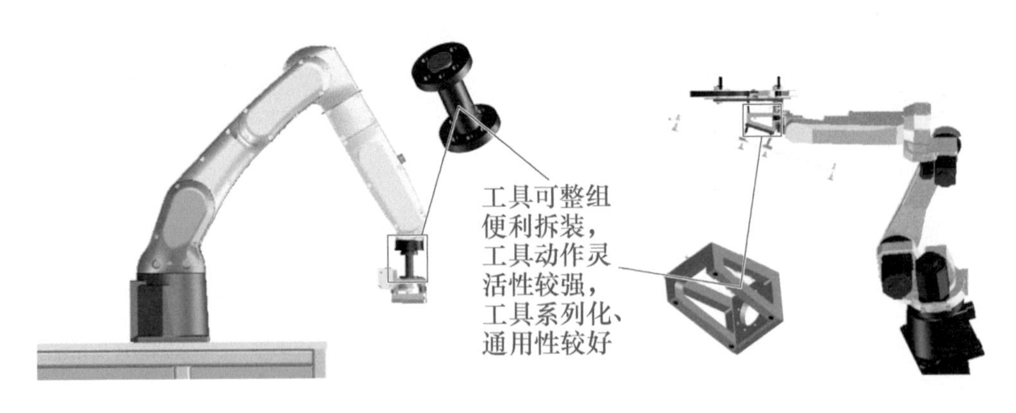

图3-9 基座＋零件的工具1

如果把工业机器人比作一个赤手空拳的战士，那么其所带工具则相当于机关枪、大刀、匕首，不同的工具将发挥不同的“作战能力”，因此是机构设计最重要的部分。形象地说，如果你的工业机器人集成设备里面，工具相当简单或毫不讲

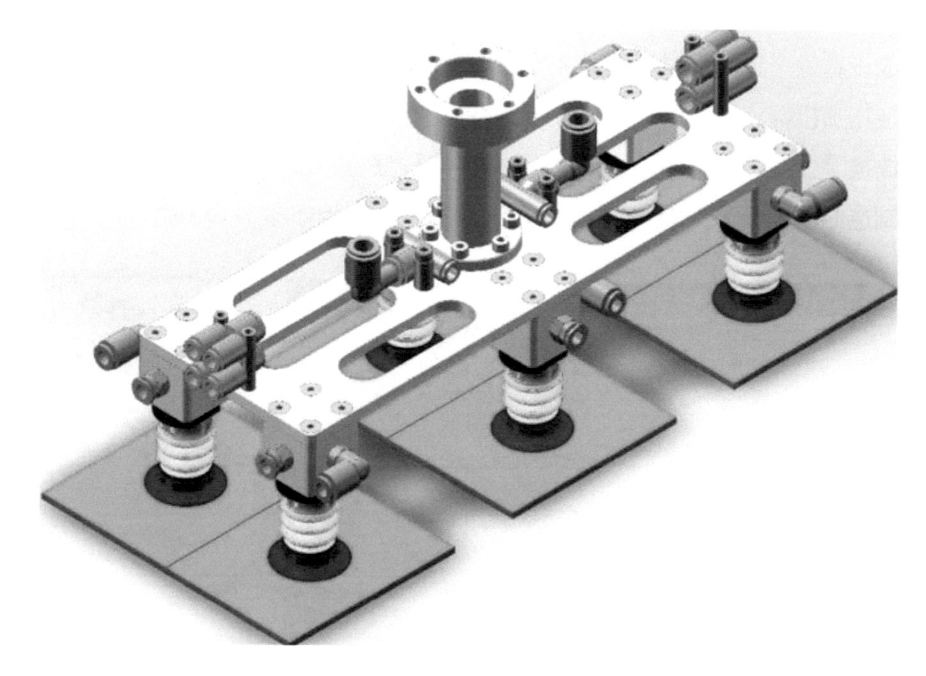

图3-10 基座+零件的工具2

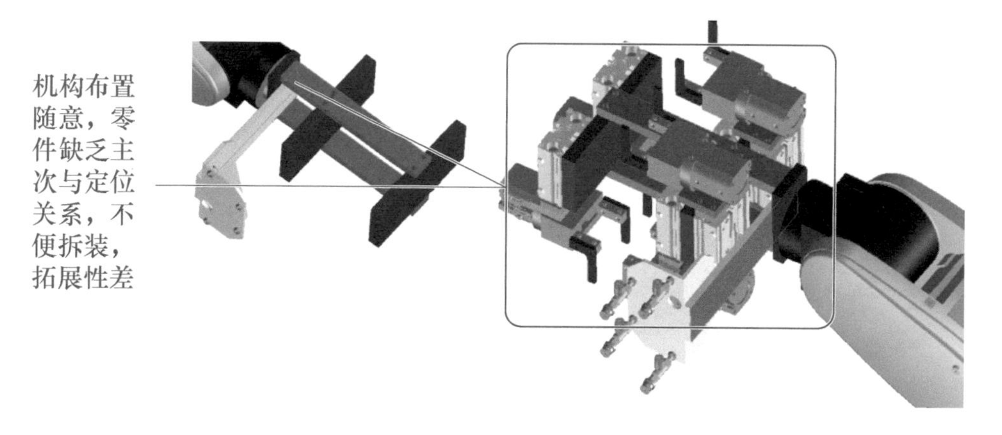

图3-11 堆积木结构工具

究，通常都没有把机器人的“潜能”或优势发挥出来。一个工业机器人设备的“技术含量”或应用价值从它的工具如何设计即可看出，是简单还是复杂不重要，关键是有没有让你“眼前一亮”。

2. 增强柔性的快换装置

虽然工业机器人的柔性是目前已知机构形式中最具优势的，但相比于生产线实际需求，很多时候还是略显不足，需要我们“额外补强”。举个例子，产品订单很小，产线一个班排了3个同系列但工艺有差异的产品生产，用同一个工业机器人集成设备生产遇到工具、手爪不能兼容使用的问题，如何解决？这种情况当然不可能增加机器人设备的数量，主要考虑如何将工具、手爪进行快速切换，那么采用快换装置是一个选择，搭配已经编好的程序，可以快速完成生产换型工作。柔性制造的基本概念如图3-12所示，快换装置的优势如图3-13所示。

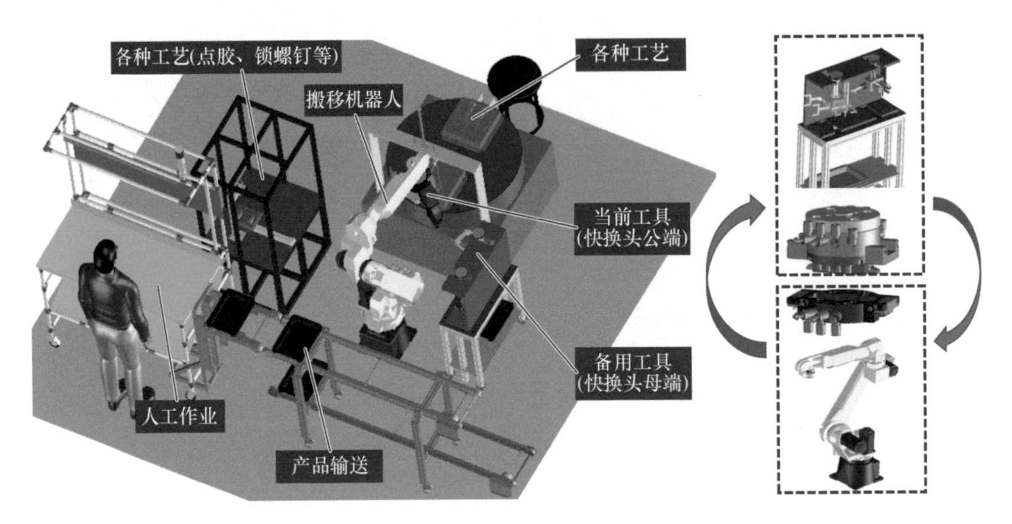

图3-12 柔性制造的基本概念

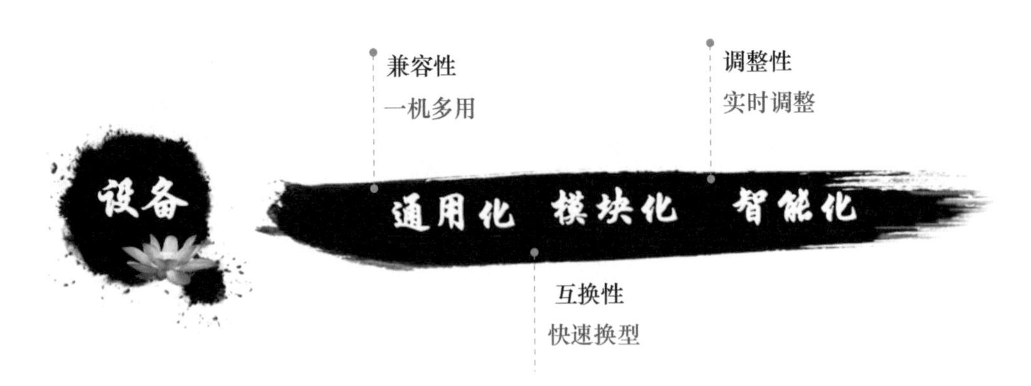

图3-13 快换装置的优势

如果快换作业无法做到“自动”，那么至少也要尽量让“换线、换型工作”简单化、快速化。比如不同工具、手爪共用同一台工业机器人时，机构和零件是否考虑拆装便利性了？是否有统一的精度精准，有明确的定位关系，有充裕的拆装空间，有最少的紧固次数？而模组化的工具结构设计，在这方面就具有较强的先天优势。

3. 赋予工具“感知或识别能力”

工业机器人的“智能”是建立在传感器应用和系统设计基础上的。无论是工艺条件还是产品状态，常常会出现“变异”，从机构设计角度看，最好都能加以“侦测”，尤其是一些有精度要求的装配、检测工艺，往往集成“视觉引导定位”功能，使得机器人的作业和动作更加精准、稳定。视觉系统的硬件设计一般有两种方式，分别是固装式（见图 3-14）和移动式（见图 3-15）。

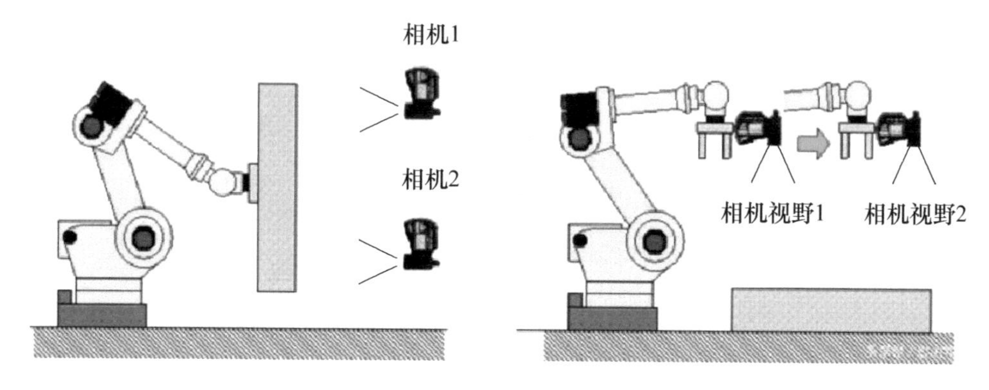

图 3-14　固装式相机检测示意

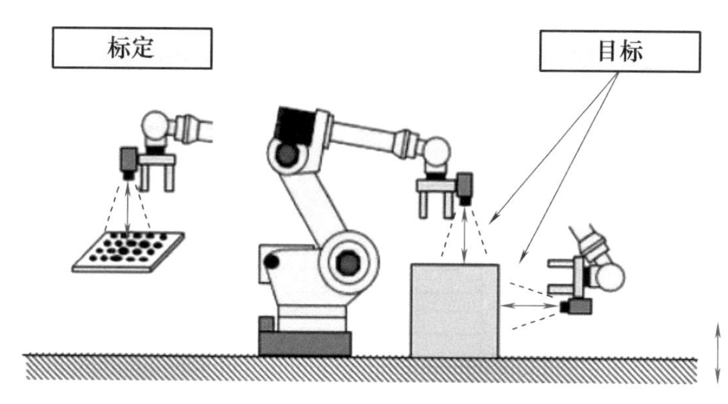

图 3-15　移动式相机检测示意

由于视觉系统成本较高，有些要求不高的场合（比如将产品从 A 点吸附移动到 B 点放置），只要程序做好后，正常作业是没问题的，也就没必要采用。但是可以折中在工具的工艺方向安装一个类似图 3-16 所示的传感器，这样在遇到非正常状况时，由于增加了一个感应条件，通过程序设计后能实现较为灵活的工艺动作，可以减少乃至避免不必要的停机或撞机问题发生。举个例子，物料为整摞的铁片放置于定位座，每次需要吸走一片，吸盘安装于机器人末端工具。通常情况下，

假定铁片厚度为 t，可以通过编程实现每次吸走一片后，吸盘往下降 t 距离，直到最后一片被吸走。但是如果铁片厚度差异太大，或者中途补料了，则会造成吸附不良的状况。因此，增加一个感应器之后，可以相对有效地改善这种“作业问题”（见图 3-17）。

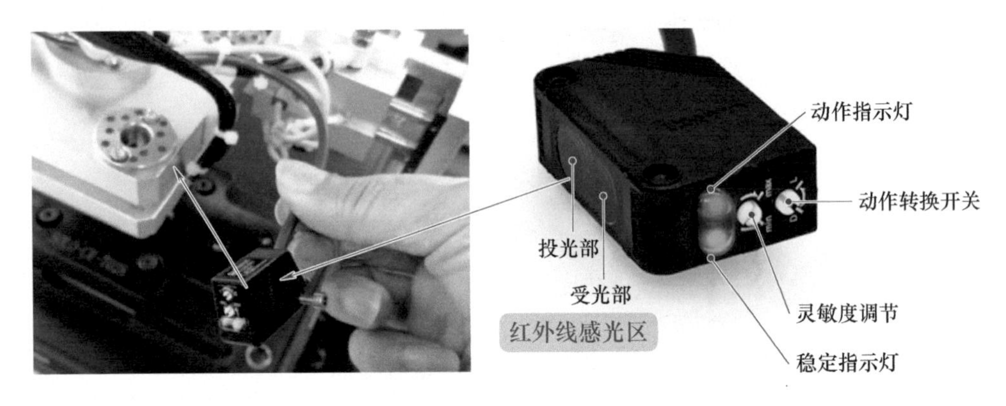

图 3-16　机器人末端工具的光电传感器

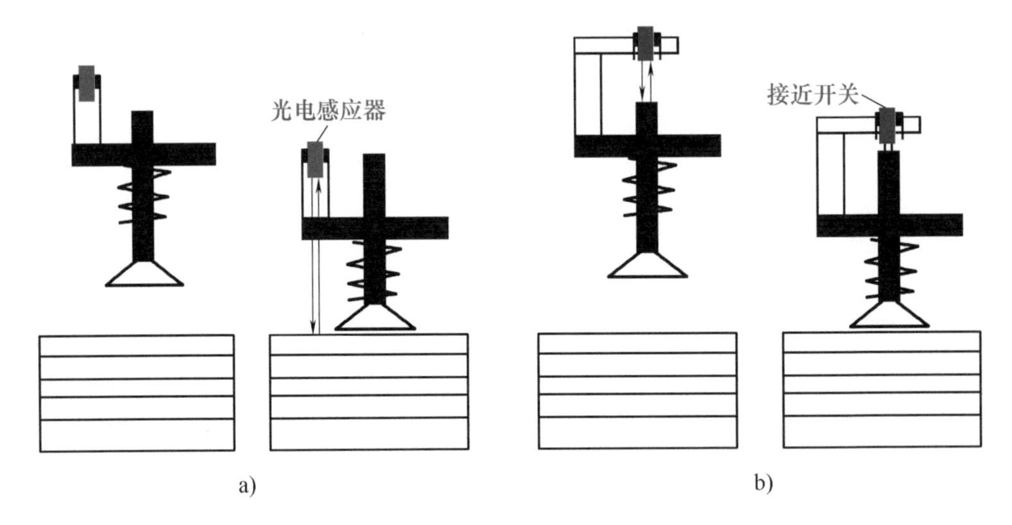

图 3-17　采用光电传感器和接近开关的吸盘

a）采用光电传感器　b）采用接近开关

实际应用时，为了提升吸附效率，物料定位座往往做成提升形式，只要在吸取位置安装一个感应器，每次产品都顶升到固定位置再吸走（见图 3-18）。但并不是所有的产品定位座都要做成顶升形式（见图 3-19），同样吸取产品，图 3-19a 所示的做法体现的是一种简易化思维，虽然生产节拍较长，但装置简易、柔性更强，而采用这种方式时，在机器人工具上设置感应装置是必不可少的。

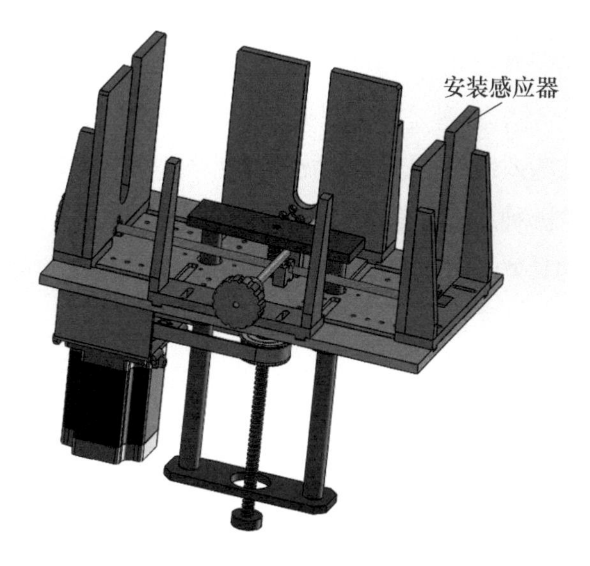

图3-18　带提升功能的产品定位座

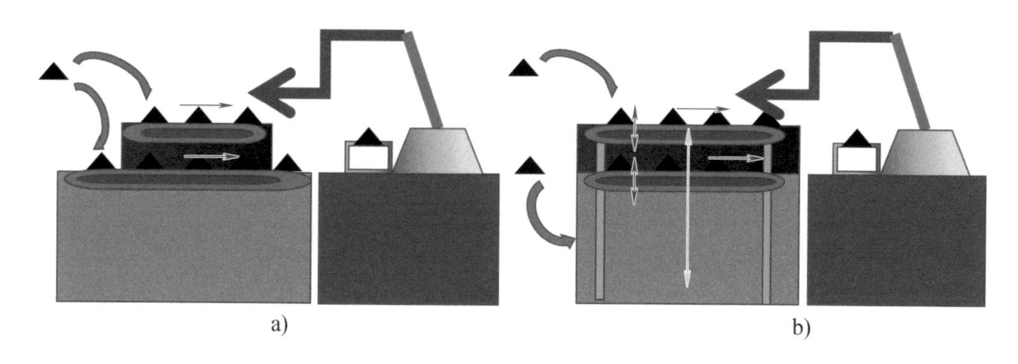

图3-19　简易化思维和自动化思维

a）简易化思维　b）自动化思维

3.2.1　单工艺、单功能工具

常见的生产工艺有搬移、锁螺钉、点胶、焊接、贴标、插件、压合等，如果工业机器人工具只是完成其中一种工艺、功能，我们称之为单工艺、单功能工具。一般来说，不管工具如何复杂，单工艺、单功能工具相对好设计一些，将其视为独立机构然后“挂”到工业机器人末端即可。如果该工艺、功能是主要生产任务（比如成品纸箱的码垛工艺）或有速度要求（也就是生产节拍快）时，企业还是愿意导入工业机器人的，这类应用也最为普遍。

由于各行各业产品和工艺千差万别，工业机器人的工具、手爪有很多细节上的做法，这方面需要我们在平时多积累和总结。比如常用的两爪抓取机构在不同工况下可能有不同的结构呈现，但从动作原理来看，主要有两种，一种是平移型夹爪，如图3-20所示；一种是夹钳型夹爪，如图3-21所示。实际应用时，可能驱动和传动部分有些差别，但基本的动作大同小异，图3-22所示便是夹钳型手爪的应用案例。无论哪种形式，有标准品的可以考虑外购，没有的话就只能非标制作了。至于手指的具体形式，则常取决于被夹持工件的形状和特性，图3-23所示是一些夹持手指的设计建议。

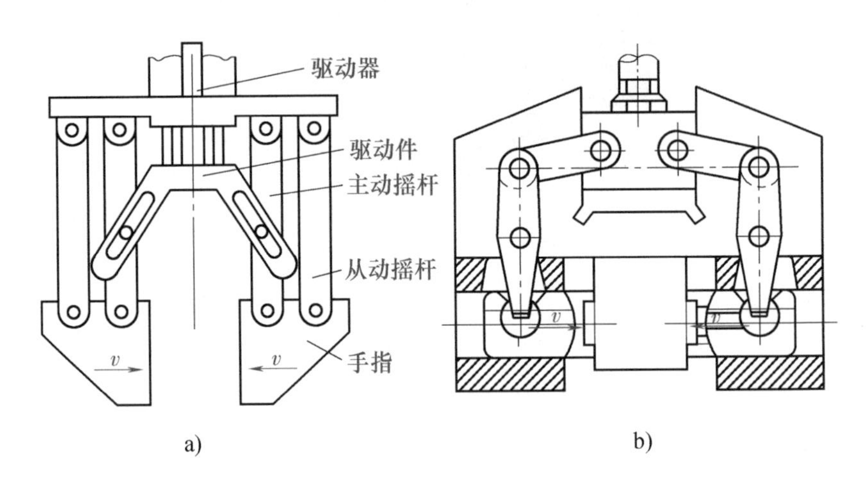

图3-20　平移型夹爪

a）四连杆机构平移型　b）直线平移型

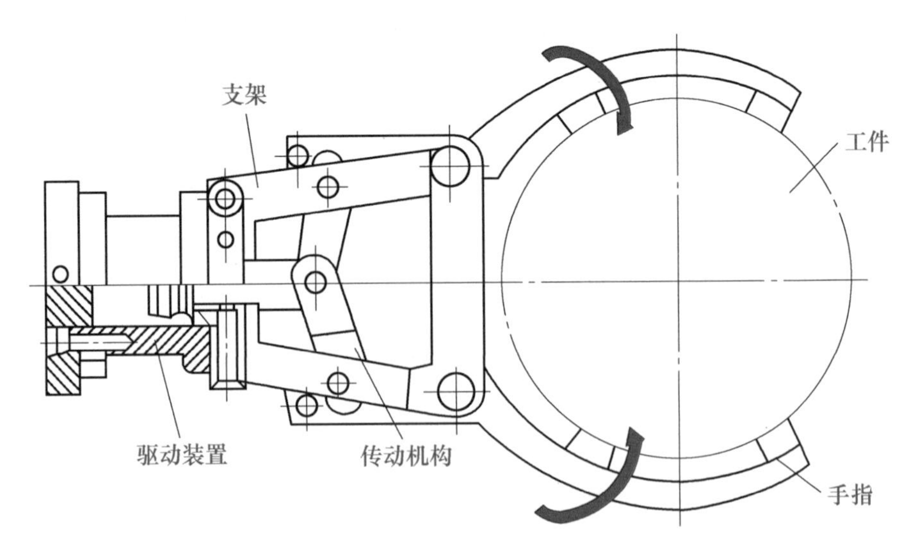

图3-21　夹钳型夹爪

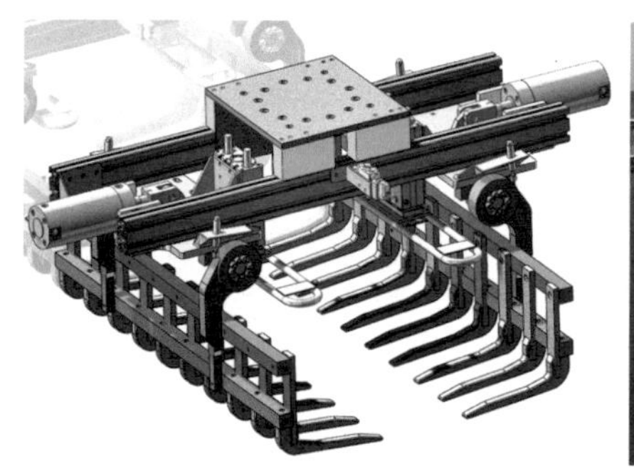
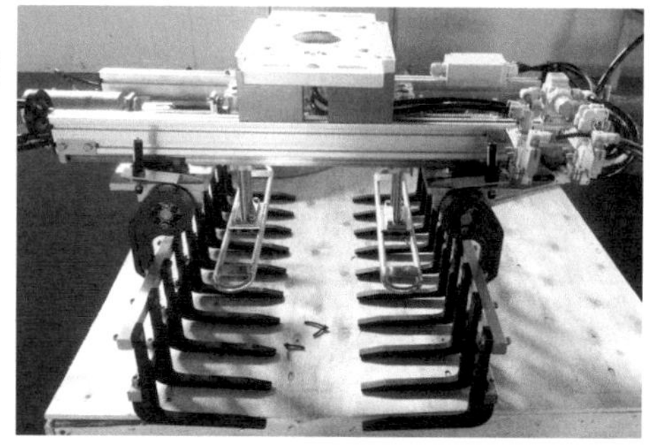

图3-22　夹钳型手爪的应用案例

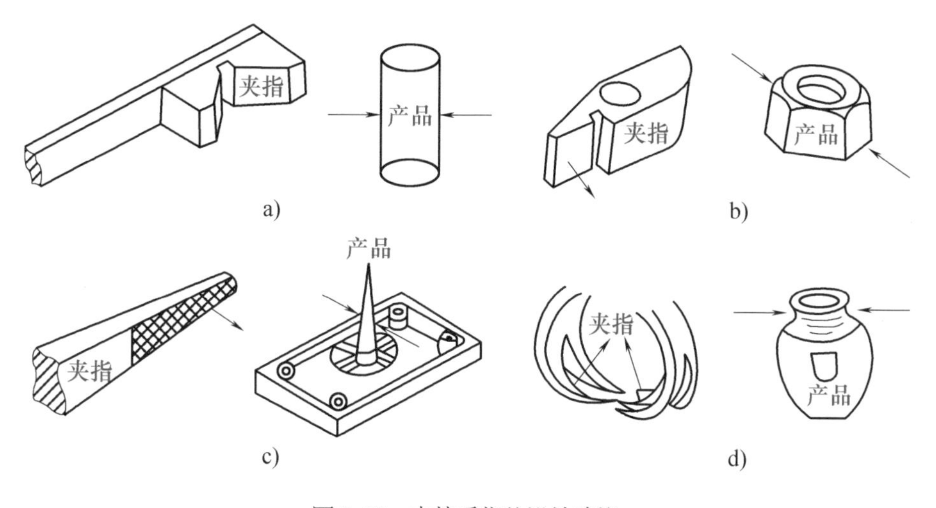

图3-23　夹持手指的设计建议

a）V形指　b）平面指　c）尖指　d）异形指

3.2.2　多工艺、多功能组合工具

如果工业机器人末端执行机构可以完成或实现两种或以上的工艺、功能，我们称之为多工艺、多功能组合工具，其设计概念如图3-24所示。从应用角度看，对于生产节拍慢、工艺类型和动作多的通用工艺，这类工具相对有较高的实用价值，往往能够促进柔性生产或提高机器人的利用率，有助于完全或部分取代工站作业员的工作内容。但是这类工具的设计相对有难度，因为除了要考虑各独立工艺、功能的机构外，还需要兼顾它们之间的空间占据与动作协调，而这些设计都不是随意的，是在机器人一定工作范围、负载能力、精度及速度的约束之下的，所以经验上很少看到3种及以上的多工艺、多功能组合工具。

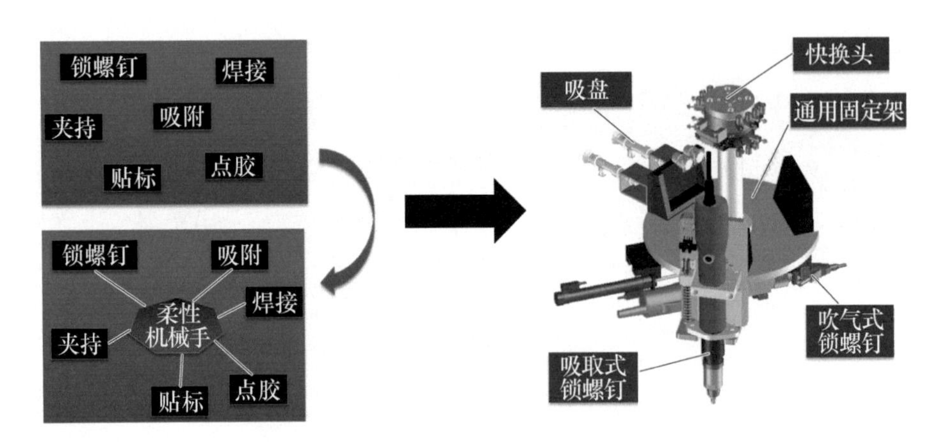

图 3-24 多工艺、多功能组合工具的设计概念

需要注意的是，组合工具不等于复杂工具或笨拙工具（比如工业机器人末端挂了工具，上面有 20 个吸盘，但还是属于单工艺、单功能工具范畴），它的设计指导思想是将常见的生产工艺标准化、通用化，区域集中，提高设备利用率，比较考验机构的基本设计能力。现成工具看着感觉很简单，但要自己“绘制”可能就有点难度了。除了单工艺、单功能工具本身的制作要点外，对于设计组合工具的过程有以下几点建议。

（1）方位规则对称化 为了增强拓展性和通用性，可以设立一个外形对称、规则的基座（三角形、圆形、方形等），据此展开各个工艺、功能机构的灵活布局（见图 3-25），尺寸偏长的机构尽量在 6 轴法兰径向布置，并尽量将所有机构的中心、重心往法兰中心靠近。图 3-26 所示为某组合工具的布局形式，在一个方形基座上，锁螺钉电动旋具和夹取盖子机构偏长，所以径向布局；点胶部分偏短且轻载可轴向布局；CCD 为非接触检测方式且检测胶点，故可与点胶机构同向。由于基座对称，故实际可以进行紧固位置的调整，借助机器人编程实现不同工艺的切换作业。

（2）供料方式简洁化 仅用于搬移的机器人工具，设计相对较为直接；如果是工艺类型的工具，则往往需要有配套机构，比如焊接机器人需要附带锡钎料装置，尤其是供料部分，应结合市场上的成熟设备和具体工况要求选择适合的解决方案。比如锁螺钉机构的供钉部分，原则上尽量用吹气供钉方式，这样能减少搬移动作，如果采用吸附供钉方式，则会增加工具的作业时间，可能影响整体的周期。再者用到组合工具的通常都是作业周期长的产品，可能一天产量就三五百个，应注意供料方式的简洁化，不要为了单纯追求自动化而堆叠供料器。举个例子，

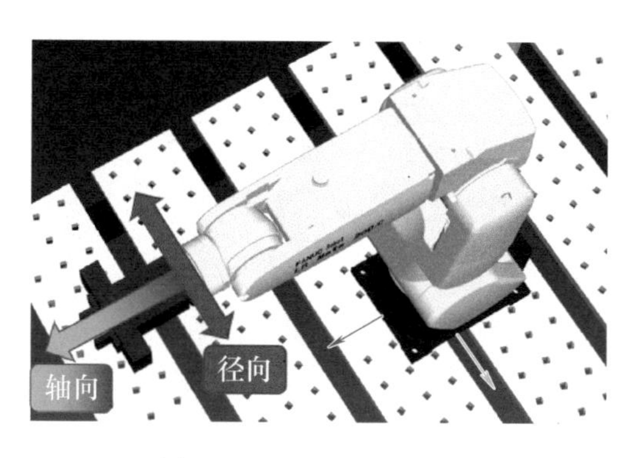

图3-25　工具的布局方向

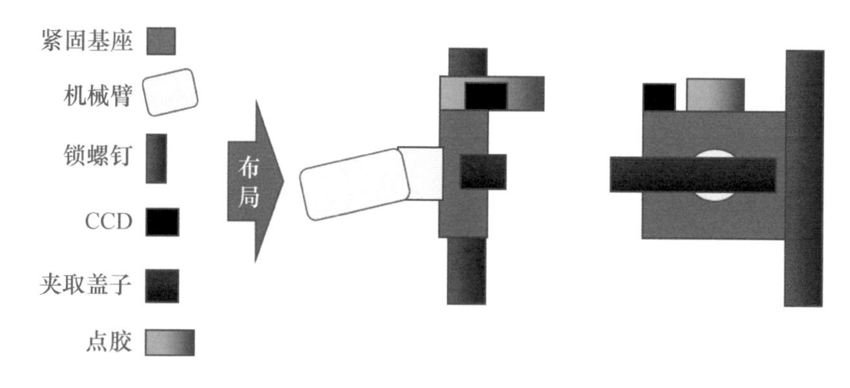

图3-26　某组合工具的布局形式

如果作业员简单摆放一下（可能一天就几次），物料就能有序排列和供应，那么就不要想着硬塞一个振动盘或者××机，既占用地方也没有多大的价值，还可能适应不了过多的料号，考虑采用简单料架或摆盘即可。这是跟普通自动化设备完全不同的思维，请读者稍微思考一下逻辑。

（3）电气管路条理化　稍微复杂一点的组合工具难免有电线、气管缠绕问题，务必想清楚或模拟好，工具的布线布管最好能做到如图3-27和图3-28所示的"规规矩矩"。不要以为这是小问题，当工具装上去后发现线管到处窜或者无处安放时，搞不好需要设计变更乃至报废重做工具。此外留意一个小技巧，你设计的工具，尤其是基座，务必做些掏料或开孔设计，这样一来有利于减轻其重量，二来也有利于布线布管。

3.2.3　柔顺装配工具（用于精密装配工艺）

6轴工业机器人作业过程的末端位置由前三轴决定，而姿态由后三轴决定，

图 3-27　工具的布线布管 1

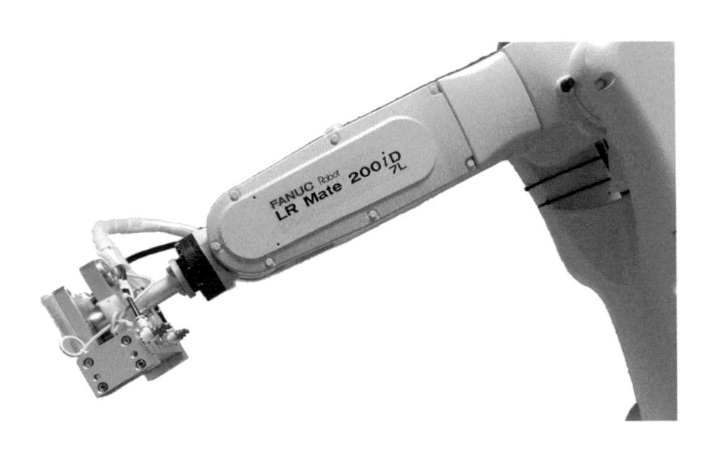

图 3-28　工具的布线布管 2

作业工具往往直接安装在末轴法兰盘上。当机器人进行如弧焊、喷涂等作业时，不需要与工件直接接触，对机器人只需要进行运动控制。而另外一些应用如自动抓取、装配等，末端工具将与外界作业对象发生接触，并要求有适当的压力，位姿误差将使工具与工件发生碰撞、干涉。如果在末轴法兰盘与工具之间加装一柔顺手腕，可有效避免或缓解这种问题。比如需要将一个轴插入零件孔中，由于机器人移动误差以及轴孔零件公差原因，可能会导致轴孔配合困难或出现干涉碰撞问题，如果将轴的连接方式由刚性改为柔性，则插入过程会更加顺滑、可靠，图 3-29b比图 3-29a 所示的连接方式要来得更合理一些。总之，为了减少工艺实施过程可能存在的干涉、碰撞问题，将工具与工业机器人的连接方式由“刚性”变“柔性”是一个行之有效的方法。

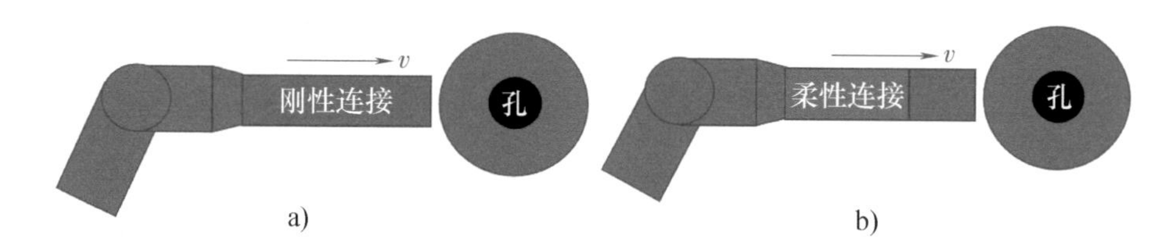

图 3-29 不同连接方式的轴孔配合对比

柔性连接分主动和被动两种形式。主动柔性是根据传感器反馈的信息输出相应的运动或动作，往往需要借助动力来驱动，采取各种不同的搜索方法，实现边校正边装配。而被动柔性则利用不带动力的机构来控制手爪的运动以补偿其位置误差，从机械结构的角度在手腕部配置一个柔顺环节，以满足柔顺装配的要求。图 3-30 所示是具有移动和摆动浮动机构的柔顺手腕。其水平浮动机构由中空固定件、钢球和弹簧构成，实现在两个方向上进行浮动；摆动浮动机构由上部浮动件、下部浮动件和弹簧构成，实现两个方向的摆动。在装配作业中，如遇夹具定位不准或机器人手爪定位不准时，可自行校正。柔顺手腕插入的动作过程如图 3-31 所示，在插入装配中工件局部被卡住时，将会受到阻力，促使柔顺手腕起作用，使手爪有一个微小的修正量，工件便能顺利插入。

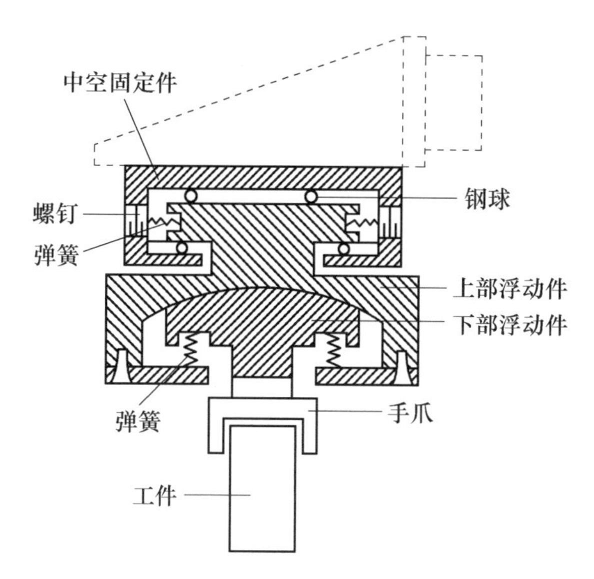

图 3-30 具有移动和摆动浮动机构的柔顺手腕

在有些精密装配的重要场合，如果不能非标设计，也可以考虑外购柔顺装配工具。基本应用原理大同小异，如图 3-32 和图 3-33 所示为 ATI 柔顺装配标准装

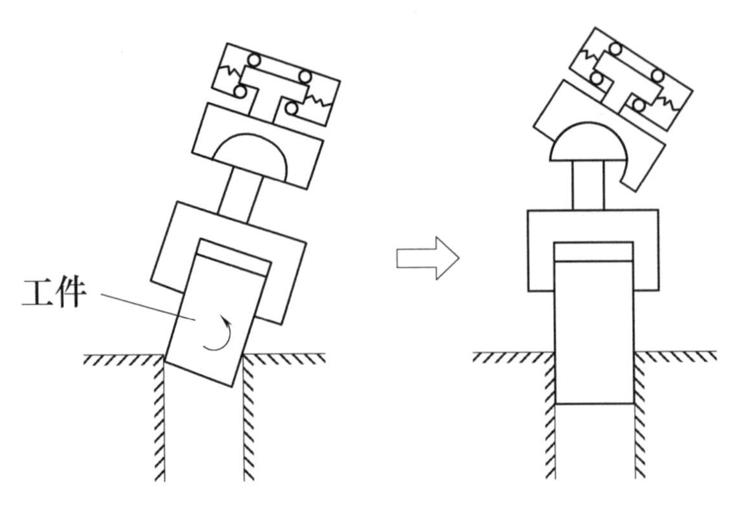

图 3-31 柔顺手腕插入的动作过程

置，由气压控制何时刚性何时柔性。由于机器人“身娇肉贵”，除了柔顺装配之外，在一些要求苛刻的工况下，还有一些类似图 3-34 所示的机器人专用功能装置可考虑采用，用于增强工具、机构的性能。

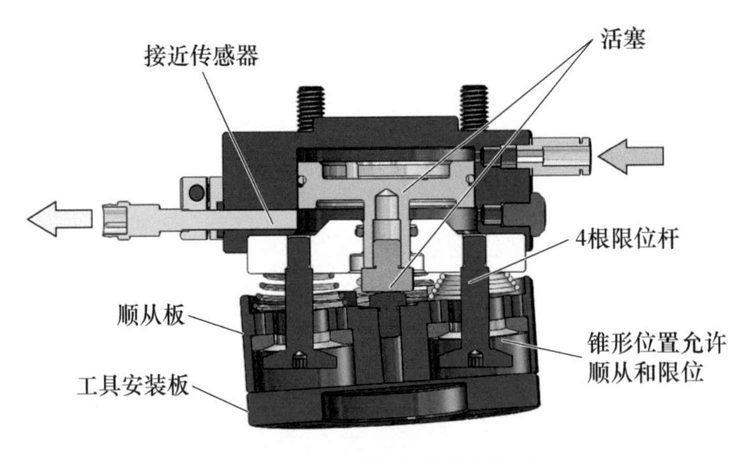

图 3-32 ATI 柔顺装配标准装置 1

3.2.4 标准手爪/附加装置

行业厂商针对某些工况设计制作了一些标准手爪/附加装置，也是时有用到，需要稍微了解一下。比如异形件专用柔性软体夹爪、基于变色龙舌头原理的仿生球形夹爪、大行程自适应的机器人夹爪、折叠式柔性吸盘等，如图 3-35 ~ 图 3-38 所示。虽然价格略高，但用得恰到好处的话，比自己非标定制的手爪、夹具要来

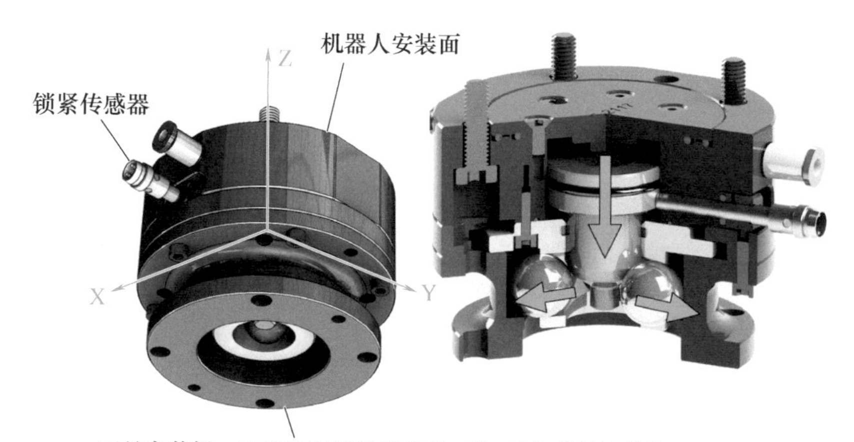

图 3-33　ATI 柔顺装配标准装置 2

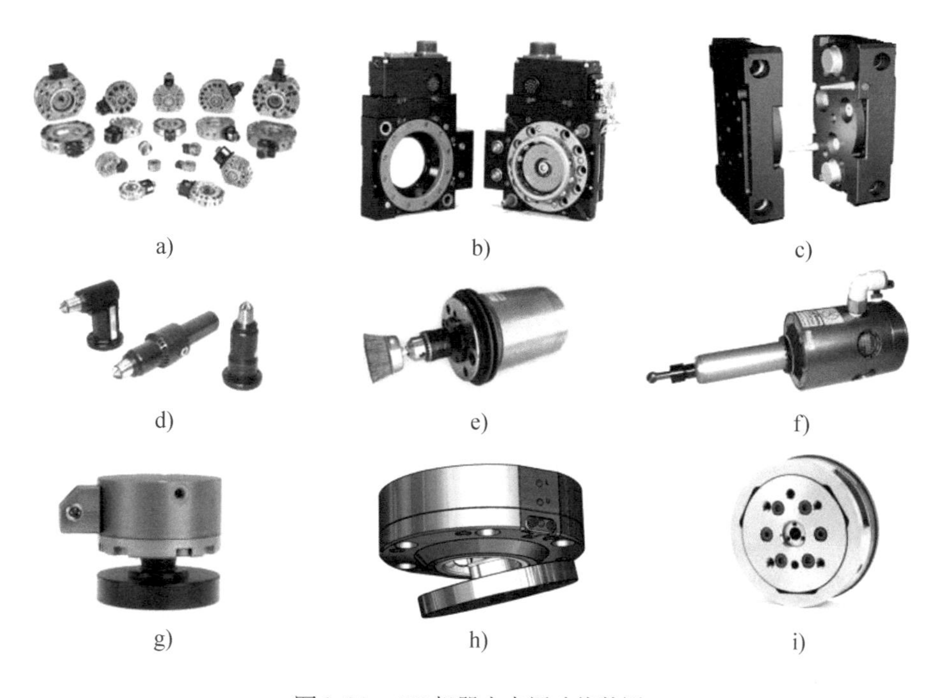

图 3-34　ATI 机器人专用功能装置

a）标准工具快换装置　b）重载荷工具快换装置　c）顺从介质连接器　d）轴向顺从毛刺清理工具
e）轴向顺从抛光工具　f）径向顺从毛刺清理工具　g）碰撞传感器
h）装配顺从装置　i）6 轴力/力矩传感器

得更有针对性。

轻量级的机器人末端夹持产品（柔性夹爪）的出现，拓展了机器人的应用领域，其柔软的材质和可调节的抓取力度能够有效避免产品表面出现划痕与破损，保护产品并提升速度。模块化的标准产品可以依据抓取物形状及尺寸快速定制生产，因此逐渐应用于自动化、汽车、3C 电子、物流、食品、医疗等行业。

图 3-35　异形件专用柔性软体夹爪

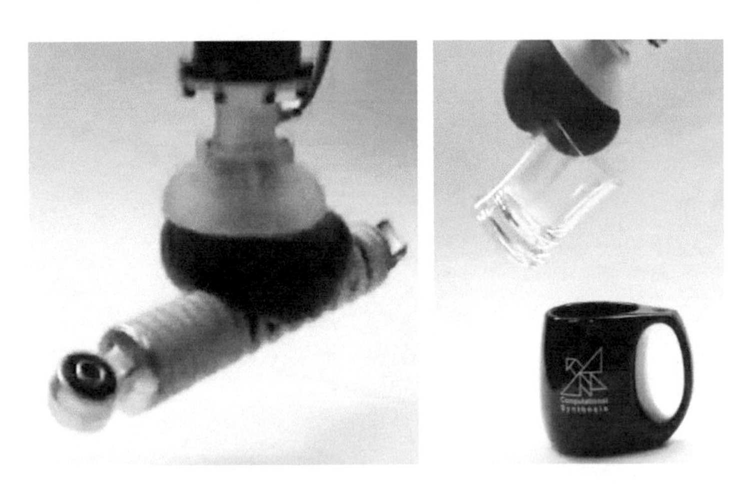

图 3-36　基于变色龙舌头原理的仿生球形夹爪

此外，多工艺、功能工具设计方法除了来自“组合设计”外，也可以采用“拆解设计”。比如有 A、B 两种工艺，我们可以分开设计单工艺、功能夹具，然后通过快换装置来实现两种工艺的切换。当然，如果条件允许，也可以直接用快换装置来实现两个或更多个组合工具之间的切换，如图 3-39 所示。能实现这种快

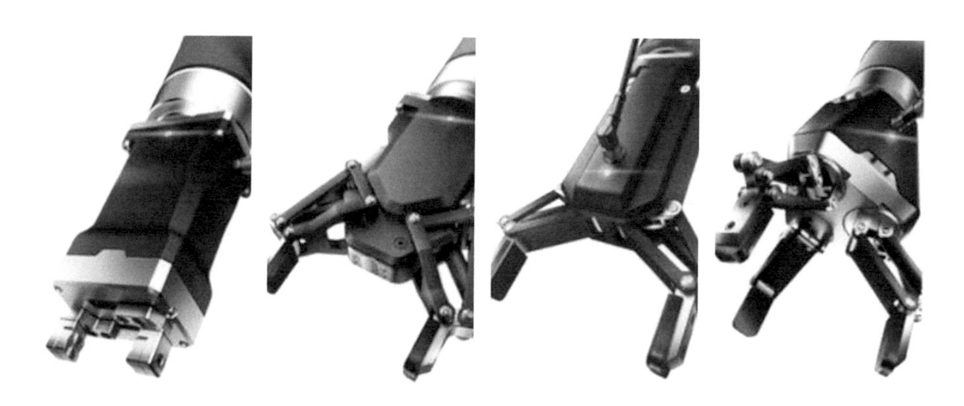

图3-37　大行程自适应的机器人夹爪

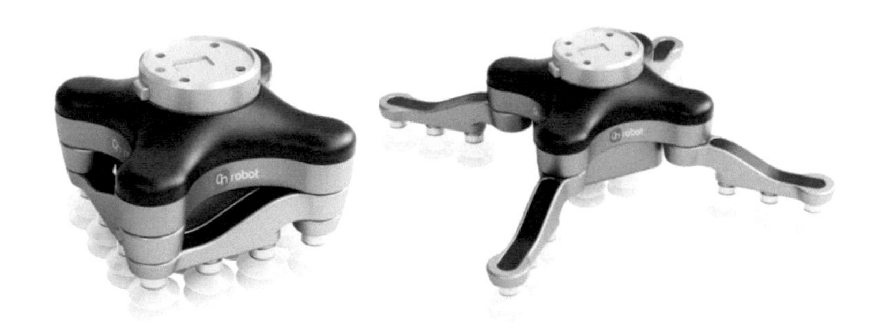

图3-38　折叠式柔性吸盘

换功能的装置（承载能力一般在几百千克以内），目前市面上有不少国内外厂家（如德国雄克、史陶比尔，美国ATI、日本NITTA，上海快点等）生产，多则几万元少则几千元一套，表3-2所示为不同厂商的快换装置功能对比。需要注意的是，即便快换装置看起来“很好用”，实际上用得也不多。基于两个理由：①如果只有几个工艺、功能，借助组合工具就能实现，那么就得评估是否有必要用；②如果是一些较复杂的工艺（不是简单搬移类），尤其涉及供料部分，那么往往拖线带管的，在线切换起来比较麻烦。

表3-2　不同厂商的快换装置功能对比

序号	安全功能	日本NITTA	美国ATI	德国史陶比尔
1	带气压检测	无	无	有
2	电磁阀保护	无	有	有
3	意外断气保护	有	有	有
4	工具落位检测	无	有	有
5	工作状态显示	有	有	有

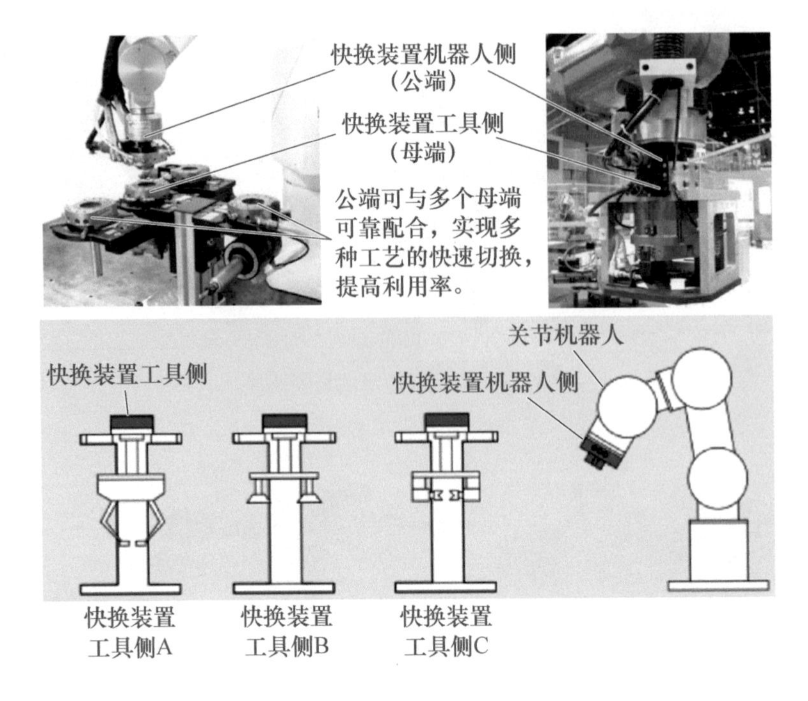

图 3-39　快换装置实现工艺切换

图 3-40 所示为雄克（SCHUNK）SWS-046 气动快换装置，可快速、可靠地在机器人前端实现各种机械手和工具的更换。其有四种可选的模块安装接口，为连接气动、液压或电动执行器提供了高功率模块、自密封流体模块和伺服模块等可选项。另一项独特的优势是，配备各类可连接电动执行器和传感器的模块，可接收来自诸如电动机械手或力/力矩传感器的信号，并根据应用模块化调节电路通道。快换装置机器人侧和工具侧间距在 2.5mm 之内时，可通过“非接触锁定系统”专利技术来保证可靠连接完成工具快换。如果遇到了紧急停止或突然断电等情况，该系统专利的自锁功能可确保快换装置机器人侧和工具侧之间仍保持安全连接。

一个机构设计工程师的专业素养和设计能力如何，有时很难通过非标机构（因为没有比较和规范）去检测，但如果连一个工业机器人末端工具、手爪都设计得“稀里糊涂”的，则几乎可以断定，其专业功底和能力真的有限。希望广大读者能在设计工作中，有意识地加强“理据设计”的实践和总结，锤炼自己的思维，精炼自己的机构设计能力。

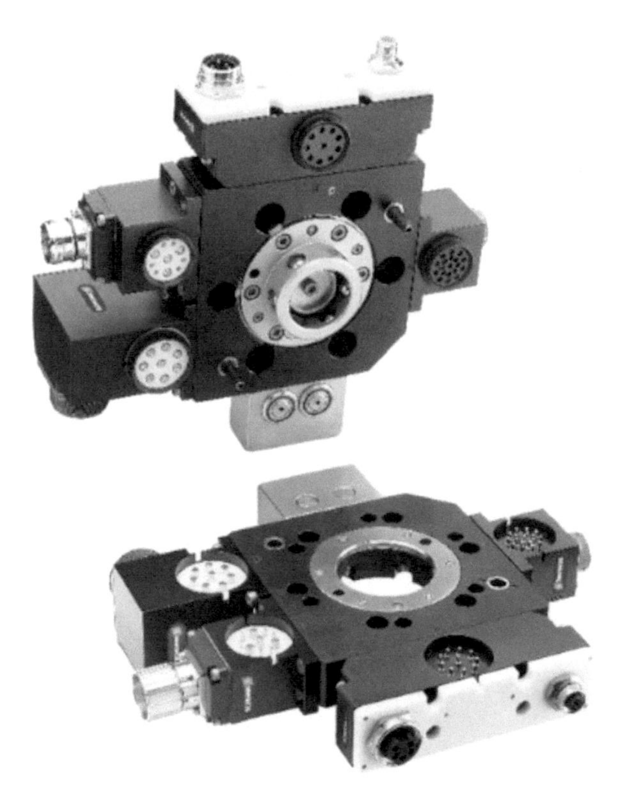

图3-40 雄克（SCHUNK）SWS-046气动快换装置

3.3 周边设备/装置的配套设计

工业机器人及其工具、手爪主要发挥的是工艺机构功能，但是物料的供应、移动、收集功能，包括安全防护功能是需要额外设计的，这部分装置我们称之为“周边设备”。尽管周边设备不是核心机构，但如果没设计好会影响设备的整体性能。在具体设计方法上，跟普通非标机构设计大同小异，只是要牢牢记住工业机器人的机构属性，围绕着其工作性能和特长优势展开。

3.3.1 工作台

主要指的是产品工艺实施作业平台和机器人固定平台（如果是小型机器人，有时就直接固定在作业平台上）。作业平台根据工艺需要定制，有时要独立制作，有时可能是构成生产线的工站之一。而固定平台则需要同时考虑机器人安装规格尺寸和机构布局情况，也有多种形式，设计时对号入座即可。

1. 作业平台（空间协调）

作业平台是用来实施制程工艺的。作业平台的形式如图3-41所示，无论作业平台和固定平台是分离的，还是机器人直接固定在作业平台上，首先需要确保机器人的TCP能够到达，或者说确保作业平台上的机构是在机器人所能覆盖的工作范围内。其次，工业机器人是自带电控柜的，应提前预留其摆放位置，如果机器人是固定在作业平台上的，最好能将电控柜“塞”进设备的机箱内（保持通风和操作界面外露即可）。再者，如果机构过于紧凑或动作繁复，则同时应注意模拟各个工位之间的空间布置和作业顺序，避免出现“干涉”“撞击”情况。最后就是安全问题，如果不是采用协作机器人，无论作业平台如何布置，均应有“无懈可击”的安全防护设计。

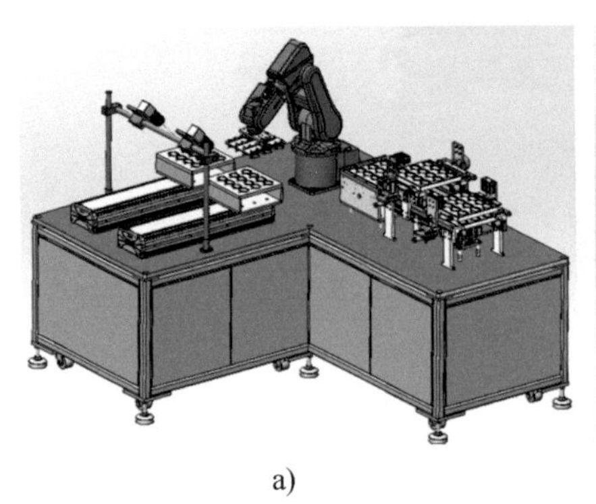

a)

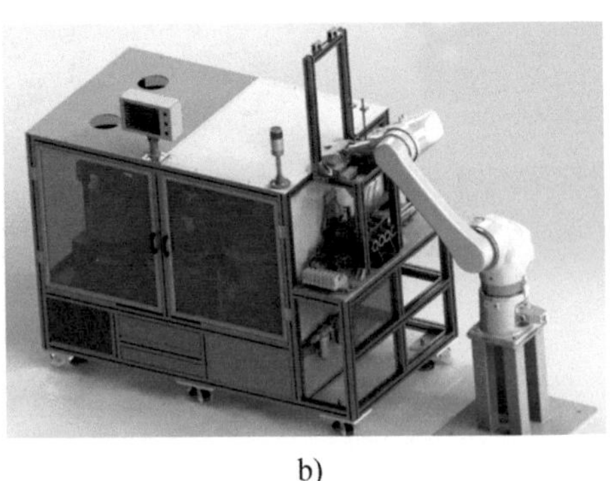

b)

图3-41 作业平台的形式

a）机器人作为设备一部分 b）机器人保持独立性

值得一提的是，为了提升机器人机动性与利用率（尤其是把机器人当移料机构的搬移场合），在机构布局方面，除了上述“1对1”的方式，还有两种“1对多”的方式比较常见。

（1）岛式加工单元 当工艺时间大于生产线作业周期时，可增加同类工艺机构；当工艺时间小于生产线作业周期时，可增加不同类工艺机构：机器人仅起着搬移产品的作用。图3-42所示为岛式加工单元，该设备以6轴工业机器人为中心岛，工艺设备在其周围作环状布置，进行设备件的工件转送。

（2）提高机动性的“第7轴” 尽管常规工业机器人多达6轴，在工作范围内几乎能呈现任意位姿，但某些场合的机动性和灵活性仍有提升空间，一般通过“第7轴”给予实现。具体有两种方式，一个是在机器人末端增加一个旋转轴，这

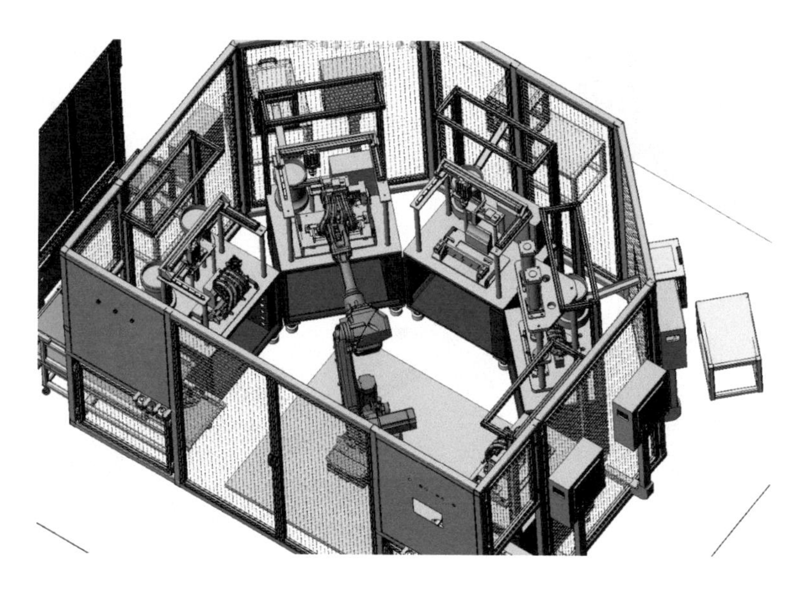

图3-42　岛式加工单元

样在某些点位能做出更灵活的姿势（见图3-43），当然也有通过工具非标设计来实现的（见图3-44）；另一个是将机器人安装在额外的移动轨道（又称外部移动轴，通常轨道基座采用优质铸铁铸造，如果是非标定制或第三方采购产品，则需要电控整合）上，这样能提高机器人的机动性和利用率（见图3-45和图3-46）。

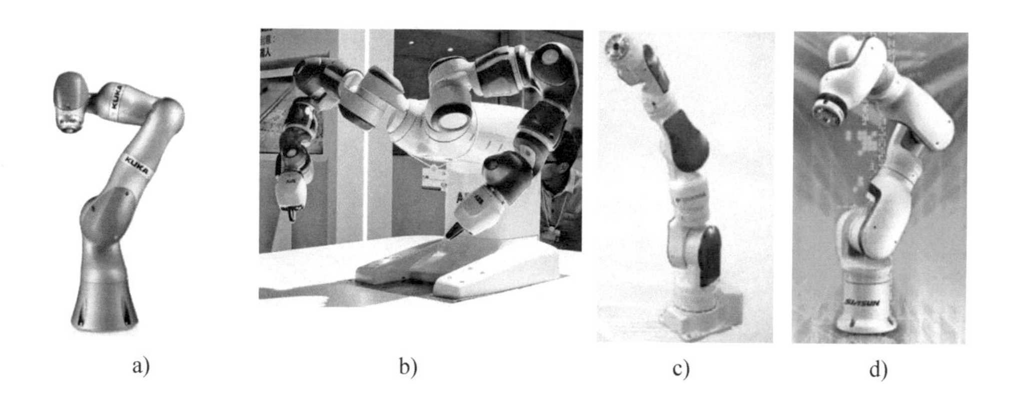

图3-43　7轴工业机器人

a）KUKA LBR iiwa　b）ABB YuMi　c）安川莫托曼SIA　d）新松

2. 固定平台（紧固牢靠）

从基座布置来看，工业机器人的固定安装方式有落地正装、侧挂安装、倒挂安装等方式，如图3-47所示。落地正装方式会占用掉一部分空间，使得工作站不够紧凑、工位少，但是便于安装、维护；侧挂安装和倒挂安装方式的工作空间灵

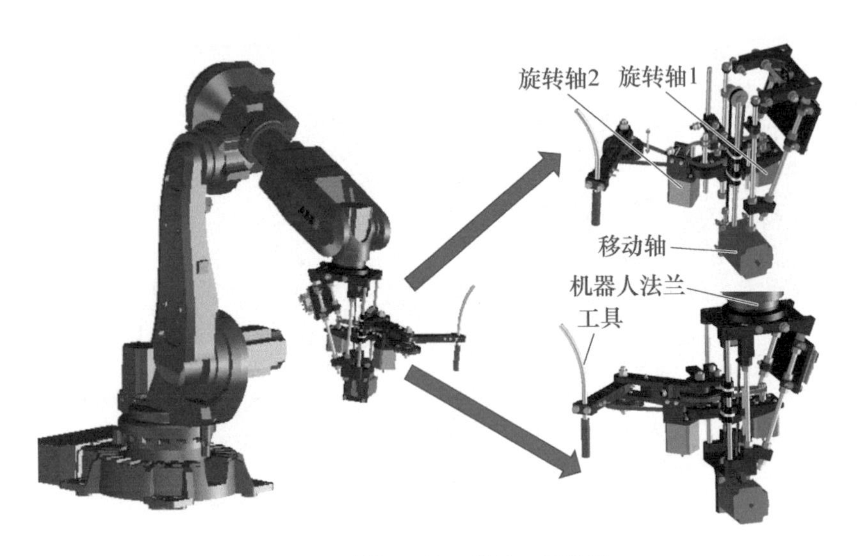

图 3-44　增加"轴"数的工具设计

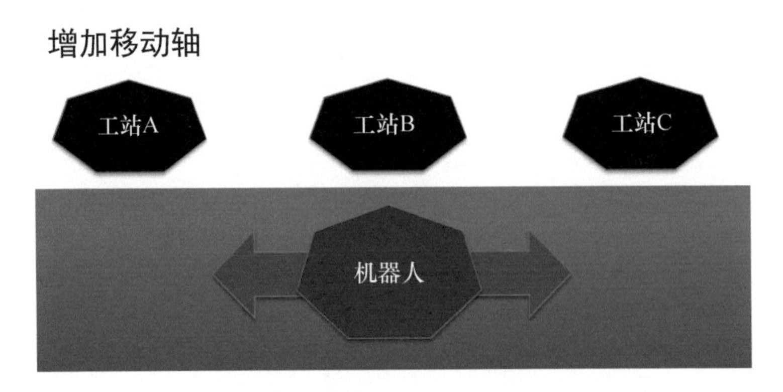

图 3-45　外部移动轴的设计示意

图 3-46　移动轴的设计案例

活、工位可以增加、效率更高，但并不是主流安装方式。大部分使用场景，落地正装、侧挂安装和倒挂安装都可以用，但侧挂安装、倒挂安装得搭一个大架子来覆盖工作区域，使用体验没有落地正装好，所以在很多通用场合下，侧挂安装和倒挂安装是在受现场工况条件局限下的被迫之选，应用场景有限，主要还是应用于横向空间狭窄、纵向空间允许的应用场合，有点类似并联机器人的应用场合。

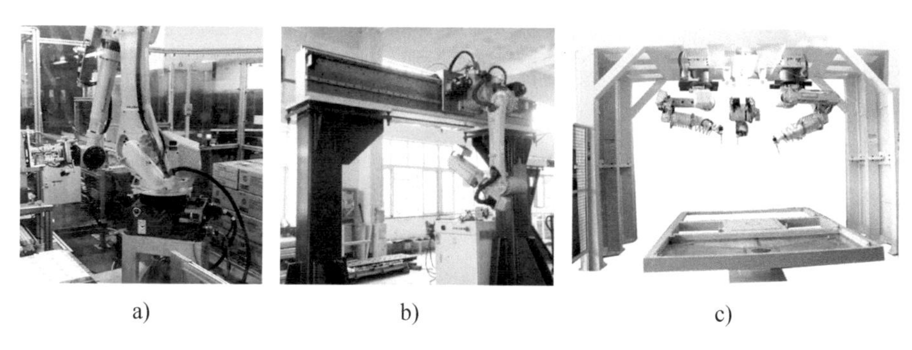

a)　　b)　　c)

图 3-47　机器人的固定安装方式

a）落地正装　b）侧挂安装　c）倒挂安装

从经验看，大于 7kg 的机器人运作起来，“拉扯动作比较凶”，如果紧固平台、支架不是很牢靠的话，会摇摇晃晃乃至于根本无法稳定作业，所以要么尽量不要用，要用就得参考厂家建议，把紧固部分做得足够扎实可靠（也没必要自己校核了，比较困难，听从专业建议）！如果是小型机器人，并且工作台面机构布置比较“饱满”，有时为了充分利用上方空间，尤其是标准专机制作，可考虑倒挂安装小型机器人，其应用场合示意如图 3-48 所示。

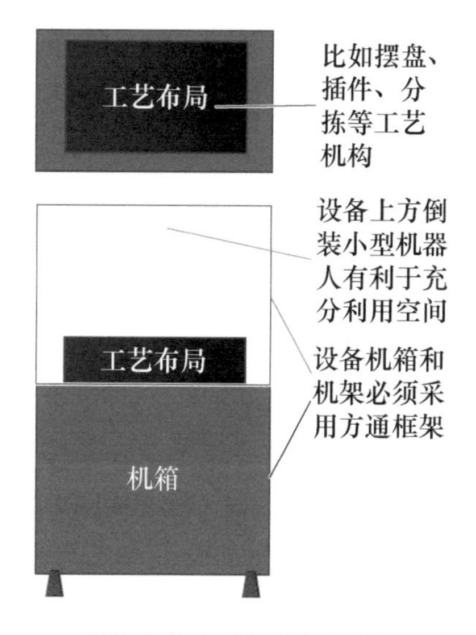

图 3-48　倒挂安装小型机器人的应用场合示意

有些机器人是无法直接倒挂安装使用的，比如 SCARA 工业机器人，需要跟厂商确认是否有支持的规格。图 3-49 所示为适合倒挂安装的史陶比尔 SCARA 工业机器人（注：不同安装方式的 SCARA 机器人，结构有差别，倒挂安装的成本也略高），采用了紧凑的封闭式设计，通信及电气线缆都内置于手臂中，无外部布线，比较适合一些紧凑设计的单机自动化工作站或者空间存在较大干涉区域的应用场合。

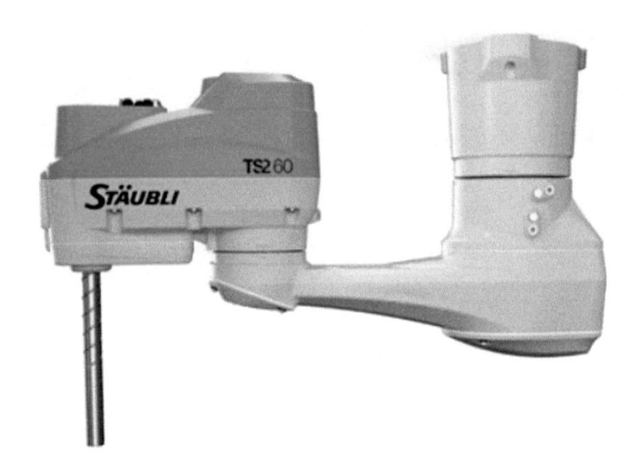

图 3-49　适合倒挂安装的史陶比尔 SCARA 工业机器人

不同规格的工业机器人需要设计对应的固定平台。如果是大中型工业机器人且为固定工站（不移位），一般用粗壮的工字型或口字型机架（高度根据工艺要求而定，极限情况就是不要机架，贴着地面直接固定），如图 3-50 所示；如果是小型工业机器人，则可能直接固定在机箱大板上，便于移动，如图 3-51 所示；如果是作业范围比较大的工业机器人，则可能固定在增加的轨道移动轴上，如图 3-52所示；如果对于工业机器人的机动性有较高要求，尤其是在智能仓储、物流场景下应用，也可能会将工业机器人和移动机器人（AGV）整合在一起，如图 3-53所示。

要特别注意的是，在工业机器人末端工具（含产品）较重、移动速度较快的场合，每一次动停点位附近都有较大的“振动”，如果固定平台不够牢靠，就会发生摇晃甚至可能有倾倒隐患，务必秉持“越牢靠、沉稳越好”的原则。一般设计的时候，需要参考所选品牌机器人的厂商型录，根据其紧固规范、建议来进行。图 3-54 和图 3-55 所示为 FANUC 某款工业机器的基座紧固设计建议，如图 3-56 和表 3-3 所示为其基座承载要求，了解这些有助于我们进行针对性的紧固校核设计，比如将工业机器人固定在第 7 轴上，根据这些参数可逆推选出相应规格导引件（强度）和机构刚性。

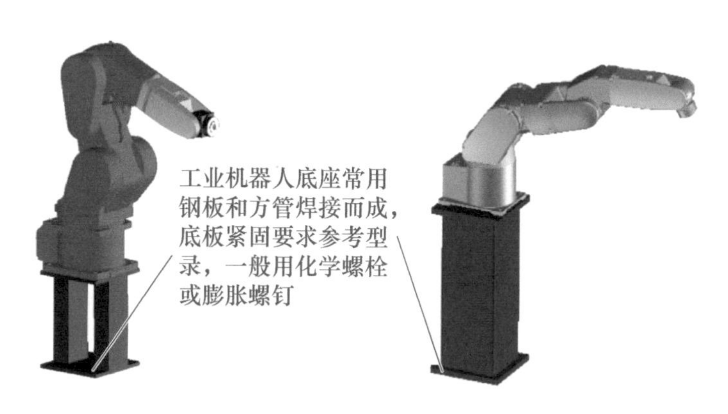

图3-50　工字型或口字型机架

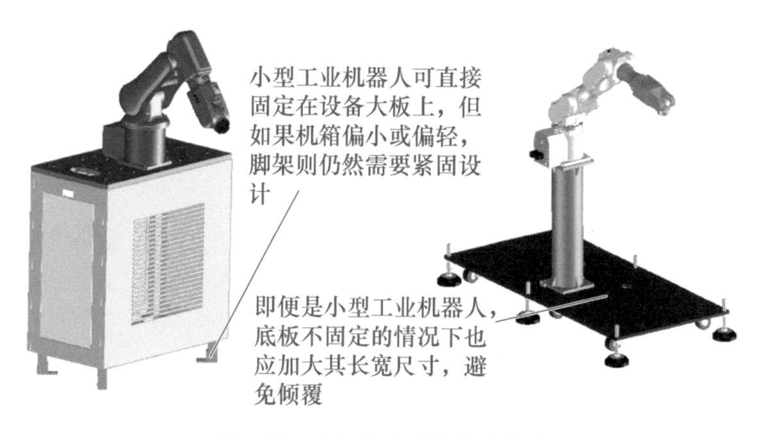

图3-51　直接固定在机箱大板上

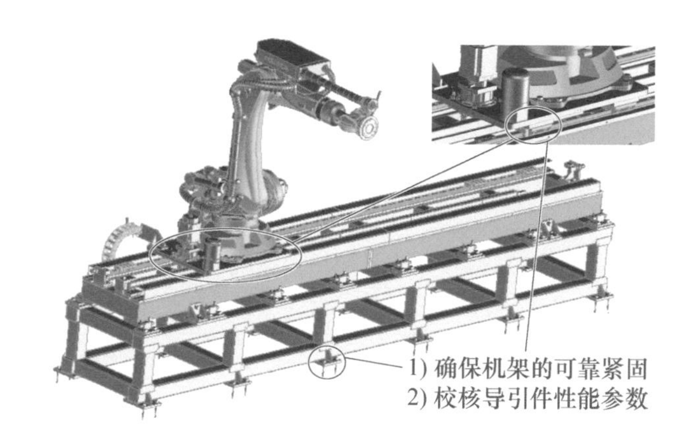

图3-52　固定在增加的轨道移动轴上

图 3-53　和 AGV 整合在一起

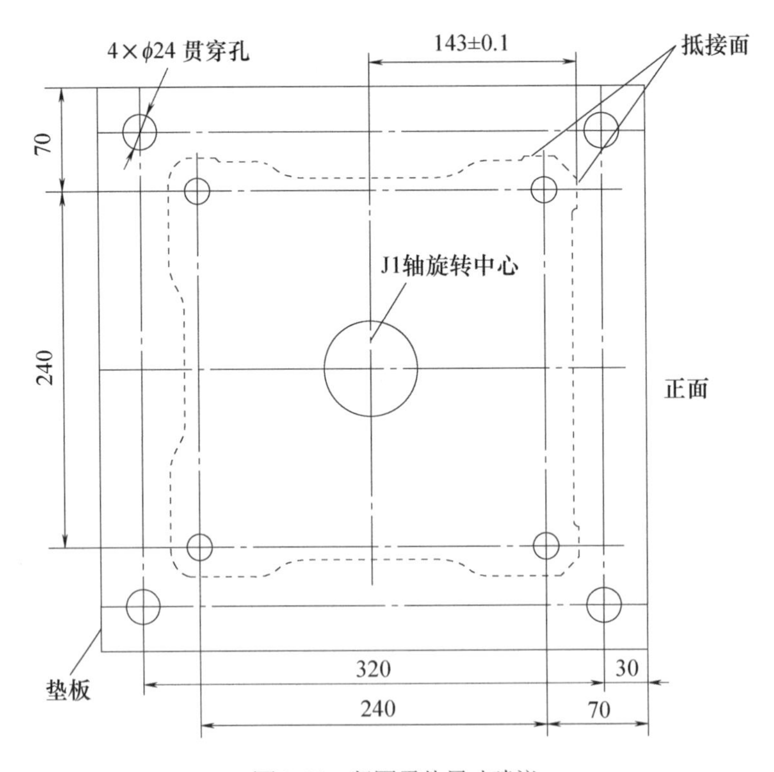

图 3-54　紧固零件尺寸建议

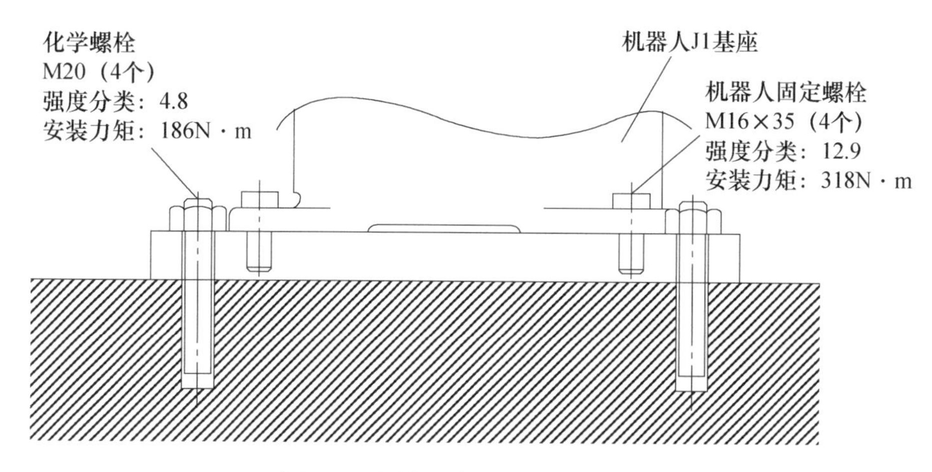

图3-55　固定平台和地面的紧固建议

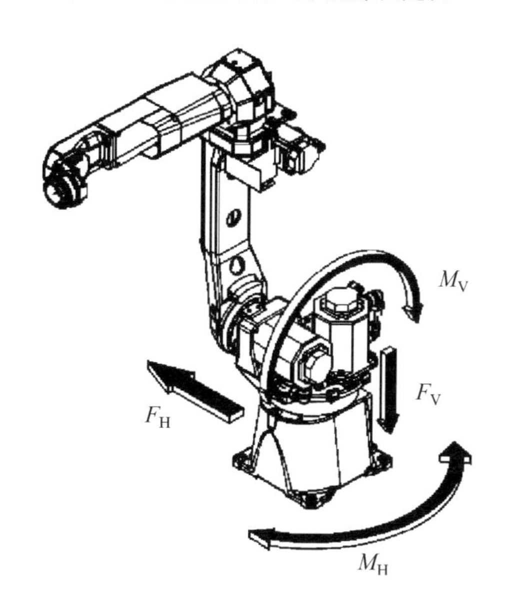

图3-56　基座承载要求

表3-3　基座承载要求

作用于机器人基座的力和力矩（全部机型共同）

项　　目	垂直面力矩 M_V/N · m（kgf · m）	垂直方向作用力 E_V/N（kgf）	水平面力矩 M_H/N · m（kgf · m）	水平方向作用力 F_H/N（kgf）
停止时	666（68）	1460（149）	0（0）	0（0）
加/减速时	2822（288）	2381（243）	990（101）	1980（202）
急停时	8800（898）	6360（649）	3557（363）	3871（395）

此外，图3-57所示为固定平台的紧固件，常用的紧固螺栓有膨胀螺栓和化学螺栓（俗称“化学壁虎”），是按与其连接的混凝土的形式分的。膨胀螺栓通过物

理方式植入混凝土，并与之紧密连接，螺栓强制受力后在混凝土内膨胀。化学螺栓是利用特殊制剂促使螺栓和混凝土表面起化学反应，使二者紧密相连。相比之下，化学螺栓抗拉性能好、无应力，相对更加可靠，优先采用，其安装和承受破坏情形如图 3-58 所示；膨胀螺栓抗剪性能好、有应力，在振动环境下可能失效，结构不安全。

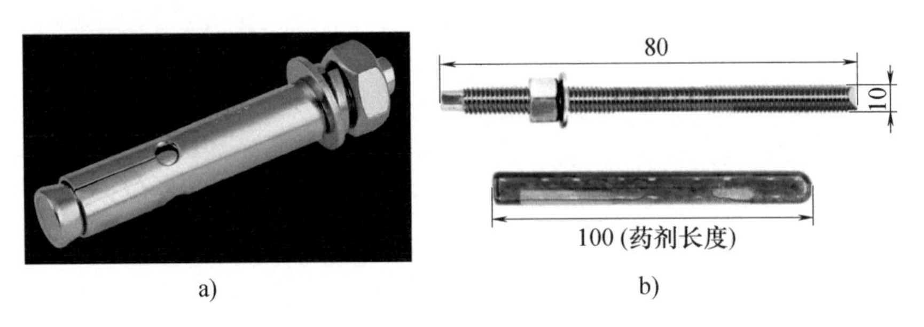

a)　　b)

图 3-57　固定平台的紧固件

a）膨胀螺栓　b）化学螺栓

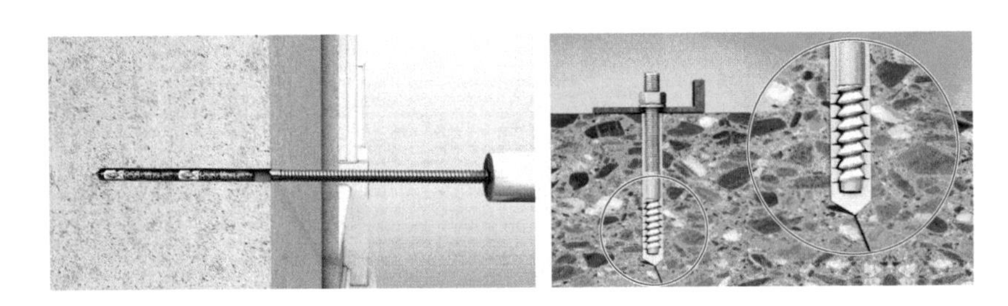

图 3-58　化学螺栓安装（左）和承受破坏情形（右）

3.3.2　供料/收料装置（以点胶装置为例）

是否需要供料、收料装置，以及如何设计该类装置，取决于工站实施何种工艺，以及主体工艺的性质。由于多数内容属于非标机构设计部分，非本书论述重点，从略，仅以一个简单的点胶装置展开来进行介绍。遇到其他诸如焊接、贴标、锁螺钉等工艺时，对策、思维与点胶工艺类似，读者可以举一反三，重在方法。（注：如有可能，以后将在其他工艺类书籍中再探讨。）

【案例】　假设现在有一个产品的螺柱需要点螺纹胶（约 0.1g/产品），每天用量较少，只要 20g，计划采用工业机器人来完成该工艺，如何实现？

【评析】　牢牢记住工业机器人的机构属性，带有工艺要求的场合，若不了解工艺本身则机构设计无法进行下去。

1. 了解点胶工艺

点胶工艺是最常见的装配工艺之一，尤其是电子行业，许多零件的固定往往通过胶水来实现。点胶工艺的硬件系统构成如图3-59所示，压力桶根据生产用料量定制，气压控制器可实现供气压力和时间的设置（主要和工业针筒搭配使用，如若点胶阀自带胶量调节控制功能，则气压控制器亦可用普通电磁阀取代），进而控制点胶阀/针筒的出胶效果。

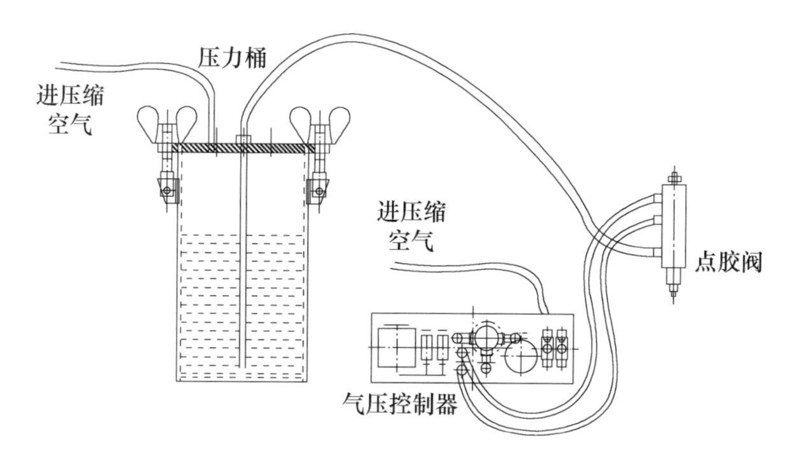

图3-59 点胶工艺的硬件系统构成

不同的工艺要求会用不同品类的胶水，由于特性各异，对应的点胶方式也不同（差别很大），需要具体问题具体分析。关于点胶工艺，市面上都有很成熟的装置和工艺，我们要做的，其实是分析个案，量体裁衣，找到针对性的解决方案。这个工作一般是从胶水开始着手的，包括组分、黏度、固结速度等。其中胶水黏度很关键，黏度大，则胶点会变小，甚至拉丝；黏度小，则胶点会变大，进而可能渗染产品。点胶过程中，应针对不同黏度的胶水选取适用的胶阀，设置合理的背压和点胶速度。

案例中的螺纹胶是一种厌氧胶，与空气接触的时候不会迅速固化，一旦隔绝空气之后，加上金属表面的催化作用，能在室温很快聚合固化，黏性介于微稠和稀之间。据此我们对针头、胶水控制阀、胶水流道等一一做出大致判断，这是重点。

（1）针头选用　对于案例情况，根据常用的针头及性能（见表3-4），可选斜式针（流动顺畅，适用大部分流体）和挠性针（头部允许挠曲变形，适用于不易接触的工作面或防止刮伤的部件），如图3-60所示。由于点胶位置是螺柱，有一定的位置精度要求，而挠性针（可能会变形）不好控制点位，因此综合选用斜式针。至于选用多大规格，则根据胶点大小来判断（一般针头内径大小约为胶点直径的1/2），如无概念，可多试几个规格进行比对挑选，不同直径的针头可搭配同一个胶阀或针筒。

表 3-4　针头选择简明对照表

使用场合	斜式针	不锈钢针	挠性针	特氟龙针
与金属会反应	佳	否	佳	佳
抹开	佳	可	佳	可
厌氧胶	佳	可	佳	可

型号	内径/mm	总长/mm	颜色
14G	1.69	32	橄榄色
16G	1.25	32	灰色
18G	0.90	32	绿色
20G	0.60	32	粉红色
22G	0.41	32	蓝色
25G	0.26	32	红色
27G	0.19	32	橘黄色

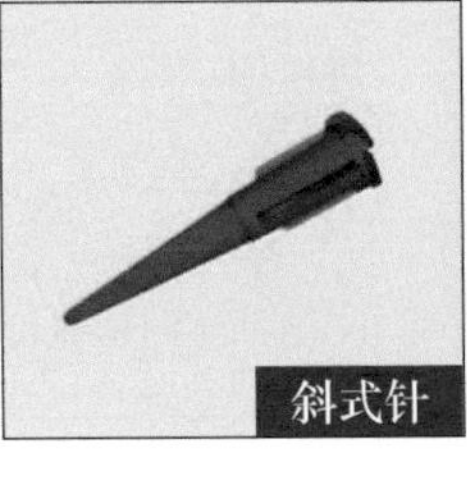

a)

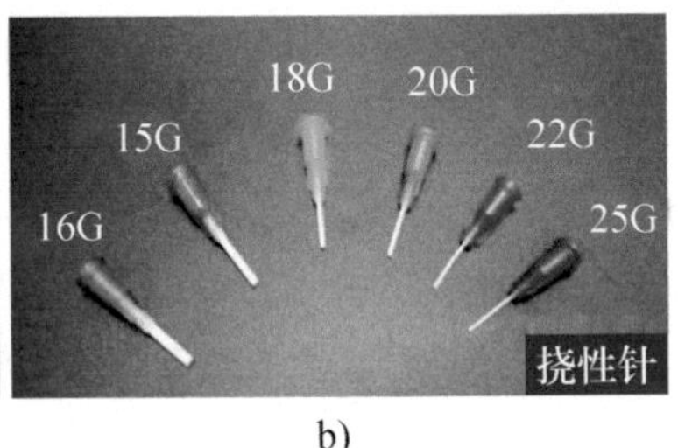

b)

图 3-60　斜式针和挠性针

a）斜式针　b）挠性针

一般点胶机厂商的建议是：小胶点用小号针头，控制上偏向低压力、短时间；大胶点用大号针头，控制上偏向较大压力、较长时间；浓胶用斜式针头，控制上偏向较大压力，但依需要设定时间；水性液体用小号针头，控制上偏向较小压力，但依需要设定时间。针头虽然不是关键部件，但选用是否得当会影响点胶工艺的效果。

（2）胶泵/胶阀　点胶工艺需要一个装置来控制点胶动作与出胶量，一般通过胶泵/胶阀（市售标准品）来实现。胶泵/胶阀可以说是点胶工艺的核心部件，抓住了“点胶阀/泵”，就掌握了点胶工艺的重点。根据动作原理，大概有气压控制、螺旋泵、线性泵和喷射阀等几种（见图 3-61）。各种胶泵/胶阀在点胶设备上都会用到，一般根据工况要求及出胶速度、稳定性、可控性及成本综合选定，但人工点胶作业则主要用气压控制。本案例最终选用顶针式点胶阀（属于喷射阀的一种），如图 3-62 所示，且挑选胶道为非金属的类型（如果是金属类型，胶水会固结，堵塞流道），其内部结构示意如图 3-63 所示。

（3）供胶方式　胶水属于流体，有专用的供胶方式，如图 3-64 所示便是其中

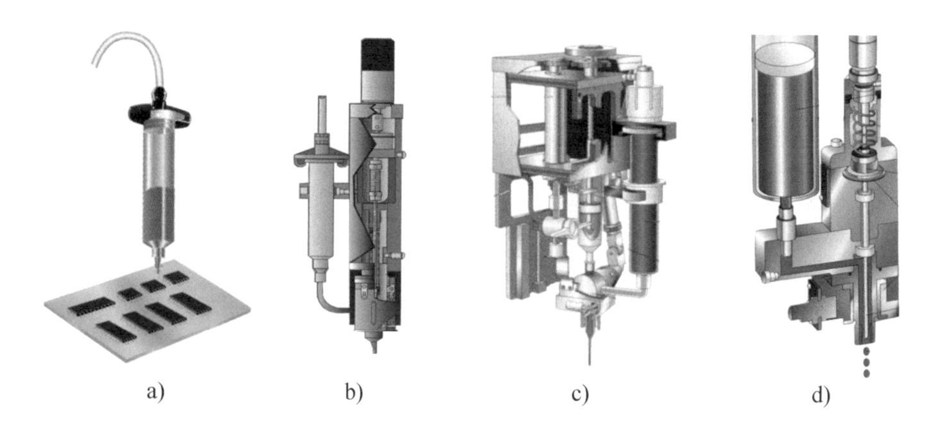

图3-61 不同的点胶泵

a）气压控制 b）螺旋泵 c）线性泵 d）喷射阀

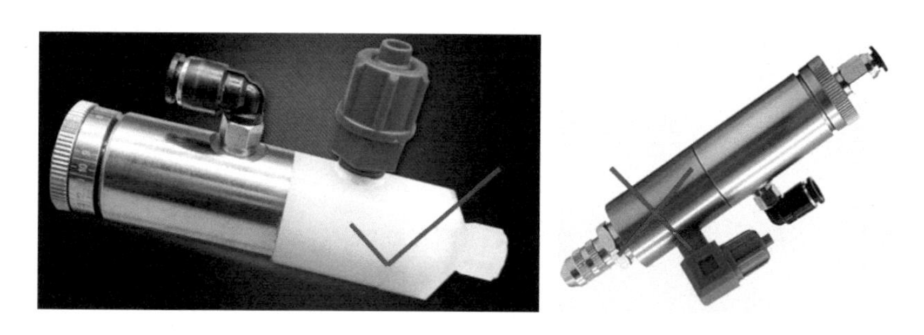

图3-62 顶针式点胶阀

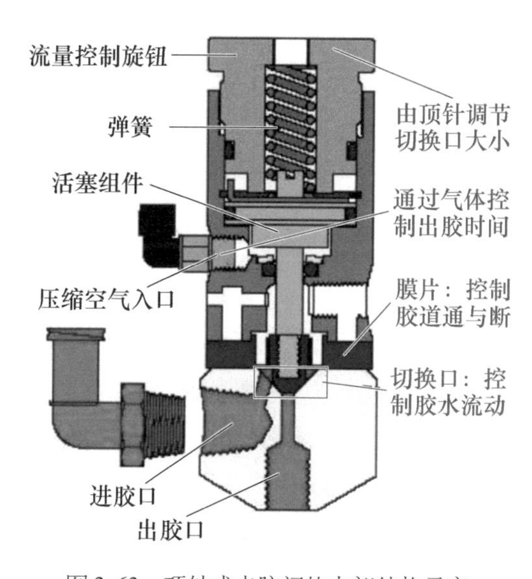

图3-63 顶针式点胶阀的内部结构示意

一种。然而，如果我们只知其一不知其二，或者脱离具体项目随意套用，则往往达不到设计预期。一方面螺纹胶通常需要低温保藏，开封后需要尽快用完，另一方面案例的用量极少，如果胶水也用一个大压力桶来盛装并通过管路来输送是不合理的，故可采用如图 3-65 所示方案供胶。这几乎是最经济实惠的实施方案了，但不是唯一的方案。

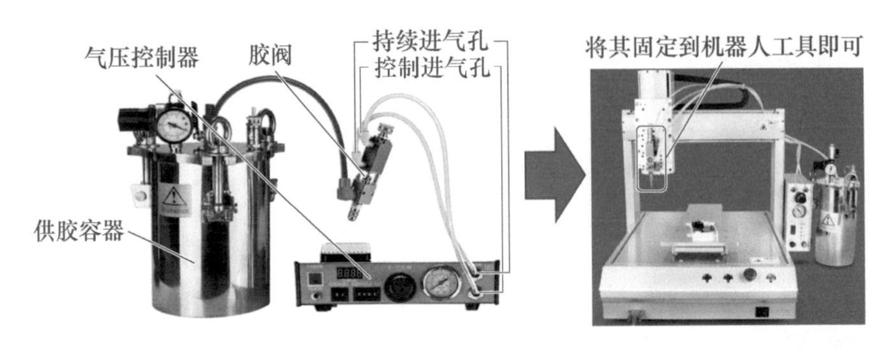

图 3-64　供胶方式

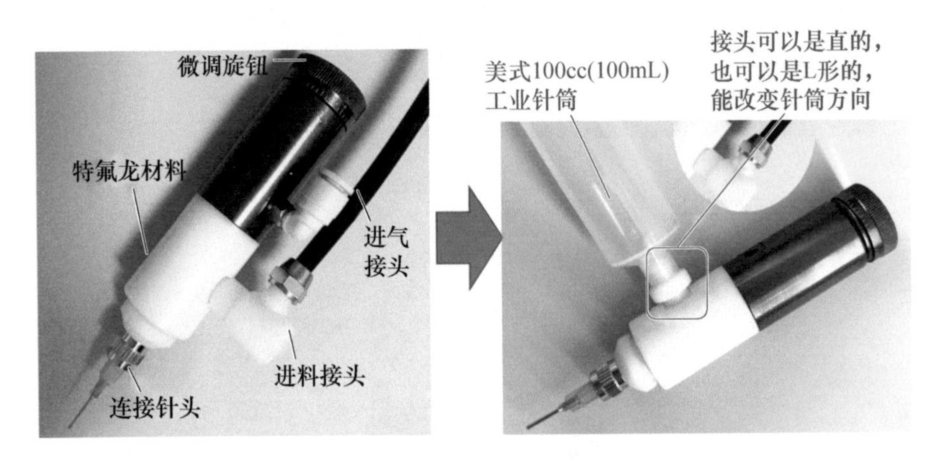

图 3-65　采用针筒供胶

同样的工况要求下，我们也可以采用如图 3-66 所示的蠕动泵（也叫数显点胶控制器）来实现：采用细一点的胶管，一端接针头（固定在机器人工具上），一端经由蠕动泵作动装置后直接连在胶水瓶里，便能实现供胶控制。这种方案带来的最大好处是方便换胶，不用“亲密接触”机器人，但难免有些胶水损耗。

至于胶水流动管道方面的考虑，如果是胶管，常用特氟龙或 PE 材质，除非用胶量大，否则应尽量减少胶水在管道流动的长度，甚至于不用胶管输送，这样有利于更稳定地供胶以及减少胶水的损耗。

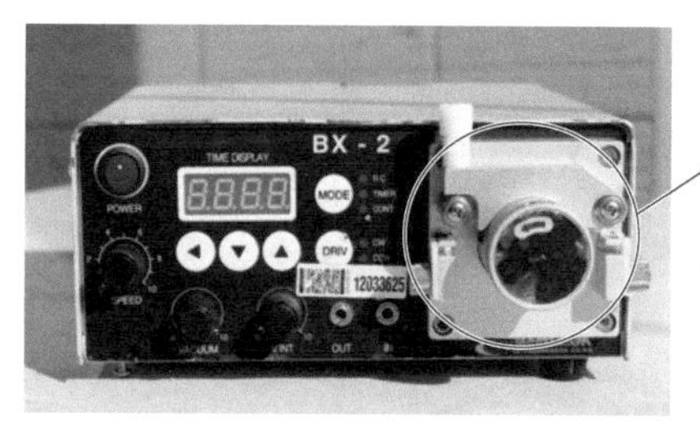

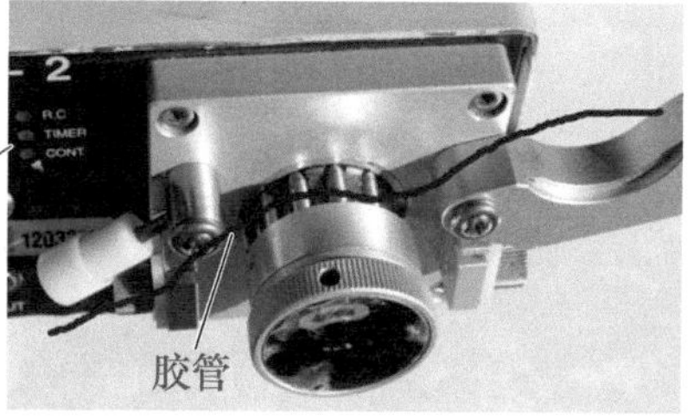

图3-66 蠕动泵的应用

2. 如何制作工具

根据要求，点胶阀的紧固可以设计成如图3-67和图3-68所示的装置，并将其固定到工业机器人的安装基座上即可。需要注意的是，如果直接采用气压控制的方式来完成案例的点胶工艺，原理上是可行的，但实际操作起来不可行。换言之，在本案例中，我们不用点胶阀，直接将针筒固定到工业机器人的安装基座，然后通过气压控制进行点胶，由于胶水黏度不高，会有出胶过多或“止不住”胶水流动的现象。所以，当我们设计工艺机构时，请务必首先保证自己对工艺有深刻的了解，否则再强悍的机构设计能力都白搭。

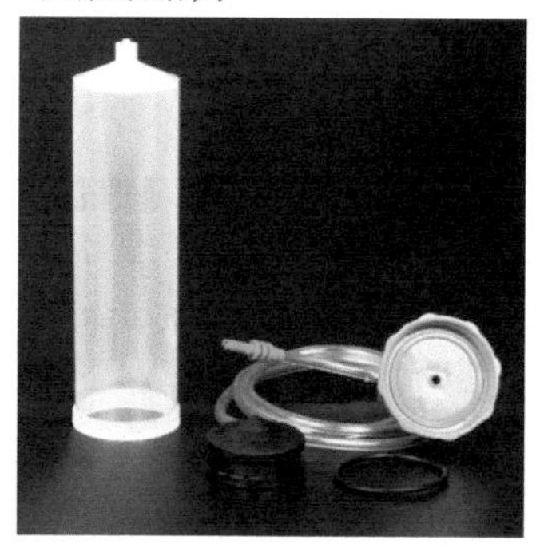

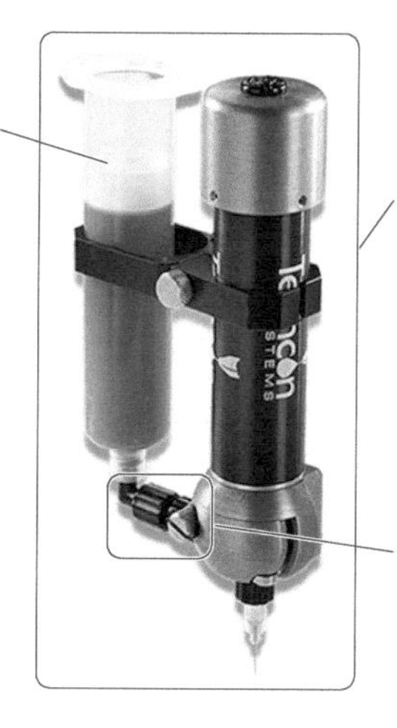

图3-67 点胶阀的紧固1

综上所述，当我们对于工艺有了上述的了解后，再回到机构设计方面，就能做到心中有数，或者说解决了工艺问题，剩下的只是思考一个点胶工具如何进行紧固和搬移的问题了。一般来说，工艺先于机构，许多设计新人感觉“设计障碍多多”，很大原因在于对工艺的陌生，所以花点功夫去学习总结一下是必要的。那么，如果遇到的是锁螺钉、焊接、贴标、插针等工艺，您又准备如何开展具体项

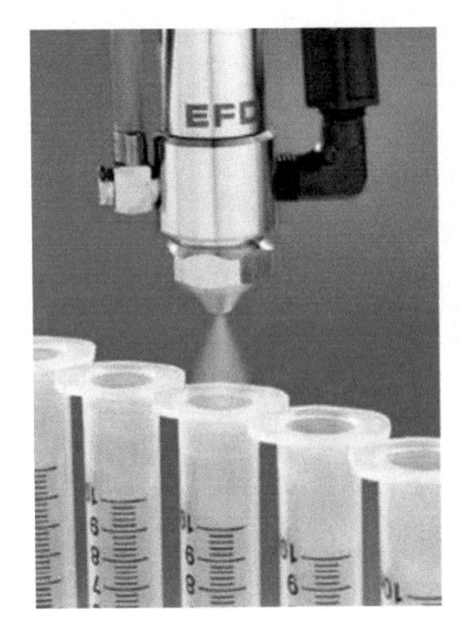

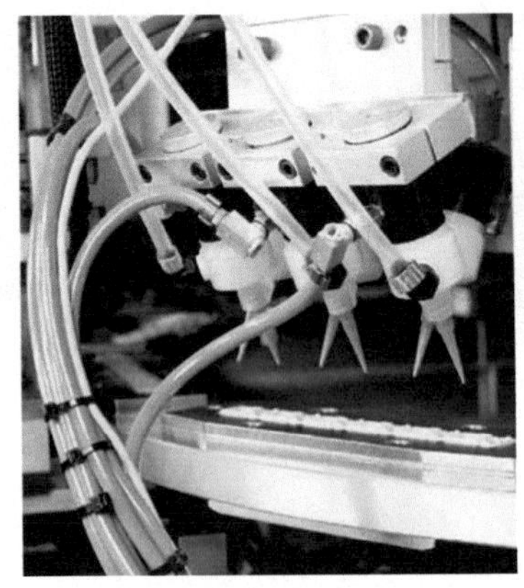
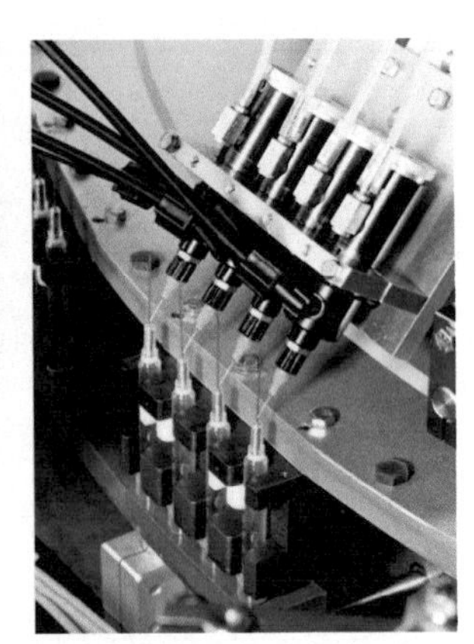

图3-68 点胶阀的紧固2

目（的学习）呢?

3.3.3 安全防护装置

这部分内容几乎是设备标配，凡是工业机器人作业的区域，均需有安全防护装置，避免发生安全事故，参考本书2.4节的相关建议，实际做法以厂商规范和建议为准，以隐患排查、防范为原则。本节内容略。

3.4 工业机器人应用的“三大原则”

许多行业在推行工业机器人时困难重重，阻碍因素是比较多的。“机器人价格高投入不划算”“简单的机构就可实现，为什么要用工业机器人”“机器人出问题没人懂得维护”等观念，在一些企业和老板心目中根深蒂固。另一方面，在舆论和政策引导下，也有企业在推行机器换人方面表现激进，但一番折腾之下可能实际成效不如人意，于是渐渐趋于理性乃至谨慎了，最直接的证据是这几年机器人销售增长数据进入了平缓区。无论是对客户销售还是企业内部技术改造，在导入工业机器人方面，确实推进难度有所提升。

在我看来，大跃进式地盲目导入工业机器人肯定是违背制造规律的，不分青红皂白只看车间机器人应用增长数量，也注定吃力不讨好，但是基于以下三个原则的推行策略，是比较符合企业利益和实际的，企业或者老板没理由拒绝投资，关键看具体怎么落实。换句话说，企业要不要大力导入工业机器人，主要看“一（个前提）加三（个原则）”，前提就是企业定位和发展策略或者说老板的制造理念是否鼓励、支持。

3.4.1 智能制造原则

何谓“智能制造”，已经在第1章中跟大家分享过，如果企业方向或者具体项目有“智能制造属性”，则机器换人过程应积极推动工业机器人的普及应用；反之则未必。智能制造未必是企业当前唯一选择，但机器换人势在必行，涉及“机”的部分，原则上应以工业机器人应用为首选，且不应拘泥于某个项目某个设备的投资效益，考虑的是车间乃至公司的整体效益，尤其是基于制造能力提升的未来发展规划。

面向智能制造，考虑要投入多少机器人，依据为是否有助于增强智能制造能力（柔性生产、快速响应、互联网+、大数据、软件驱动等），而不是投入进去能否短期回收成本。经过整体规划和综合提升，企业提升了智能制造的实力，也就增强了产品的市场竞争力，进而当然占据了更大市场份额，将产品销售价格也提升上去。

然而，国内发展“智能制造”的企业还不多，所以当下靠这条路去导入更多工业机器人应用的难度是比较大的。更多的中小企业由于实力有限，普遍基于“成本节约”“人力短缺”“效益提升”等方面的考虑，即便导入工业机器人，也主要是柔性稍差、价格低廉的直角坐标机器人，虽然略显短视，但也是无奈之举。不过国内劳动力成本目前仍然维持逐年递增的趋势，而工业机器人的价格逐年下降也是事实，此消彼长之下的ROI数据评估会少些许压力。但是机器人价格不可能无节制下降，企业也没理由等待机器人的价格底线。从某种意义上将，时间成本才是真正高昂的。

我国制造业何时从中低端往高端飞跃，何时就是工业机器人普及应用的顶峰。有专家说，“我国工业机器人应用密度相对发达国家太低了，所以未来会有多少个百分比的增长……”这个说法有待商榷，如果产业层次与布局不改变（鼓励生产中高端产品，淘汰低端产品），没有拓展应用场景和空间，生产再多的工业机器人，也只会造成产能过剩的尴尬局面。

当然，工业机器人“国产化”倒是一条“弯道超车”的可行道路，依个人见解，要想成功，首先要把大多数的工业机器人制造商淘汰掉，集中精力扶持和培养3~5家世界级的高端机器人制造企业，“百花齐放”发展模式在互联网可行，到了制造业行不通，后者更需要积累和沉淀，更需要工匠精神，更需要对技术的极致追求，而不是一窝蜂重复干没有价值的所谓的研发或市场工作。这是题外话。

3.4.2 ROI通过原则

ROI（return on investment）一般指通过投资而应返回的价值，即企业从一项投资活动中得到的经济回报。毫无疑问，这个几乎是先决条件，许多企业考虑投不投设备、工业机器人，是会把投资回报率放第一位的。所以，只要方案实施起来有好的 ROI，项目是比较容易获得审批的。

从另一个角度看，尤其是甲方企业，在评估是否采用工业机器人之余，可能还会进一步比较不同类型机器人的应用优劣。通常情况下，在 A 和 B 机器人均适用（如某个工况可用 6 轴工业机器人，亦可用直角坐标机器人）时，往往会侧重成本考虑，挑选价格低的类型，其实这不是很科学。虽然机器人是一个昂贵的标准装置，但是导入时也应“瞻前顾后”，要有长远规划和策略，因为公司盈不盈利或投资划不划算，不是看个别项目的，是由很多项目施行后产生的综合效益来决定的，这点我在本书已经反复强调，不赘述。

【案例】 ××公司大力推行自动化生产。投入非标设备（注：虽然也用到直角坐标机器人，但不是设备主体）成本约 20 万元/台，能节省 1 人/台，生产不同料号产品时需更换零件和调试（耗时 30min/次），如果采用工业机器人集成设备（注：其中的直角坐标机器人换成 6 轴工业机器人）也能实现同样目标，但成本会达到 28 万元/台，生产不同料号产品时只需简单切换程序（耗时 5min/次），产品生命周期为 2 年，当前需求设备 4 台，预计未来车间类似应用还需要 10 台。

【评析】 通常企业应用设备均为非标定制化设备，产品生命周期终结，设备也相应“寿终正寝”。从案例来看，直角坐标机器人的功能单一、通用性弱，大多数情况下都会随着设备一起报废（2 年后，20 万元 ×4 =80 万元没了），方案比较“经济实惠”，只要生产运作顺畅是能达到目标的，是笔划算的投资。那么，如果是采用 6 轴工业机器人呢？除了日常生产减少一些“换线时间损耗”（这其实也是要人力的，也是有隐性成本投入的！），即便产品不生产了一般也可以再重复利用几年（2 年后，可能还有 8 万元 ×4 =32 万元的价值在）。也就是说，将来可以把这些机器人用于其他项目，这样比较下，其实成本投入差不多，但是无论是设计之初的便利性，还是生产过程中带来的柔性响应，显然 6 轴工业机器人会占优势。所以评估 ROI 时最好能综合各种因素，类似以下这些：

1）采用直角坐标机器人的设备是否能满足当前产品生产，如果有瓶颈（比如经常换料号生产），是否采用 6 轴工业机器人会有更好的表现？通常是的，毕竟 6 轴工业机器人的优势摆在那里，除非是某些特殊场合的应用，可能会不如普通直角坐标机器人有优势。此外要考虑未来对工业机器人的应用是否有预期，如果有一些项目会用到，原则上应优先考虑用灵活性强一些的，如 6 轴工业机器人。

2）产品的生命周期特点是怎样的，如果偏短且投入相差不大，建议选通用性强一点的工业机器人。这样，虽然前期投入略高，但其实只是相当于折旧，机器人还在。假设 6 轴工业机器人成本为 12 万元，使用寿命为 6 年，现有一个项目预计产品有 2 年订单量，所以其实投入是 4 万元，并不是 12 万元。或者换个思维，如果是这种产品，可以考虑通过租赁方式来导入工业机器人，那自然而然 2 年就只付出 2 年的钱。但如果产品生命周期偏长呢，十年八年的又如何考虑？这种情况很少，如果有这种“长寿”产品，当然更应该优先采用更先进、高效率、有品质的设备模式，ROI 的规则其实可以稍微灵活改进一下，通常都希望成本回收周期在 1 年内，那何妨将其调整到 2 年、3 年？企业之所以注重 ROI，根本原因就是产品更新换代太快，可能一两年后产品都“挂”了，而设备投入还没回本，这才是根本原因。

3）如果 ROI 是公司唯一的评估指标，在当前方案难以通过时，应检讨一下是否还有优化空间，尤其是设备利用率方面，这点非常重要！自动化、智能化的实施方案往往不是唯一的，有些时候思路打开了或者灵光一闪，原来 ROI 很差的项目可能一下子“柳暗花明又一村”。举个例子，设备或生产线的作业周期是 10s，但是机器人效率比较高，5s 就已经把所有的作业工艺都完成了，剩下 5s 它就处于停止等待的状态。表面上看来好像是机器人效率高，已经完成了工作，没有问题啊，但这里面就存在一个所谓的利用率低的问题。这个道理就跟我们请个员工来做事一样，员工的能力很强，结果我们只给他很轻松的工作（负荷）。他很容易把工作完成，大多数时间都在玩、在等待任务，这样子合理吗？为啥不考虑找个能力弱一点的呢，起码人力成本也会低一些吧？所以当一个机器人在生产线、设备中的利用率低于 50%，需要考虑身兼两职或增加工作的问题；当利用率不到 70%，可能要考虑赋予它额外功能。最理想的状态当然是机器人不停歇地工作，这也是老板最想看到的景象。因此设计人员需要努力，有时一个项目评估下来要两台机器人，可能思路稍微转变一下，就整合成 1 台机器人的方案了。

【案例】 假设有两条生产线（包装箱接近）需做包装箱码垛，每箱产品作业周期是 2min，要求不能影响线体间的人行通道，采用机器人来实现的话，30s 可以完成 1 个包装箱码垛工序，请问如何规划方案？

【评析】 如果产能要求高或生产节拍块，一般线体独立配套码垛机器人没有问题，但这个案例特殊，机器人来实现码垛工艺没有压力，利用率只有 25%。码垛方案对比如图 3-69 所示，如果按线体分开来设计，机器人的利用率偏低，显然是不合理的；如果改为两条线共用 ，虽然会增加部分输送装置（门字形输送线，需有包装箱提升和下降功能，以维持过道的行走功能）的投入，虽然机器人效率还是偏低，但已增长了一倍。一般来说，如果机器人利用率过低，但是没有更好的办法来提升，就要考虑更加经济实惠的替代方案了。反之如果没有替代方案，意味着机器人是在“解决问题的”，也就是“无奈中的首选”。

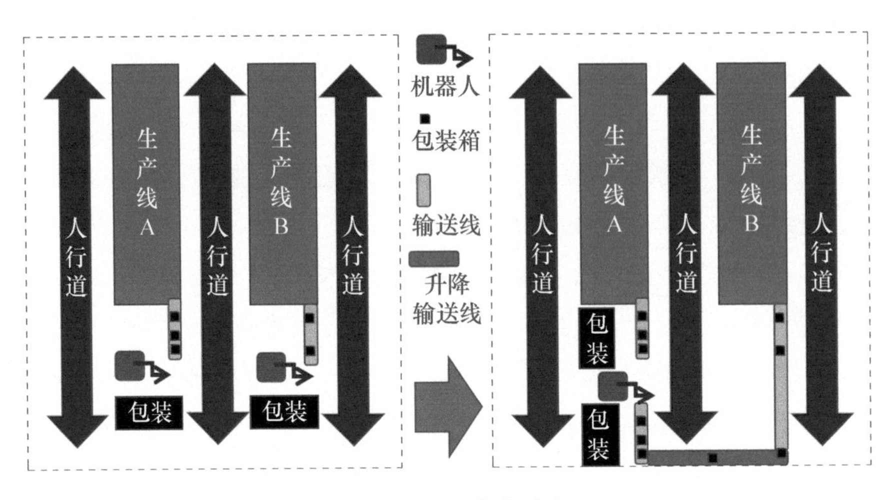

图 3-69 码垛方案对比

4）如果要提高技术方案通过率，最后还要注意一点，在 ROI 通过的前提下跟着公司导向走，因为公司层次和定位会有一定倾斜效应。例如同样是 ROI 通过的情况，有实力、规模的企业更倾向于用工业机器人，也关注未来工厂，而财力有限的企业则更多“活在当下”，效益第一，哪怕多花 1 块钱都不是老板的意愿，所以除非你能说清楚采用工业机器人更有优势或者必要性，否则就不要考虑这个模式了。

3.4.3 解决问题原则

工业机器人作为一种通用机构形式，固然不是万能的，但在适用场合有它的优势所在。举个例子，一个产品需要在多个方位检测多个点，判断是否有零件漏装问题。如果采用常规机构，就存在设计困难问题，但如果用了工业机器人，则几乎只是做个检测部件的固定装置即可。

生产遇到什么困难？要解决什么问题？非要用工业机器人吗？如果找到了有力的依据，则项目开动的可能性极大。换言之，我们在设备中如果用上了工业机器人，务必能自圆其说，给出你的理由和依据。做一个工业机器人集成设备项目，既没有智能制造的高瞻远瞩，也没有漂亮的 ROI 数据，还被认为“奢侈浪费的设备”，那就属于为了机器人而机器人了。扪心自问：是啊，你为什么非要在设备上用工业机器人，而且用的还是6轴的？所以希望广大读者，当你读完这本书后，你能有方向地、有意识地在设备上去多用机器人，但不要毫无原则漫无目的“为了用机器人而堆砌机器人”。

如果稍微留意一下的话，我们会发现在很多工业机器人应用场景里，工业机器人的功能都比较单一，用来焊接、喷涂、搬运等，一个复杂的自动化车间或生产线都是由若干或者说许多的功能单一的机器人设备组合而成的。这种应用的特点是比较偏向传统批量生产模式，与我们提到的“智能制造”是相悖的。因为我们很多的装配工艺相对零件比较多，工艺比较复杂，如果订单是小批量、多品种，就会带来设备利用率低或柔性反而变差的问题（比如原来一天生产4000件同款产品，机器不用停下来，现在每天生产两三百就要换型，比如产品换了个螺钉，原来的机器人生产不了，要设计变更）。那么如何去应对这种生产模式的转变？

类似还有很多的课题、很多工艺值得我们去探索和研究，如果解决不了问题，“硬上”工业机器人也很可能会成为“摆设”。

小结

我们可以这样认为，工业机器人主要用于智能制造领域和解决问题方面，普通的项目需求则更多看企业、老板的定位倾向，但一般也要ROI通过才会施行，如果数据有偏差，尝试着看看能否在方案上突破。比如抓住工业机器人应用原则之一，提高它的利用率和拓展性，相应地就有一些有针对性的指导思想（见图3-70）。

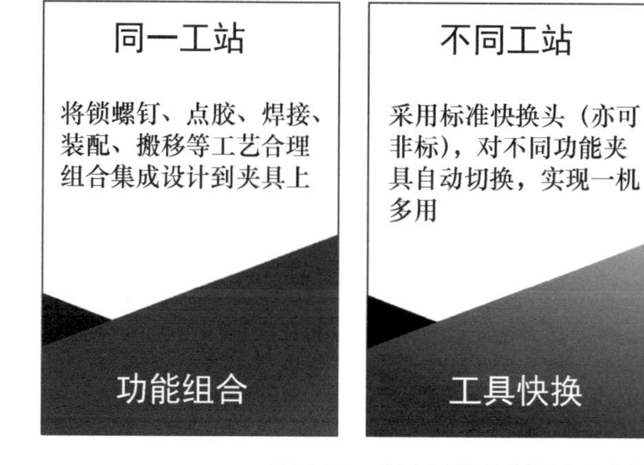

图3-70 提高机器人利用率和拓展性的方式

学习心得

第4章 CHAPTER 4

从0到1完成××机的设计

在设计制作过程方面，工业机器人集成设备跟普通非标准设备一样，也都是从需求评估开始的。不管工业机器人集成设备项目的技术总负责人是机构设计工程师还是工业机器人电气工程师，他除了需要熟悉工业机器人本身外，还需要有一定的定制化设备从业经验，否则可能难以胜任。一方面，制作集成设备与单纯买卖机器人不是一回事，前者需要精准了解客户所需、现场条件、实施目标等，相当于承包工程项目，后者只需要关注产品性能、价格及售后，基本上没多少额外“扯皮”的事。另一方面，虽然对于客户定制设备的制作流程理解独到、掌控到位能占有开展项目的先机，但如果对于工业机器人认识不足，也可能在项目设计过程中增加一些困扰，丢失一些机会。

本章对设计过程做一个简单的梳理和总结，涉及的一些流程、原则、方法、思路，仅供缺乏经验的设计新人参考。稍有遗憾的是，由于从业环境有所约束，多数有代表性的工作案例不便通过本书公开，也无法过于细致描述，只能在论述当中穿插个别简单的案例来“辅助说明”，请广大读者理解。

4.1 定制化项目的需求评估

【案例】 某企业正在推行工业机器人应用，其中有一个接插件插板项目亟待落实。图4-1所示印刷电路板上布置有小PCB（印刷电路板），有16×5=90块和18×4=72块两种规格，过锡炉前需将接插件垂直装到它上面的小PCB上（相当于每个PCB配一个接插件），要求作业周期为120s，此外后续可能有新产品，接插件和PCB装配采用倾斜角度插入方式，须预留此项功能设计，以便兼容生产，请问如果你是供应商，如何评估和开展该项目？

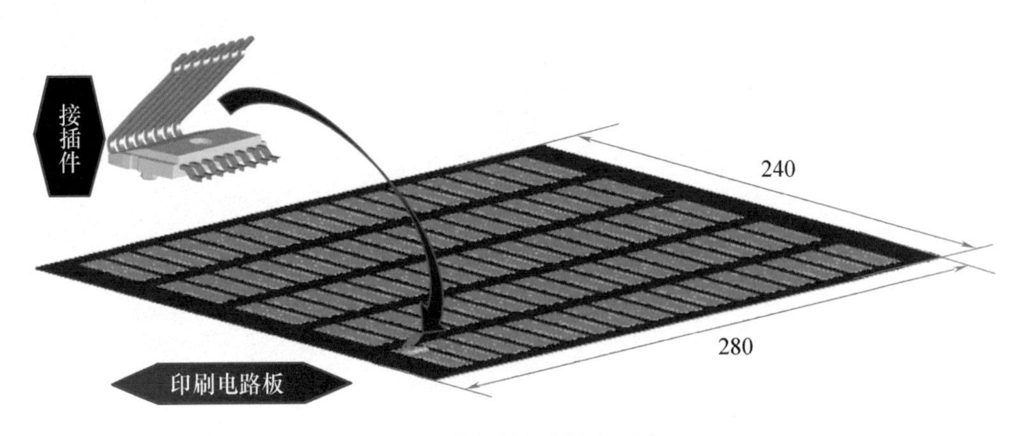

图4-1 接插件插板作业示意

4.1.1 项目信息和具体要求

这是一个看似简单的产品搬移（插入）机构设计项目。从工艺看，属于“多点搬移”类型且有换型生产要求，用普通的“气缸+导轨+夹爪”机构形式无法达成，所以采用工业机器人来实现为宜，如果采用XYZ坐标机器人，实施方案如图4-2所示。

那么这个经济实惠的方案是否是最优解、唯一解？当然不是。非标自动化机构设计的特殊之处是其定制性，也就是首先需要摸清楚客户需求。换言之，非标定制化设备的核心思想是，形象地说，客户要什么就做什么。显然客户要的是工业机器人，至于实际采用何种工业机器人（XYZ坐标机器人、SCARA机器人、并联机器人抑或6轴关节机器人?），还需根据项目条件、约束等综合而定。由于项目存在“快速插件”和“柔性生产”潜在要求，综合考虑选用6轴（如果不考虑后续功能拓展则可以用4轴类型）并联机器人较为合适，实施方案如图4-3所示。

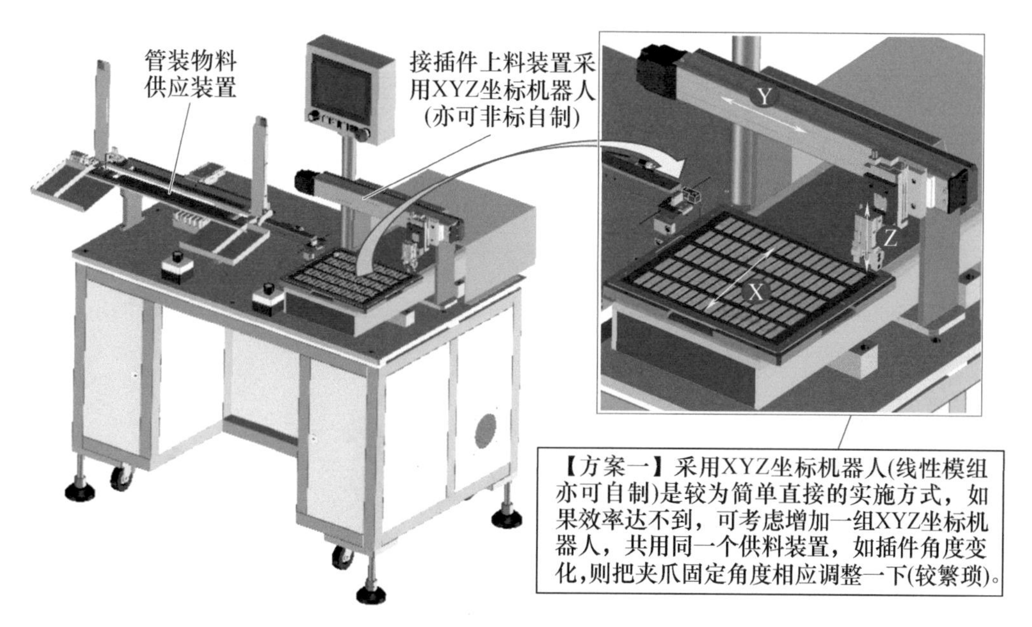

图4-2 XYZ坐标机器人的实施方案

在“并联机器人”领域，德国博力实（BLIZX）并联机器人是该领域的领导者（覆盖到很多厂商不擅长的超高速、重载领域），而串行机器人“四大家族”里虽然也有并联机器人，但并非其核心业务。其中FANUC的并联机器人也叫“蜘蛛手”“拳头机器人”，其应用实例、工作范围和性能分别如图4-4、图4-5和表4-1所示。

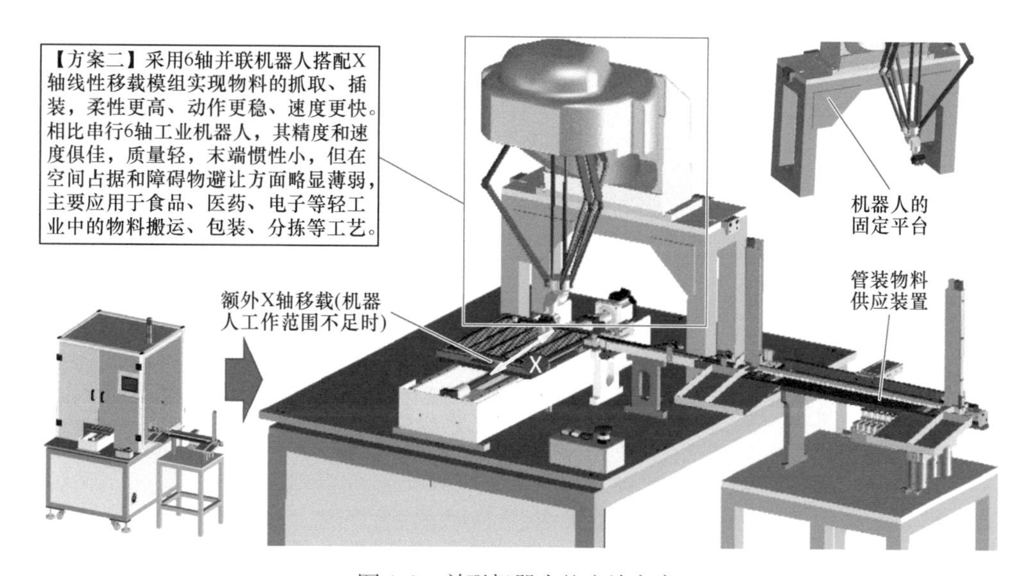

图4-3 并联机器人的实施方案

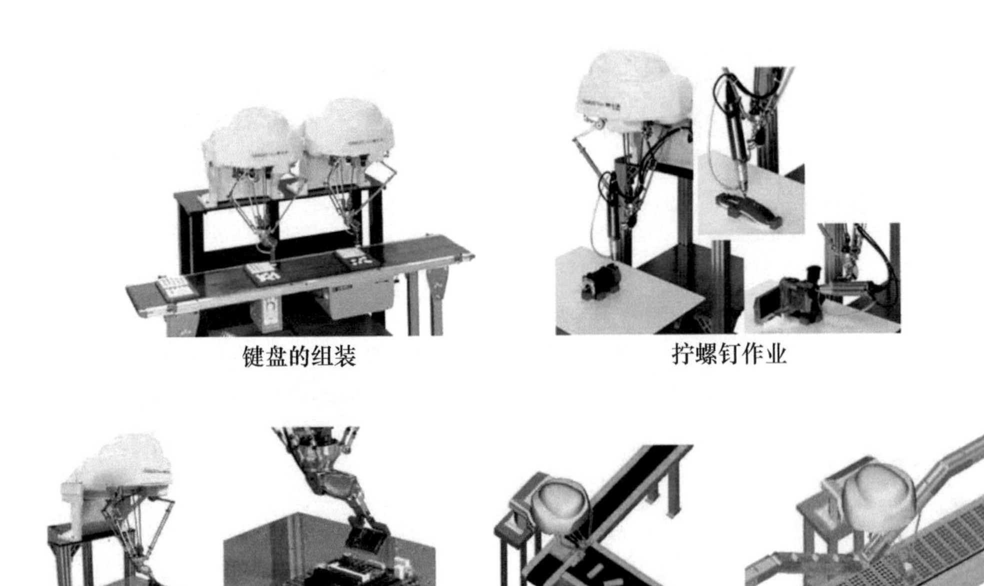

图 4-4 FANUC 并联机器人的应用实例

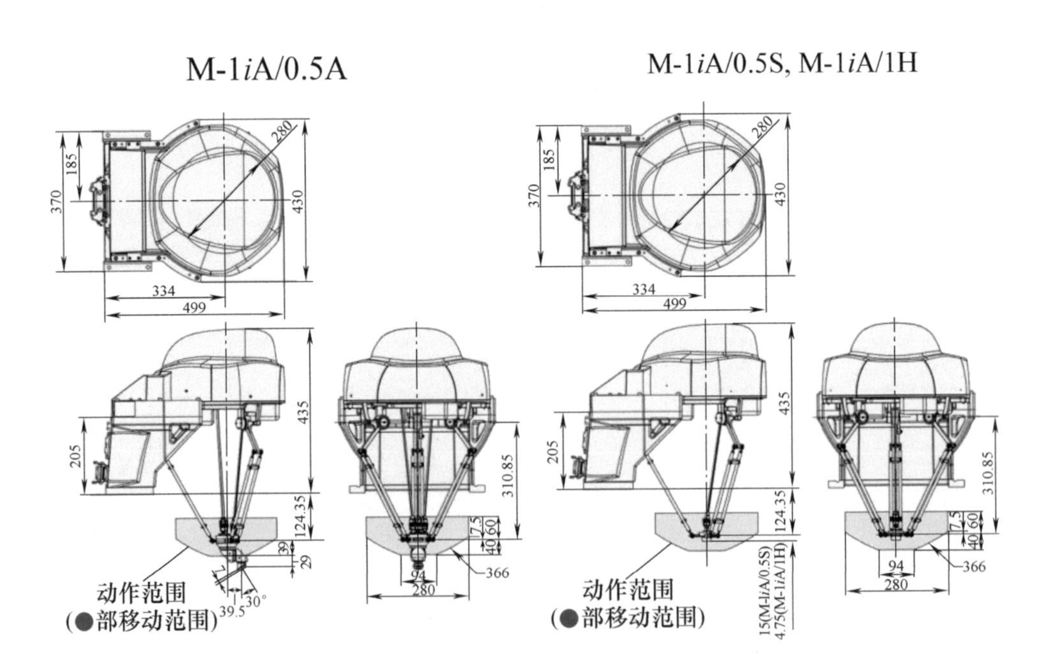

图 4-5 FANUC 并联机器人的工作范围

表4-1　FANUC并联机器人的性能

<table>
<tr><td colspan="2">机型</td><td>M-1iA/0.5A</td><td>M-1iA/0.5S</td><td>M-1iA/1H</td></tr>
<tr><td colspan="2">机构</td><td colspan="3">并联机构</td></tr>
<tr><td colspan="2">控制轴数</td><td>6轴（J1，J2，J3，J4，J5，J6）</td><td>4轴（J1，J2，J3，J4）</td><td>3轴（J1，J2，J3）</td></tr>
<tr><td colspan="2">安装方式</td><td>地面安装、倾斜角安装、顶吊安装</td><td>地面安装、顶吊安装</td><td>地面安装、顶吊安装</td></tr>
<tr><td rowspan="4">动作范围（最高速度）</td><td>J1-J3</td><td colspan="3">直径280mm，高100mm</td></tr>
<tr><td>J4</td><td>720°（1440°/s）12.57rad（25.13rad/s）</td><td>720°（3000°/s）12.57rad（52.34rad/s）</td><td>—</td></tr>
<tr><td>J5</td><td>300°（1440°/s）5.24rad（25.13rad/s）</td><td>—</td><td>—</td></tr>
<tr><td>J6</td><td>720°（1440°/s）12.57rad（25.13rad/s）</td><td>—</td><td>—</td></tr>
<tr><td colspan="2">手腕部可搬运质量</td><td colspan="2">0.5kg（购买对应选项后1kg）</td><td>1kg</td></tr>
<tr><td colspan="2">重复定位精度</td><td colspan="3">±0.02mm</td></tr>
<tr><td colspan="2">驱动方式</td><td colspan="3">使用AC伺服电动机进行电气伺服驱动</td></tr>
<tr><td colspan="2">机器人质量</td><td>17kg</td><td>14kg</td><td>12kg</td></tr>
<tr><td colspan="2">安装条件</td><td colspan="3">环境温度：0～45℃
环境湿度：通常在75%RH以下（无结露现象）
短期在95%RH以下（1个月之内）
振动加速度：4.9m/s²（0.5g）以下</td></tr>
</table>

由于并联机器人价格偏高，可能读者会有疑问，如果成本上去了，客户能接受吗？首先设备需预留（额外）带角度动作的工艺功能，如果采用直角坐标机器人、SCARA机器人则会存在一定的难度；同时作业节拍要求高，相比普通工业机器人，并联机器人更善于处理轻载高速的生产问题。其次从动作看，每插装一个接插件时间近乎人工作业，基本上机器人取代1～2人是可以做到了，这样ROI勉强能通过。最后，即便这里体现不出智能制造的优势，但客户已经在推行机器人应用了，说明他们在心态上也有所准备了，这是利好前提。所以从方案设计角度来说，可行性和通过率都比较高，如果最后因为项目预算不足、个别人员主观决策、自身应用意识不够而导致没有采用方案二，那是另一回事了。

作为机构设计人员，无论是针对何种客户何种项目，均应有阶梯性的针对性解决方案（可能不止一个）（见图4-6）。这来源于平时的专业学习和工作积累，只要能够梳理清楚、适当应用，便能大幅提升设计效率。

在项目评估过程中，务必牢牢记住工业机器人的机构属性是一个以伺服电动

图4-6 针对不同要求的项目方案/对策

机为动力、擅长通过移载辅助处理通用工艺的装置，对于其中“以伺服电动机为动力”“移载”“辅助处理”“通用工艺”等关键词应深刻理解，能让我们在评估技术方案时有策略和重点。首先，既然是通用工艺，一般来说“工艺本身做不了的情况不多”，如果结合工业机器人来考虑，应更多注重对工艺方向和作业空间的了解和判断（见图4-7）。在这基础上，我们再进一步展开，去对项目细节、条件等进行分析和评估（见图4-8）。

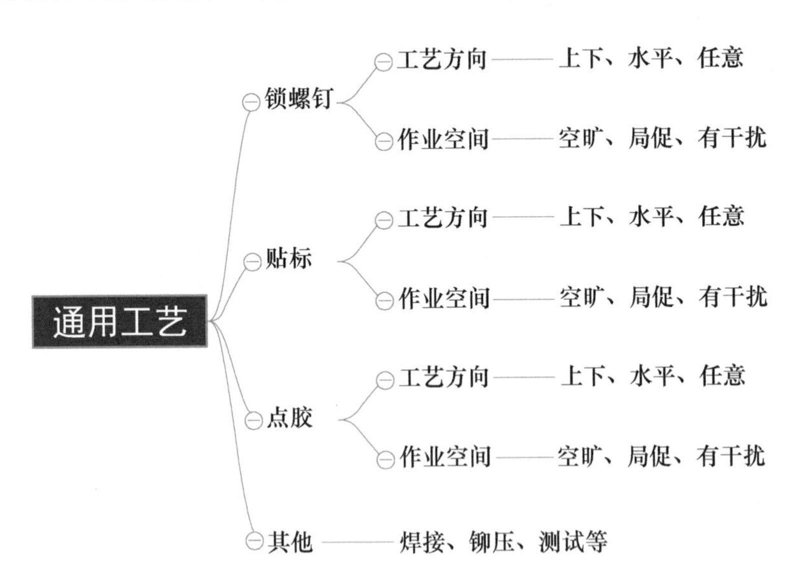

图4-7 通用工艺的工艺方向和作业空间的评估

当然，非标机构设计项目很多是难以量化也不需要量化的，比如外观要求高，高到哪里去，有没有解决办法，没有的话能否通过谈判降低标准，实在不行是否

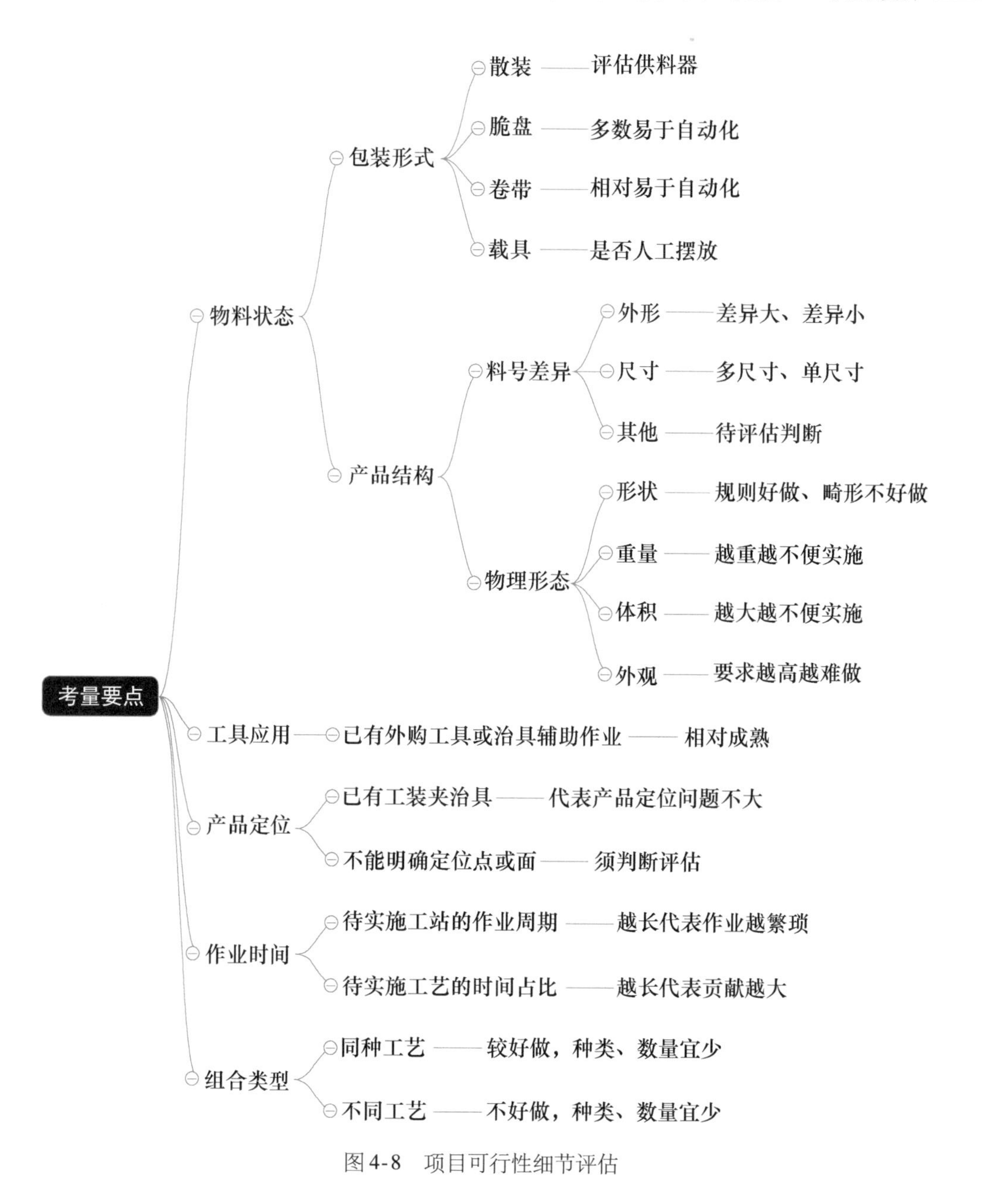

图4-8 项目可行性细节评估

考虑放弃？比如空间太局促，换用小规格机器人还是不行，那是否考虑改用普通非标机构？比如采用吸取式供钉，同时螺钉紧固方向是水平的，头部会不会偏斜或者螺钉会不会掉落？……经过评估后，如果有七八成的把握，基本上就可以往前推进项目了，后面“水来土掩、见招拆招”。除非是完全复制性质，非标机构设计项目不可能让我们有100%的信心，如果有，那是项目太简单，或者你被大材小用了。

4.1.2 核对“三大原则”

包括工业机器人集成应用在内的定制化设备、机构，实施方案通常都不是唯一的。采用何种模式来达成，在制定项目方案时就需要给出合理的依据，这样才能提高方案的通过率和别人的认可度。在工业机器人集成设备的范畴，所谓的有所“依据”，个人看来，从大的方向说，主要是遵循“三大原则”和“一个前提”，即“智能制造，ROI 达标，解决问题”和“客户导向和准备”。换言之，如果你的设备用到工业机器人，至少符合这 3 个原则中的 1 条（见图 4-9）。这样的话，别人才不会轻易找到替代方案，乃至于数落你的设备“太奢侈了”。但务必有强烈的意识，企业导入工业机器人是有前提的，很多中小企业并不具备，需要谨慎评估，否则容易陷入被动局面。比如设备本身没问题，交付客户后，由于其缺乏专业技术人员跟进，结果生产问题频出，这样就有点“冤大头”了。

NO.1 智能制造

这是导入工业机器人最强而有力的理由，也很难找到替代的方案，但企业首先要搞清楚，自身是否适合走这个方向？正在走？走得对吗？

NO.2 ROI达标

这是导入工业机器人最基本的评估指标，但同样达标的情况下,大企业着眼未来倾向用“好东西”,中小企业聚焦于选择当前经济效益更佳的方案。

NO.3 解决问题

这是导入工业机器人最有效率的途径，尤其是难以找到替代方案的情况下，企业都会鼓励或尝试接受，但中小企业推进会比较保守，实力使然。

图 4-9 项目推行“三大原则”和“一个前提”

4.2 线体及整体方案设计

经过初步评估，在脑海有了技术实现规划了，接下来就要把它记录和表达出来。除非设备是完全独立的，否则即便是一台，也可能是原来生产线的一部分，因此首先涉及线体及整体方案设计。这部分工作和普通设备机构设计大同小异，不外乎就是确定一些设备布局设计，物料展开及流向设计，以及供料、移料、收料等机构设计的问题。

4.2.1　设备布局（空间）设计

就设备（线体）布局而言，主要有流水型和Cell（工坊、作业单元）型两个基本模式。流水型设备布局如图4-10所示，指的是产品从物料到半成品、成品的过程是连续性流动的，中间可能经历若干工站，每个工站完成的工艺相对简单，一般有统一的生产节拍，比较适合（单工站）零件数量少、对产能有一定要求、作业手法较简单的产品大批量生产。Cell型设备布局如图4-11所示，是单元化、离散化的精益生产方式，每一个Cell都是独立的，它最显著的特点是“一人多工”（独立完成多道或所有工序），能减少因为不同工序要切换造成的动作、物料损失，从而达到减少浪费的目的，相对适合料号多、批量小的产品生产。流水型和Cell型布局的对比见表4-2。比如一个产品有3道工序，如果分别由A、B、C三人完成，则工序切换时会有搬移、输送、等待之类的无效作业，如果是由单人来完成，虽然也需要3个人，但效率会更高，类似案例如图4-12所示。

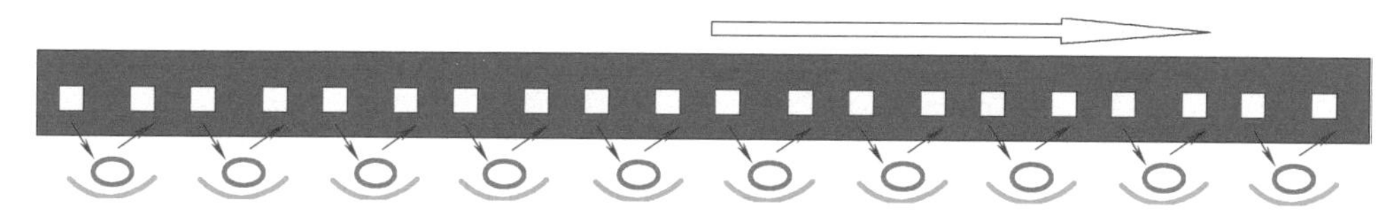

图4-10　流水型设备布局

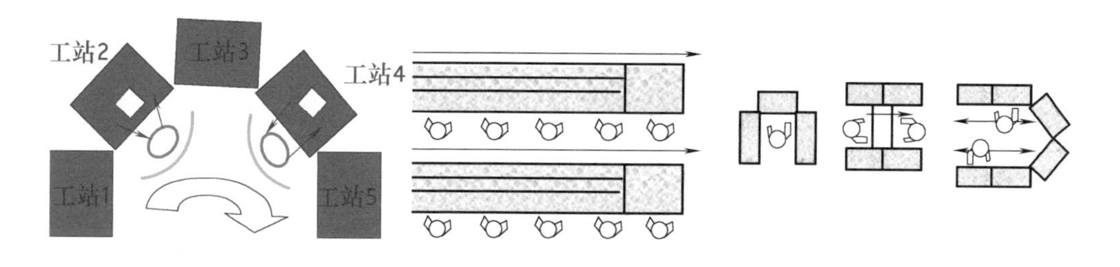

图4-11　Cell型设备布局

表4-2　流水型和Cell型布局的对比

作业方式	优　点	缺　点
流水型	可定时定量输送产品，产量易保证 依据不同工站排配专人专项作业 工站作业简单，作业容易学习 产量依工时可做平衡化管理 产量不依人定而依线速（CT）来定	占空间且换线损失大 工站和取放动作多，工时损失大 人员需求多，个人能力难发挥 人员流失或请假会影响他人效率及产量 异常发生时，停线的工时损失大 治具专用化，成本高

（续）

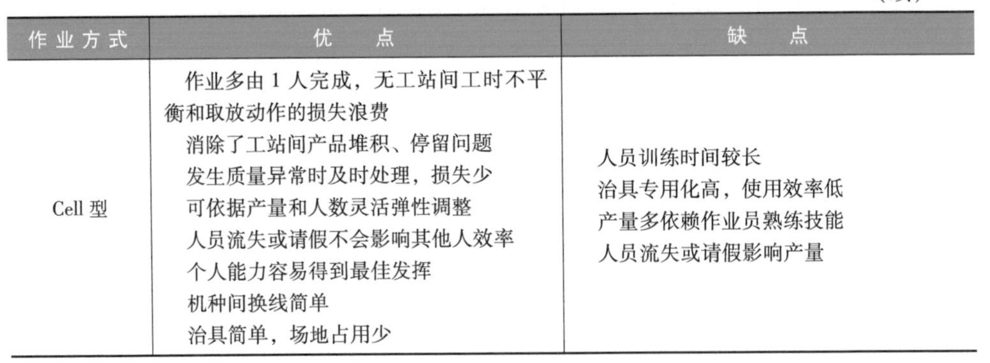

作业方式	优　点	缺　点
Cell 型	作业多由 1 人完成，无工站间工时不平衡和取放动作的损失浪费 消除了工站间产品堆积、停留问题 发生质量异常时及时处理，损失少 可依据产量和人数灵活弹性调整 人员流失或请假不会影响其他人效率 个人能力容易得到最佳发挥 机种间换线简单 治具简单，场地占用少	人员训练时间较长 治具专用化高，使用效率低 产量多依赖作业员熟练技能 人员流失或请假影响产量

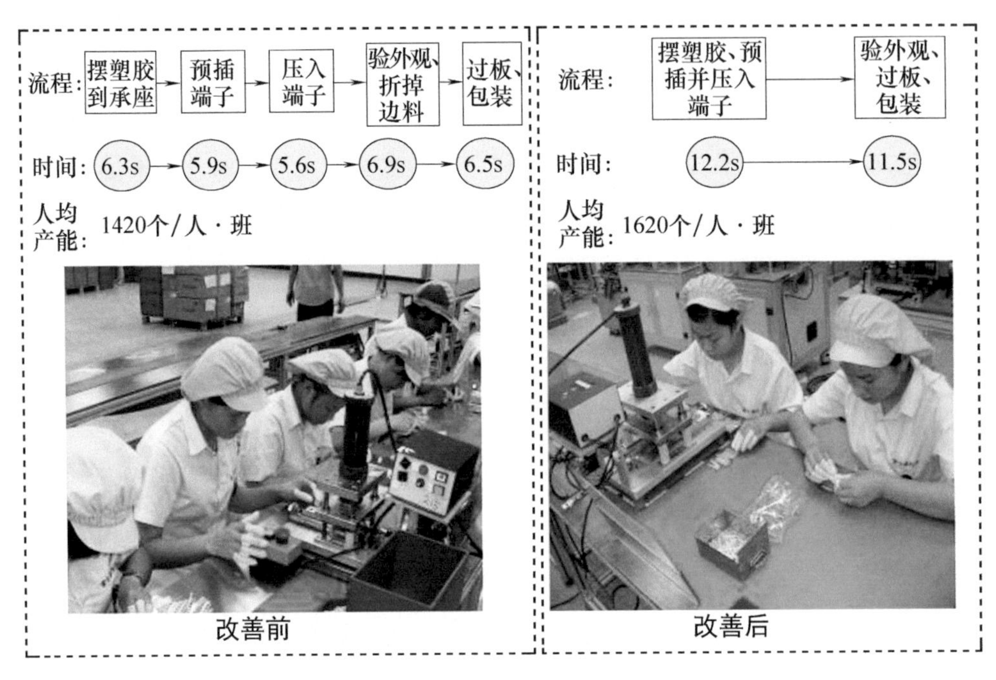

图 4-12　流水型改善为 Cell 型案例

线体布局是工业工程部门的事，理论上不需要设备制作和机构设计人员来操心，但一来难免可能会遇到需要架设全新生产线的项目，二来也可能需要在原有线体上做些持续改进的事，所以还是需要稍微了解一下。

1. 流水型线体布局

这是多数电子行业惯用的生产线布局方式。每条线的作业员数量从几个到几十上百个不等，但总体来说，每个作业员所完成的工艺或动作都比较简单、直接。生产线的每个工站都要求步调一致，哪个工站出问题都会影响整线运行。但是，反过来一旦顺畅运行，其产能效率是比较高的，更易于推行自动化。理由很简单，如果产线不顺畅，根本“流”不下去。这种特点的生产线，更多采用自动化思维去推行“机器换人”。如若用到工业机器人，也多是以单工艺为主，对作业速度有较高要求。值得一提的是，很多大件产品（如汽车、空调、家电等）由于不便搬运，也常常采用流水型线体布局。至于具体的线体设计，不同产品和工艺有些差别，比如有的用滚筒线，有的用皮带线，有的用轨道线等，不一而足。

2. Cell 型线体布局

相对来说，Cell 型生产线布局灵活，可进一步拆解为以下几种基本类型，各有主要适应面。

1）图4-13所示形式，适合场景：少量多样生产，小型生产治具，生产零件尺寸较大，少人化、多能工化需求。

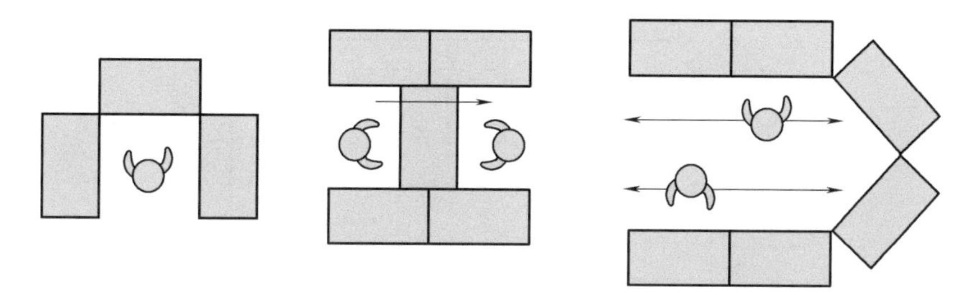

图4-13　Cell 型生产线布局1

2）图4-14所示形式，适合场景：少量多样生产，多工序较复杂生产，少人化、多能工化需求。

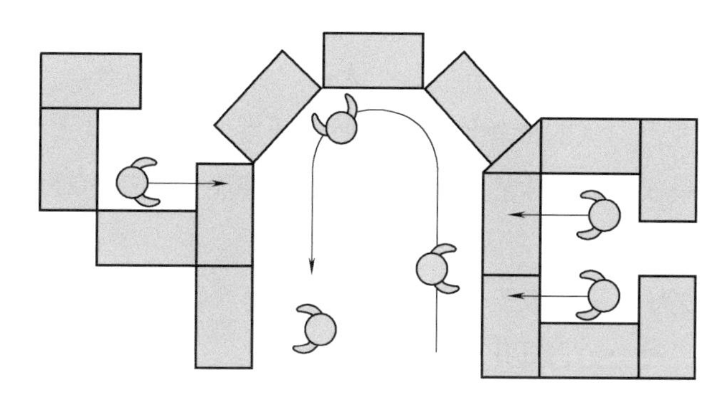

图4-14　Cell 型生产线布局2

3）图4-15所示形式，适合场景：小型生产治具，机器少、产品多的手工作业，少人化、多能工化需求。

4）图4-16所示形式，适合场景：大量生产模式，多工站合并（治具要求简

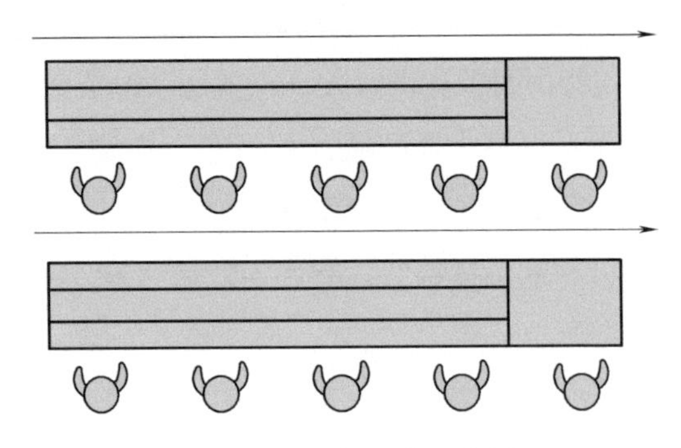

图 4-15　Cell 型生产线布局 3

易化），少人化、多能工化需求。

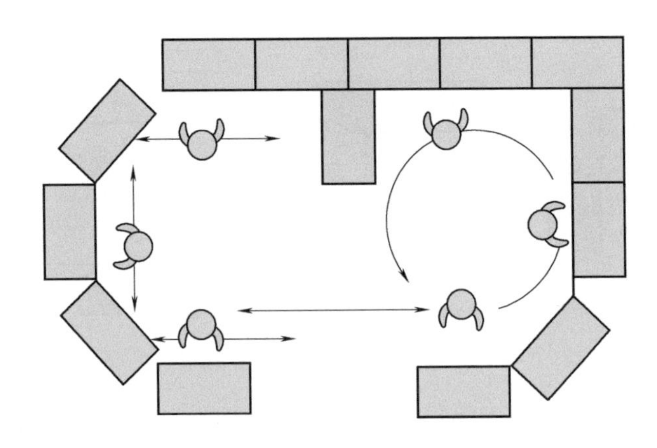

图 4-16　Cell 型生产线布局 4

5）图 4-17 所示形式，适合场景：多个 Cell 生产合并，产品零件多，小型生产治具，机器少、产品多的手工作业，少人化、多能工化需求。

由于 Cell 型生产对人的依赖性很强，所以通常这类线体以人工为主，反过来说，在这类生产模式的行业中企业推行自动化、智能化生产的难度较高，体现在以下三个方面：

1）制程上多为“一人多工”工站，不仅物料多而且工艺杂，而每增加一个零件或一个工艺，都会给自动化带来难度。

2）线体布局通常比较紧凑，作业员之间距离较短，如果做不到人机协作，穿插自动化设备包括机器人时，常常出现场地、空间不足的问题。

3）产品订单量通常不大，可能一天就几百个，还时常要切换不同料号生产，如果设备通用性、兼容性不足，就容易成为低利用率的摆设。

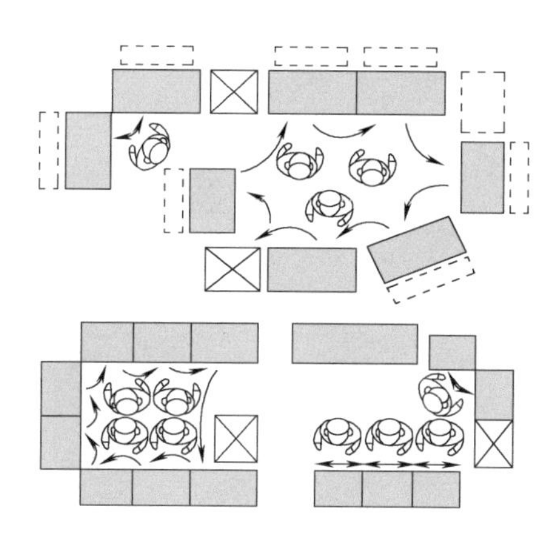

图4-17　Cell型生产线布局5

4.2.2　物料展开及流向设计

就设备本身而言，研究的是机构的布局，一般有工站型、直线型、圆周型和循环型等方式，实际应用比较灵活，本书不赘述。如果是工业机器人集成设备，由于机器人是主要功能机构，同时为了提高它的利用率，往往结合Cell型生产理念将工站型布局进行升级。或者说，通常设备布局有独立的移料机构，即便机器人可能也是其中一个功能机构。但是其实机器人也能达到移料目的，成为一个移料机构，完成产品在不同工艺间的切换。这种设备布局方式适合订单批量小、产品制程工艺多（注：需注意工站平衡问题）的生产。由于生产过程存在取放和物流的损失，所以在导入自动化设备时，不一定只聚焦实现工艺，如果机器人能自动抓取产品并结合流水线输送产品，那么对于人力精简往往也会有较大贡献。

下面以一个CPU连接器产品（称之为Socket）制造的某一段制程工艺为案例，简单介绍一下Cell型布局的机器人集成设备实施要点。设备方案布局如图4-18所示，设备的产品制程及工艺排配如图4-19所示。

自动化方案设计工程师最好能够稍微了解一下工业工程的知识，有基本的概念和意识，这有助于简化机构设计。表4-3展示了一个运用IE（工业工程）手法改善前后对比的生产制程，如果流水线或设备机构是按改善后的进行，减少一些无效的动作和取放，那么毫无疑问是有利于提高该设备的“水平和层次”的。

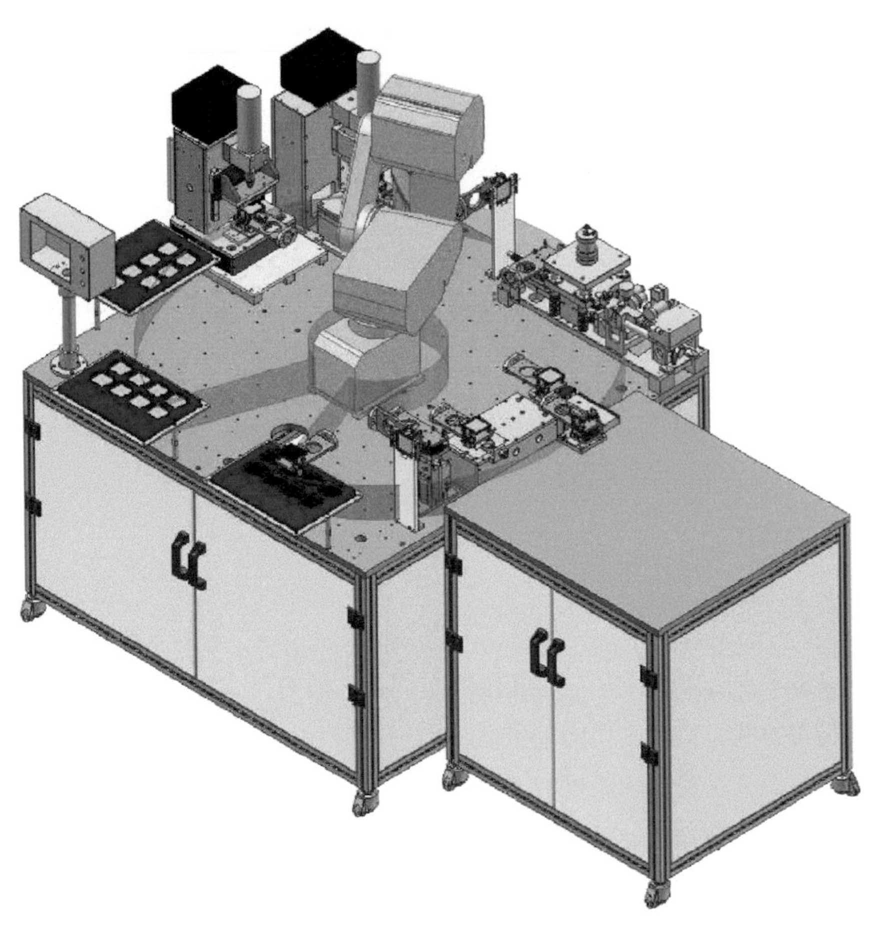

图 4-18　Cell 型布局的机器人集成设备方案布局

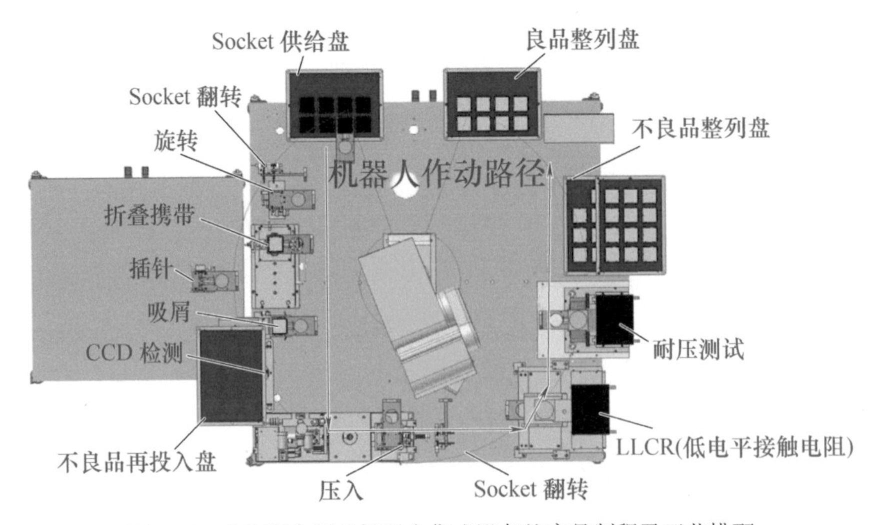

图 4-19　Cell 型布局的机器人集成设备的产品制程及工艺排配

表 4-3　运用 IE 手法改善前后对比的生产制程

项目	改善前	改善后	IE 改善方法
耐压工站	单承座作业	双承座作业	□取消　□简化　■合并　□重排
关合工站	两人作业进行关合测试	工站取消	■取消　□简化　□合并　□重排
试插工站	将产品取于承座上进行试插	在流水线上直接进行试插作业，减少取放产品动作	□取消　■简化　□合并　□重排
显微镜	盖面检查，4 人作业	制作断差承座，将盖面与球面检查工站合并	□取消　□简化　■合并　□重排
放大镜	球面检查，2 人作业		
滑块	滑块检查	在承座上进行，弹簧复原小滑块机构	□取消　■简化　□合并　■重排
平台	平台翘曲检查	在承座上利用反光镜检测	□取消　□简化　□合并　■重排
顶盖组装	手动组装顶盖	承座掏空放顶盖，检验时组装	□取消　□简化　□合并　■重排

这里也稍微补充一点动作经济作业基本原则，这些观念对于我们考量人机协作的项目能够发挥指引作用，见表 4-4。

表 4-4　动作经济作业基本原则

动作经济基本原则	动 作 类 别	动作经济作业基本原则
原则一：减少动作的数量	关于动作方法	取消不必要的动作
		减少眼的活动
		合并两个及以上动作
	作业现场布置	工具物料放在操作者前面的固定位置处
		把工具物料放置于便于作业的状态
		按作业顺序放置工具物料
	工夹具与机器	利用便于抓取工具物料的工具物料箱
		把两个及以上的工具合并为一个
		用一个动作操作机器
原则二：双手同时反向动作	关于动作方法	双手同时开始、同时完成动作
		双手对称、反向同时动作
	作业现场布置	按双手能同时动作布置作业现场
	工夹具与机器	采用固定工具固定需要长时间拿住的物品
		设计能双手同时操作的夹具
		采用能用脚进行作业的工具完成简单的或需要力量的作业

（续）

动作经济基本原则	动 作 类 别	动作经济作业基本原则
原则三：缩短动作的距离	关于动作方法	便于用最适当的人体部位动作
		用最短的距离进行动作
	作业现场布置	在不妨碍作业的前提下尽量使作业区域狭窄
	工夹具与机器	利用重力和机械动力送进、取出物料
		用人体最适当的部位操作机器
原则四：轻松动作	关于动作方法	使动作不受限制轻松进行
		利用重力及其他机械电磁力动作
		利用惯性力和反冲力动作
		连续圆滑的改变运动方向
	作业现场布置	最适当的作业位置高度
	工夹具与机器	利用夹具和导轨规定运动路径
		把操作手柄做成便于抓握的形状
		把夹具的对准位置设计成可观察型
		使操作方向与机器的移动方向一致
		使工具轻巧

我们以“减少取放动作”为例，动作的拆解分析如图 4-20 和图 4-21 所示，解放右手，进行工站合并改善后，能减少取放动作。用 IE 手法重排生产线如图 4-22所示，对既有设备进行重排后，只要做个简单的取料机构就能实现减人绩效。

改善后

需取放产品，作业时间为2.4s
2人/线 · 班

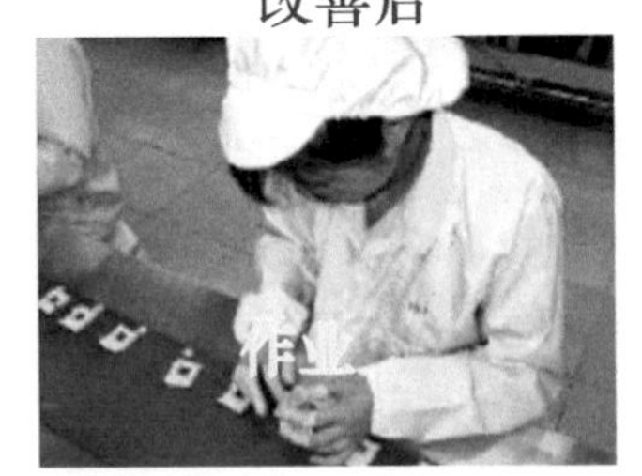

无需取放，作业时间仅为1.8s
1人/线 · 班

双手操作
程序分析图

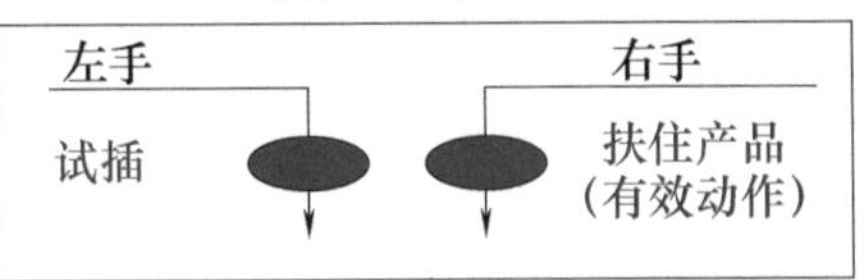

图 4-20　动作的拆解分析 1

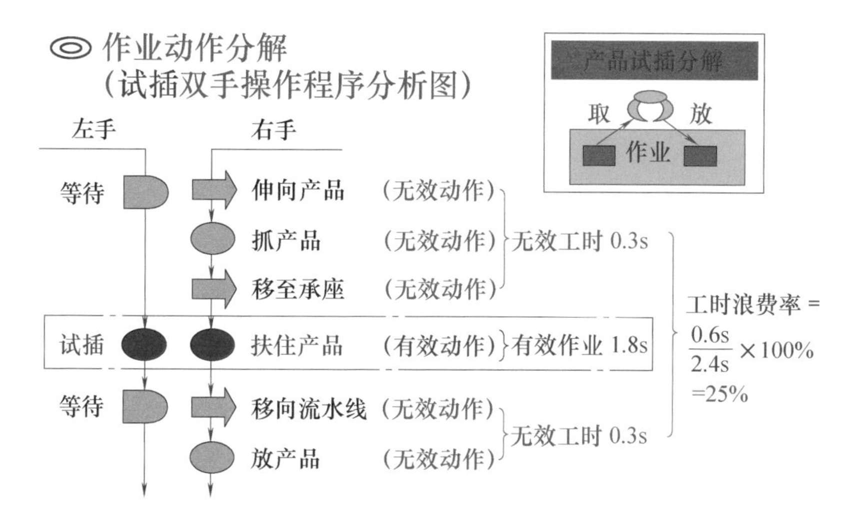

图4-21　动作的拆解分析2

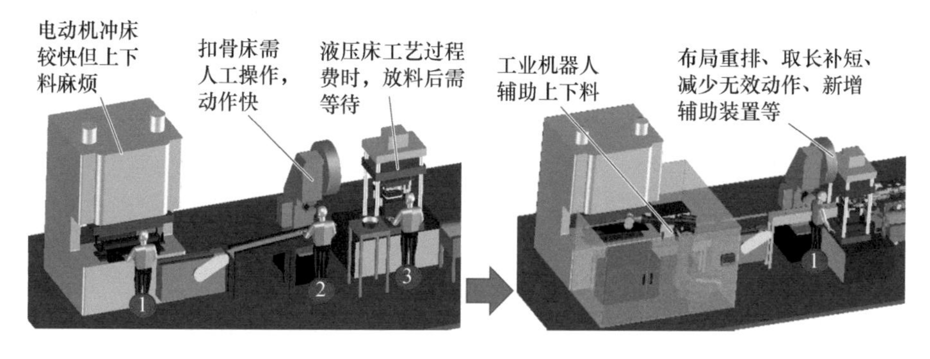

图4-22　用IE手法重排生产线

4.2.3　供料、移料、收料等机构设计

生产线或设备都需要有配套的功能模块，例如供料、移料、收料等，由于涉及更多非标机构的设计内容，限于篇幅和侧重点，这些内容省略，不在本书探讨，请查阅有关书籍和资料。

4.3　局部机构细节的确认

这个环节，其实已经属于机构认识和处理的问题了。要特别注意的是，跟普通非标机构几乎可以“自由发挥”不太一样，工业机器人集成机构设计有一定的约束条件，越是要求苛刻的场合越是有设计难度，应具体问题具体分析。譬如选了一个12kg负载规格的机器人，但是夹具重量大概只有3kg，工具重心也没有偏离默认TCP多少，这时就没必要花时间做负载校核了；反之由于各种原因导致夹具偏重，且工具重心偏离默认TCP较多，此时就必须做负载校核，如果做不到说明“自己能力有待提升”，当然必要时可请专业厂商模拟确认，否则项目可能无法进行下去。

4.3.1 配套装置设计

配套装置主要指的工作台、输送线、供料机等设备功能机构，这部分跟普通机构设计没差别。如图4-23所示的管装物料供给装置，拆解开来包括供料、缓冲、分离、吹气等常规机构。基本的作业流程是：首先将产品装到长管子内，然后管子整摞放入供料机构的定位卡槽内，再用吹气机构将管内产品往分离机构方向输送。机构设置感应器侦测状态，例如管内物料空了，则将空管退出来，接着进行下一个管子的物料输送，直到管装物料输送完毕，报警提示作业员补料。

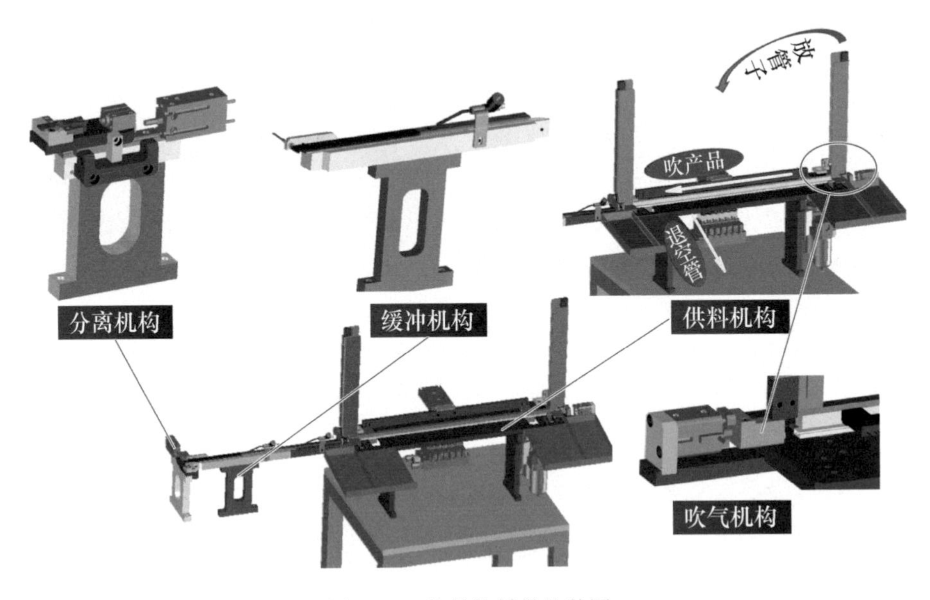

图4-23 管装物料供给装置

4.3.2 “手爪”设计（四大参数确认）

工具、手爪是工业机器人集成机构的核心，设计品质直接影响设备的工作性能，所以需要反复检讨、改进，包括零件的定位、紧固及相关标准件的选用等。此外，还要围绕着“负载”“臂展”“速度”“精度”几个重点性能指标进行校核、确认。

1. 负载

就本章案例而言，由于工具、手爪包括产品偏轻（见图4-24），可以略过负载校核。

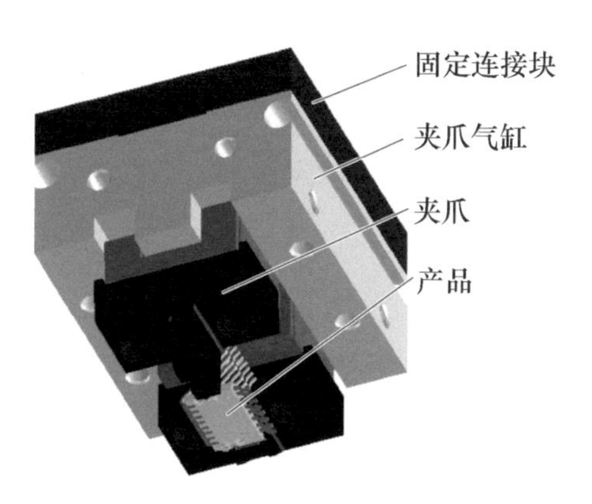

图4-24　产品夹取“手爪”

2. 臂展

打个比方，如果串行工业机器人就是一只手，而并联机器人就是两只手，显然一只手抓取产品的活动空间更灵活、开阔，而两只手抓取产品虽然刚性更好，但有一定的空间局限性。就本章案例而言，由于工具、手爪无法覆盖PCB完整的作业区域，可增加额外的X轴移载装置，并再次对作业区域也就是机器人臂展进行评估（见图4-25）。需要注意的是，当机器人臂展不足时，采用大一点规格的同类机器人也是一个思路，但不一定能实现。

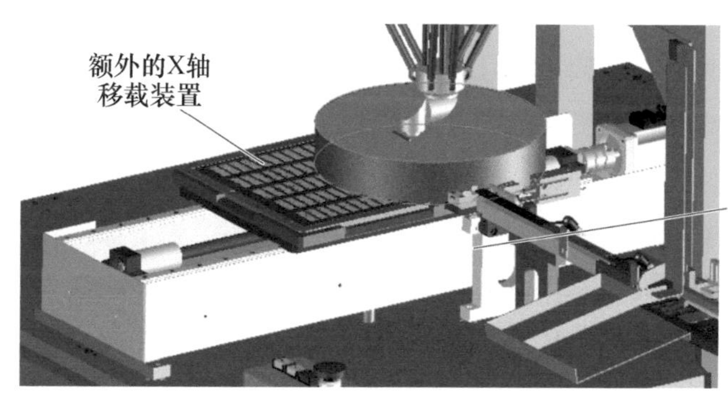

图4-25　并联机器人的臂展确认

3. 速度

就本章案例而言，工业机器人末端工具、手爪执行的属于抓取类工艺。首先需要理解机构速度和实际速度是不同的，前者纯粹是理论能达到的能力，后者取决于具体项目条件、约束、要求等，是一个综合判定或影响的结果。

（1）抓取方式　由于取放状态不同，大概有4种类型的抓取方式（见图4-26）。在其他工况相同的条件下，定点抓取定点放置的速度最快，随动抓取随动放置的速度最慢。所谓随动抓取，指的是有些物料在机器人抓取时是散乱的，甚至是叠料的，需要“盲抓”或借助视觉侦测等手段来辅助抓取，与整齐来料的项目应用相比，机器人的抓取速度可能会下降20%以上。

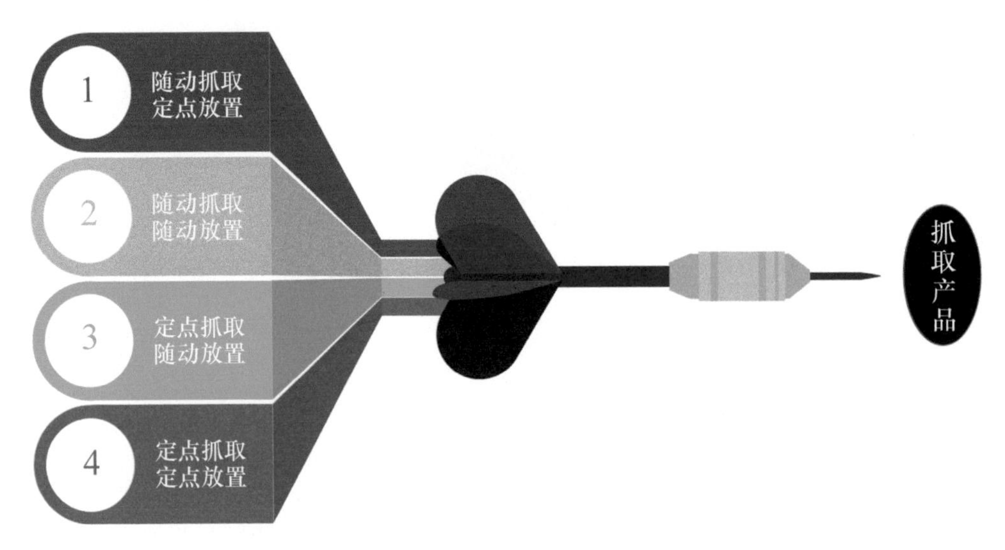

图4-26　机器人手爪抓取产品的方式

（2）负载轻重　在机器人末端工具、手爪设计过程中，轻量化是贯彻始末的重要原则之一。工具、手爪轻盈则动作加减速灵敏，速度自然也就能提上去；反之由于种种原因导致工具、手爪偏重，且有伸缩或翻转之类额外动作，则必然会导致加减速变慢或动作更耗时，使得机器人节拍降低，相应产能可能会下降20%以上。

（3）工艺特点　比如在抓放一些易碎物料的应用场景中，为了保证物料的完整，降低产品生产过程中的损耗率，机器人需要轻拿轻放，这样会降低机器人的速度。又比如产品取放或装配时，其导引设计和精度匹配不佳，导致需要放慢速度才能有稳定的生产品质。

（4）运动规划　相同工作情况下，行程300mm与行程600mm，走曲线还是直线轨迹，在速度上会有差别。即便速度相同，因为行程差异，也会有“节拍差异”，可能相差20%以上。

（5）电气控制（略）

综上所述，在一个实际的项目机构里，速度方面的评估很难直接用理论速度来敲定，往往是综合各项因素结合案例经验给出的粗略预估。就本章案例而言，在考虑包括但不局限于以上各种影响因素后，要求作业周期即 CT≤1.3s，落在多数并联机器人设备常见的工作速度内（CT=0.5～1.5s）是可以做到的。

4. 精度

除了 FANUC 等少数公司可以将并联机器人的定位精度做到 0.05mm 以下，市面上很多品牌实际的定位精度会稍微差一些，需要稍微留意一下。就本章案例而言，由于选择 FANUC 品牌，型录标示的重复定位精度为“±0.02mm”，显然是足够的。但是作为一个装置、机构，其整体精度或者说机构运行的实际精度肯定是受多方面的影响，包括：

（1）负载轻重　工具、手爪包括产品偏轻，所以可以略过负载的考虑。

（2）运动速度　工作速度相对较快，但由于末端工具、手爪较轻，所以动停加减速引发的振动，包括运行速度对于机器人运行偏差的影响较小。

（3）工艺特点　PCB 的孔比接插件柱子大 0.2mm，兼之有导引效果，只要零件精度符合要求、装配得当，物料尺寸偏差在合理范围内，装配困难度就不算很高；但如果是一些装配要求苛刻的场合，则可能需要引入视觉检测、定位和引导系统，否则难以保证插装稳定性。

（4）机械精度　包括机械结构的零件加工、装配、调试等方面，误差在所难免，通过实际确认、校正后会有些改进，“设备是调出来的”也有一定道理。

（5）电气控制（略）

以上四大参数的确认工作，其实在设计过程就应该不断检讨、修正了，不可能等设计完毕后再来校核，放在哪个阶段来进行，就看设计人员的习惯和方便程度了，但这项工作务必落实。

4.3.3　作业流程及工艺模拟确认

无论是把工业机器人当作移料机构，还是实施工艺的主体机构，务必对其动作流程及工艺进行确认。原点该在哪个位置，先移动到哪里，接着又到哪里，最后到哪里，期间分别输入、输出什么信号和动作，姿态会否“别扭”（不自然、憋屈状态）……虽然工业机器人的方位几乎可通过实时编程随意更改，但并不意味着“带上装备”后能“天马行空”。最好能自己把设备的工艺或动作都梳理一遍，做出类似图4-27所示的设备工艺思维导图，同时对关键位置进行3D的动作模拟（做不做动画倒是其次）。这个工作既能让自己更清晰地掌握设备运作状况，也有助于电气编程时对设备运行情况进行通盘了解。

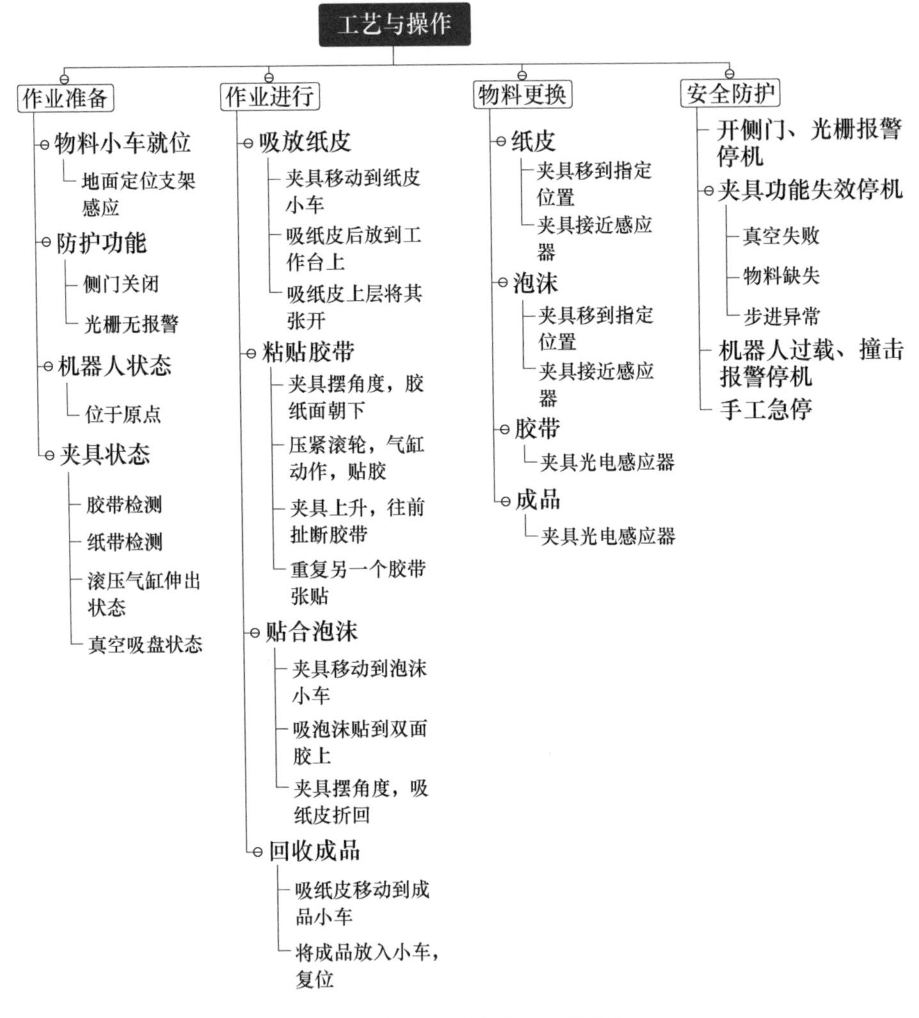

图4-27 某设备的设备工艺思维导图

由上我们可以得到这样的认识：工业机器人为主的集成设备也包含了很多非标装置、机构，如果缺乏对非标机构设计的认知和能力，也是不太容易实施具体项目方案的。因此我们几乎可以这样认为：工业机器人集成应用设计工作，只有精通工业机器人的非标机构设计工程师才能胜任！

小结

高端一点的机器人，可能很多设计人员尚未接触到，但广义的工业机器人，比如各种直角坐标机器人，几乎每个项目都用到（外购或自制）。可以说绝大多数有设计经验的人，其实都已经在用或用过“工业机器人”，只不过自己没有意识到罢了。因此，工业机器人集成机构设计跟广大读者平时的机构设计在理论上没有多大差别，只是有一点需要强调，工业机器人类别很多、功能强大，如果要应对更多的工况、需求，就需要相对系统、深刻地掌握工业机器人这个特殊而普遍的“智能化装置”！

学习心得

第5章 CHAPTER 5

工业机器人应用掠影

工业机器人的应用遍布各行各业，但本书篇幅有限，且纸质书表达案例有些乏力，因此这里仅随机择取数个案例进行简单分析，权当抛砖引玉。读者朋友们可到网络寻找、下载类似的图纸资料进行学习，方法是共通的。需要提醒的是，对于专业案例的学习，追求数量是没有意义的，重要的是读懂案例背后的逻辑和机理，消化案例的设计思路和亮点（每个案例学习侧重点可能都有差异，无须面面俱到），并尽可能转化为工作参考。

5.1 装配应用（学习视角：洞悉“总工”关注点）

很多自动化机构设计工程师很纳闷，明明自我感觉良好的设计方案，到了总工那里就会被挑三拣四、改来改去，有时还可能被总工“精神攻击”。其实最根本原因，就是方案没有抓到总工关注的重点，或迎合他的风格与癖好（一般会以文字或口头形式反复强调）。结合本书论述对象，我们以一个“有机器人的案例”展开来陈述一下这个观点。图 5-1 所示是一个从网上下载的电子行业产品装配设备设计案例。严格来说，这不是一个机器人集成设备（机器人为核心、重要装置），是一个设备集成机器人案例（机器人只是功能构成装置）。我们姑且不论是否最终做成实体机，假设这是一个准备提交给总工审核的设计方案（因为方案比较粗糙，所以我们仅仅做一个粗浅分析），那么首先从方案通过率的角度看，需要重点检讨以下几个方面。

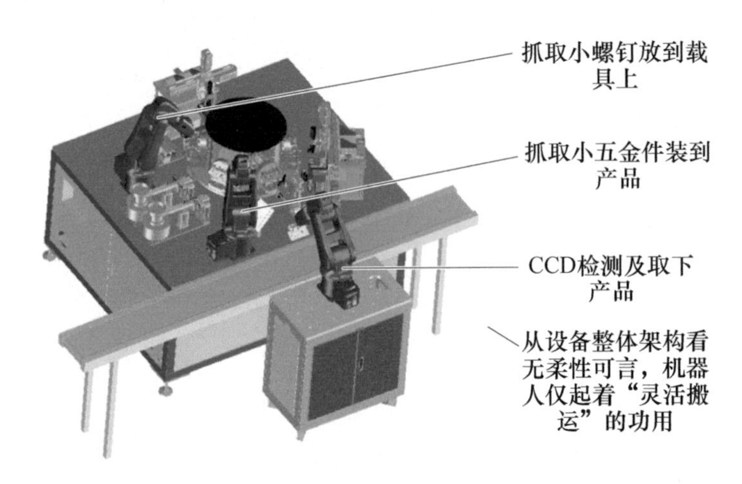

图 5-1　电子行业产品装配设备

1. 成本优势——永恒话题

毫无疑问，因为 ROI 的关系，设备制作通常都会考虑成本投入。这是一台用到工业机器人的设备，由于其单价较高，因此避不开的问题是，为什么要用到工业机器人？从案例看，由于模式上不是周边设备围绕机器人展开，而是机器人围绕着其他机构来实现，整体上难以呈现柔性制造优势。其次由于机器人多达 3 台，其他机构也包含 CCD、线性模组、DD 马达（直接驱动电动机）等，可以说自动化领域的“好东西”都用上了，如果不能自圆其说，难免会被老板或上司质疑乃至批评。由于不太清楚实际产品和工艺，姑且认为这是一个要求相当高的项目，那么对策就是堆砌最贵、最高品质的装置、机构？好比一个零件要求高，难道整张图纸的公差都要是±0.01mm？显然这种思维逻辑不对，所以这个设计方案从基调上就行不通。目测该设备实打实成本至少六七十万元，如果稍微讲究一下，至少可以砍掉1/3的成本。

2. 技术优势——永恒话题

自动化设备很特殊，它的技术优势往往不是靠堆砌最好的元器件来达成，更多体现在设计制作的设备有超出客户期望或领先市场竞争对手的“亮点”和“新意”。举个例子，客户有个项目预算不足，但通常情况下可能要100万元才能做出设备，而你的方案只要50万元（非抢单虚报性质）就可以了，超出客户预期，这就是优势；客户有个项目要求较高，很多供应商用常规方案评估后都放弃了，你虽然漫天要价但有信心和经验完成，领先竞争对手，这就是优势。回到案例，本来用3台机器人，动作幅度偏小，如能在设备工艺流程或机器人工具上做点文章，压缩成2台或直接1台搞定，也就有了“技术亮点和新意”。试问，如果达到同样的设计预期，用3台机器人、2台机器人还是1台机器人，你觉得哪种情况更有技术优势？

3. 空间布局

空间布局可以自由，但要有自我追求。作为一个方案，该设备的机构虽然模组化迹象明显，但是对于台面机构规划过于宽松（见图5-2），稍微压缩一下会更好。可能由于安装了机器人，有意把机箱机架做大增重，或者平时习惯性的“无

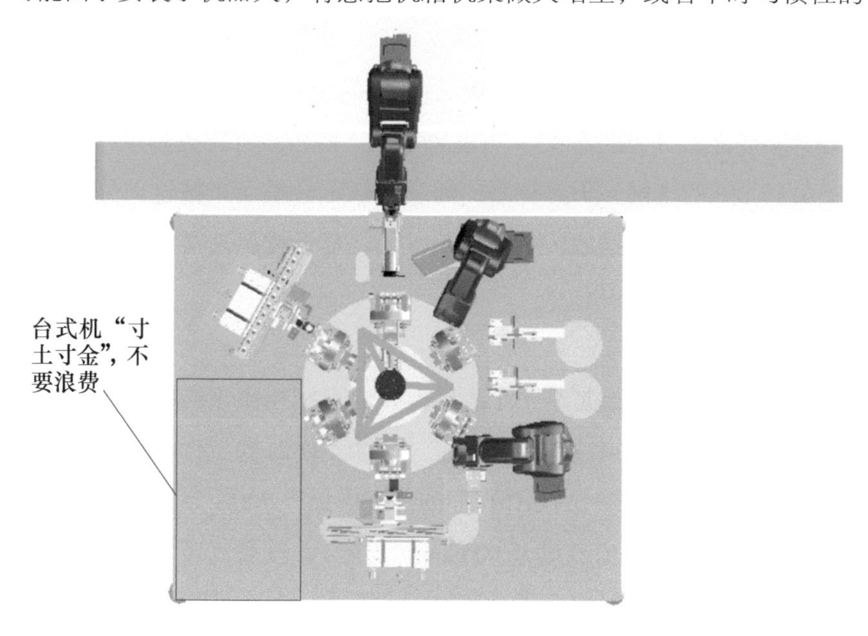

图5-2　机台尺寸不是越大越好

意为之”。此外布局上出现比例严重失调的机构，非常难看，也削弱执行机构的适应性。可能有的读者有疑问，难免有些不得已的情况导致机构“袖珍化”，难不成有意把机构做大浪费材料？没错，必要时可以牺牲点材料，如图 5-3 所示的“小机构”，会增加机器人动作距离，如果是装在跟载具平齐的支撑架上，动作会变得很简单，而且也便于采用普通机构来实现同样工艺。

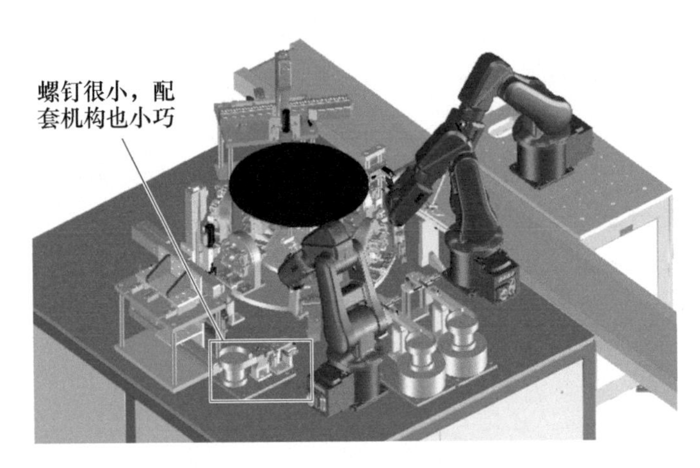

图 5-3 避免比例失调的机构

4. 核心机构

每台设备都有技术关键点，对应着核心机构，总工审核图纸时不会“眉毛胡子一把抓”。显然从设计角度看，本案例的最核心机构应该就是旋转移料机构（不是说其他机构不重要，这里只是相对来说），尤其是夹具的设计关乎成败。本案例的夹具设计略显复杂（见图 5-4），可以思考一下能否设计得更巧妙、简洁。由于缺乏对产品和工艺的理解，不好评断，但总工一定会重点审核这部分的内容！此外螺钉紧固机构也是胡乱摆放，如图 5-5 所示。至于看起来很高端的机器人集成机构，在本案例中反而显得有点“鸡肋”。

5. 设计规范

非标机构设计很多时候是基于个人经验，但有相当比重的内容其实是有共识的，就会形成一些设计约束或者设计规范。比如站姿时的工作台面的高度应处于 900～950mm 范围内，坐姿时的工作台面的高度应处于 700～750mm 范围内：这是作业的舒适高度。本案例的高度是 900mm（实际），没有问题，但设备的机构和载具又有一定高度，而且机台又占面积（操作半径大）（见图 5-6），这会造成调机、操作等不太便利，可考虑适当降低高度，或者缩减机台长度和宽度。约束和

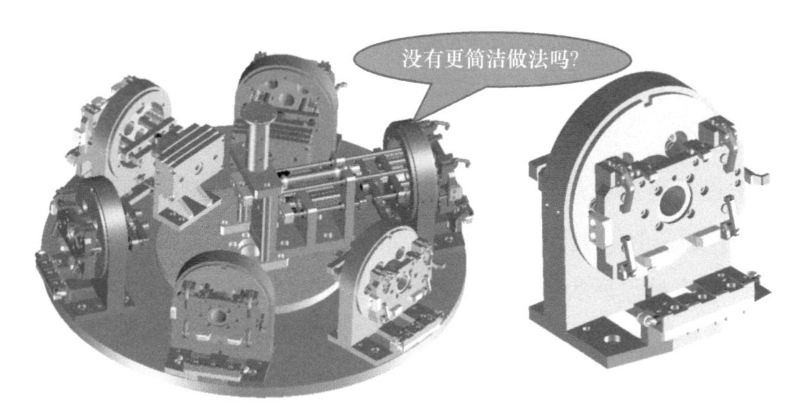

图5-4 设备的核心机构

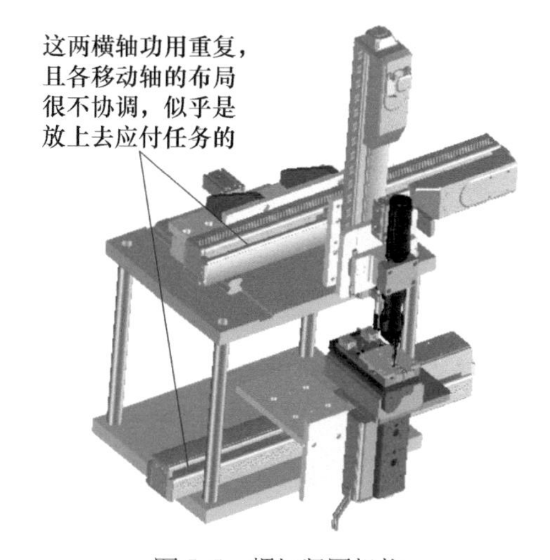

图5-5 螺钉紧固机构

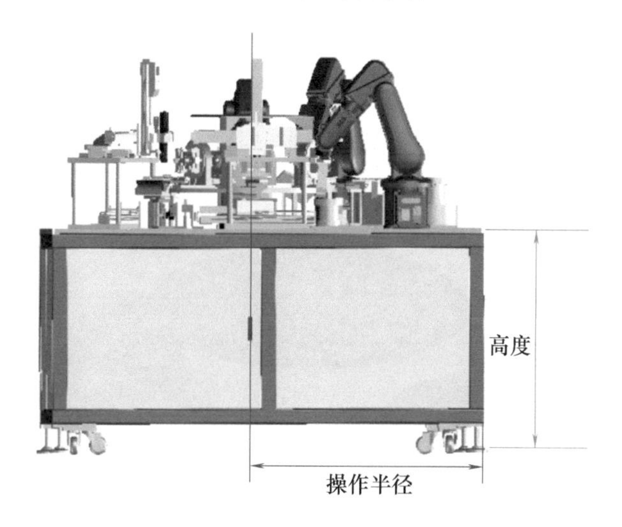

图5-6 机台高度、长度和宽度可稍微缩减

规范并无绝对的标准，但既然约定俗成了，说明需要加以重视和考虑，作为设计新人，多听老人（前辈）言不是坏事。

6. 其他缺失

具体机构设计当然也是总工关注的事，还可以挑出一些问题，诸如图 5-7 ~ 图 5-9所示设计细节的缺失。客观地说，如果本案例是为了应付任务而作的方案，那倒也无妨，如果是最后实施就是这样子，那真是一言难尽。这些细节问题在平时加以注意，不断在思维、细节上修正和训练，慢慢地就会改观。如果一味盲目地画图，增长的只能是年资，不是经验。

图 5-7　设计细节的缺失 1

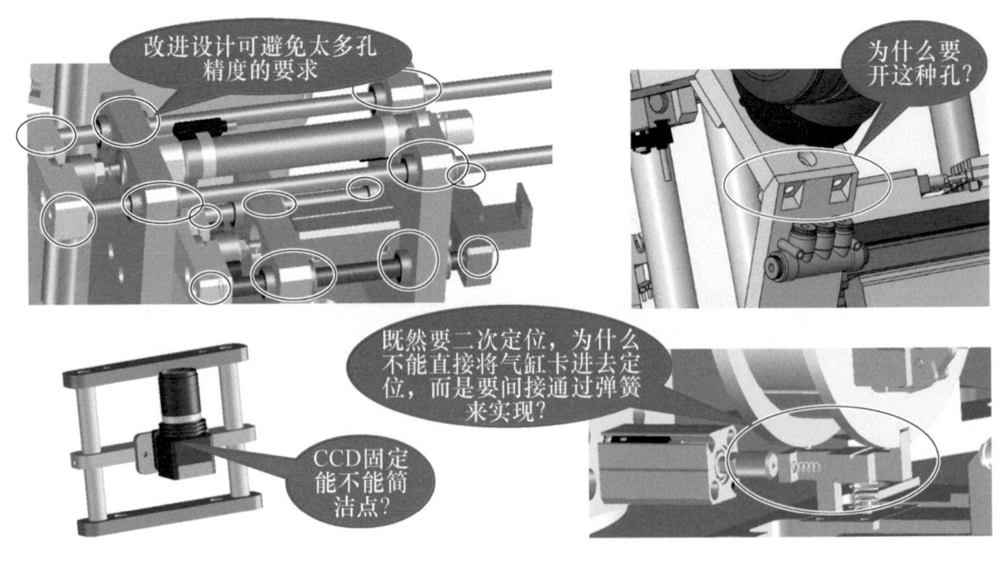

图 5-8　设计细节的缺失 2

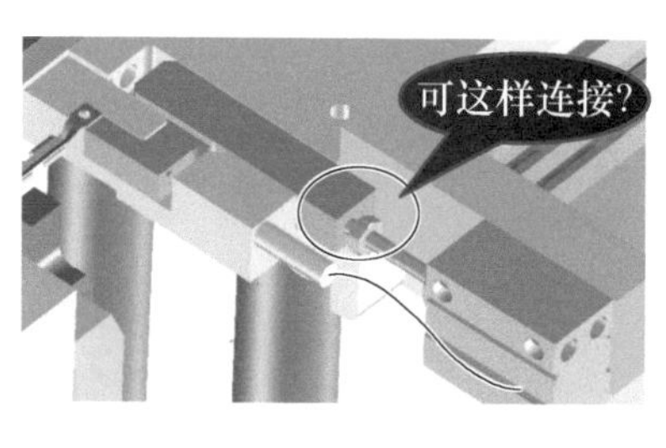

图5-9　设计细节的缺失3

5.2　其他应用

5.2.1　搬运工艺应用（学习视角：打开思维之窗）

自动化解决方案通常不是唯一的，包括工业机器人集成设备，角度不同则思路不一样，我们在做具体机构设计时首先要“打开思路”（最好能想到≥2种方案），然后结合项目具体条件、约束、需求等选择针对性强的“最适合”的方案。

图5-10和图5-11所示为一个工业机器人摆盘集成设备，功能是物料搬运和摆盘，乍一看方案设计得比较“壮观”。由于机器人带工具吸附产品是瓶颈工序，决定了产能，因此为了有效提高其利用率，方案左右两边各用一组同样功能的机构来避免取放料盘的时间损失。

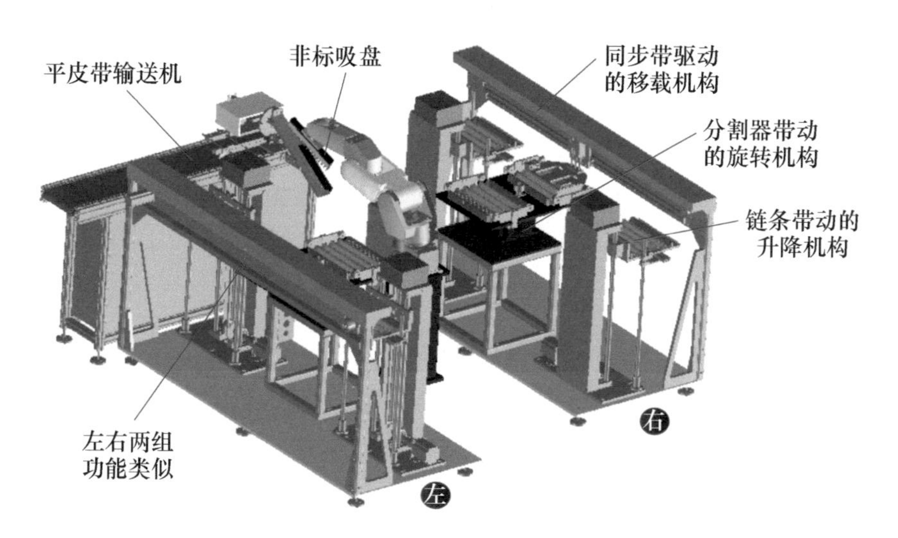

图5-10　工业机器人摆盘集成设备1

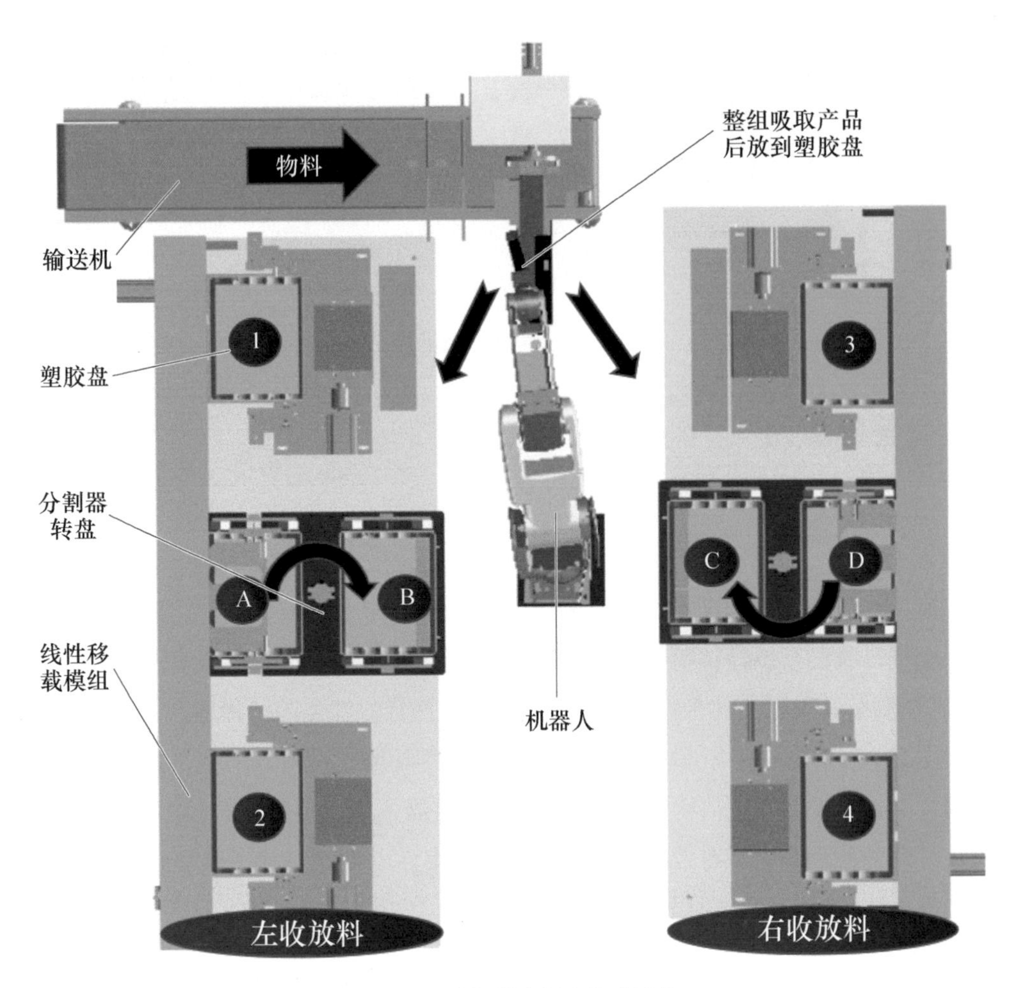

图5-11　工业机器人摆盘集成设备2

假设机器人吸取一组产品历时6s，每个盘有5组产品，每个升降机构储存料盘20个，则大约600s要取放料盘一次（机器人不停顿）。显然，从技术可行性看，思路比较直接，方案本身并无问题，但略显复杂和奢侈了。有没有其他替代或优化方案？

1. 维持“机器人角色”，确保其连续作业

我们仍然以工业机器人来完成产品搬移、取放作业，则至少有两种实施方案。

1）做机构设计要有“减法思维”（这个机构必要吗？这个零件能去掉吗？这个动作能节省吗？……），比如分割器转盘是否必须？通过线性移载模组，直接将空料盘放到升降机构，然后机器人吸取产品放到塑胶盘，放满产品后，塑胶盘往下降，再放空盘，再放产品……基本作业模式和原方案一致，但是基于减少或消除无效搬移动作的原则和“产品取放到料盘的精度要求很一般”的认知，可以一试（见图5-12）。

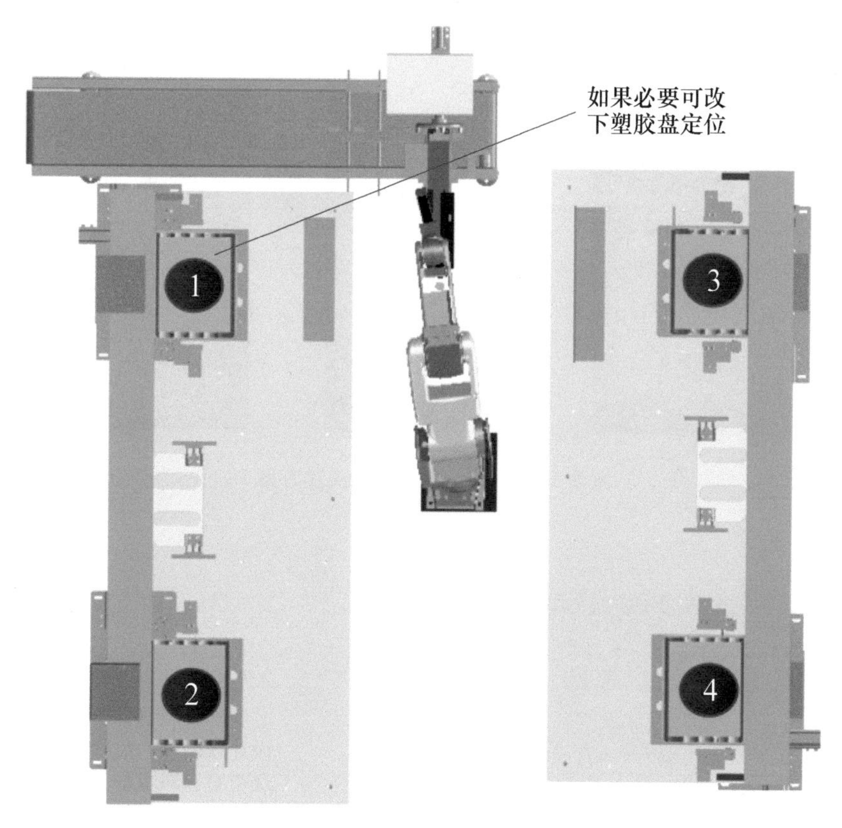

图5-12　减除旋转装置的实施方案

2）在上述基础上，同样的“减法思维”，可以考虑“砍掉一边”，如图5-13和图5-14所示。必要的时候，料盘移载夹爪可做成两组，这样在搬移的时候实现空盘和料盘的同步移动，把细节构思到位，万一可行，对比原方案节约了成本，这就是设计的力量。

2. 改变“机器人角色”，确保同样的产出

工业机器人在处理类似搬移之类的工艺时，有它的优势所在，应尽可能赋予其重要角色（不要让它干次要的活，结果搞到周边机构很复杂）。我们注意到本案例的产品吸取放置固然有些要求，但从机构布置和作业方式看，明显没有料盘的取放来得烦琐，因此可以考虑让机器人来处理空盘和料盘的搬移与切换工作，至于产品吸取搬移的部分，转而考虑用XY移载机构来实现（或者直接再用一台SCARA机器人来完成）。对于整体设备的运作性能而言，也许并没有多少实质性增强，但是机构更简洁、投入成本更少（见图5-15）。

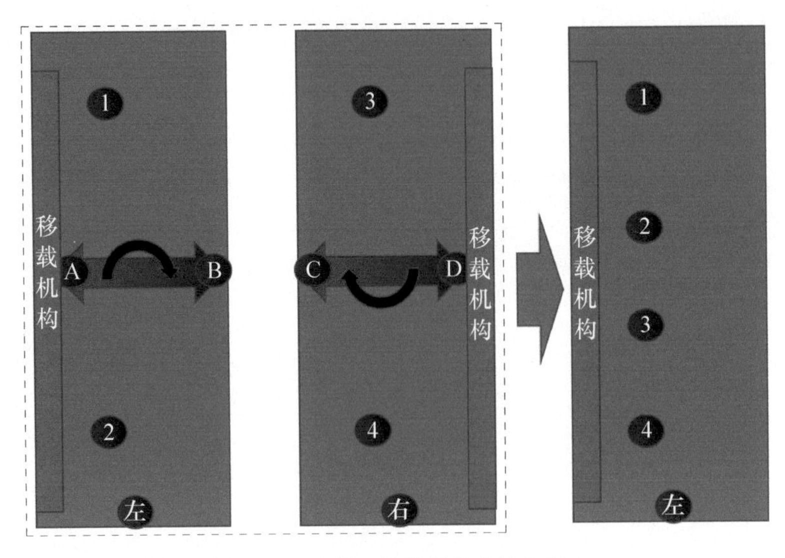

图 5-13　砍掉一边供料的实施方案 1

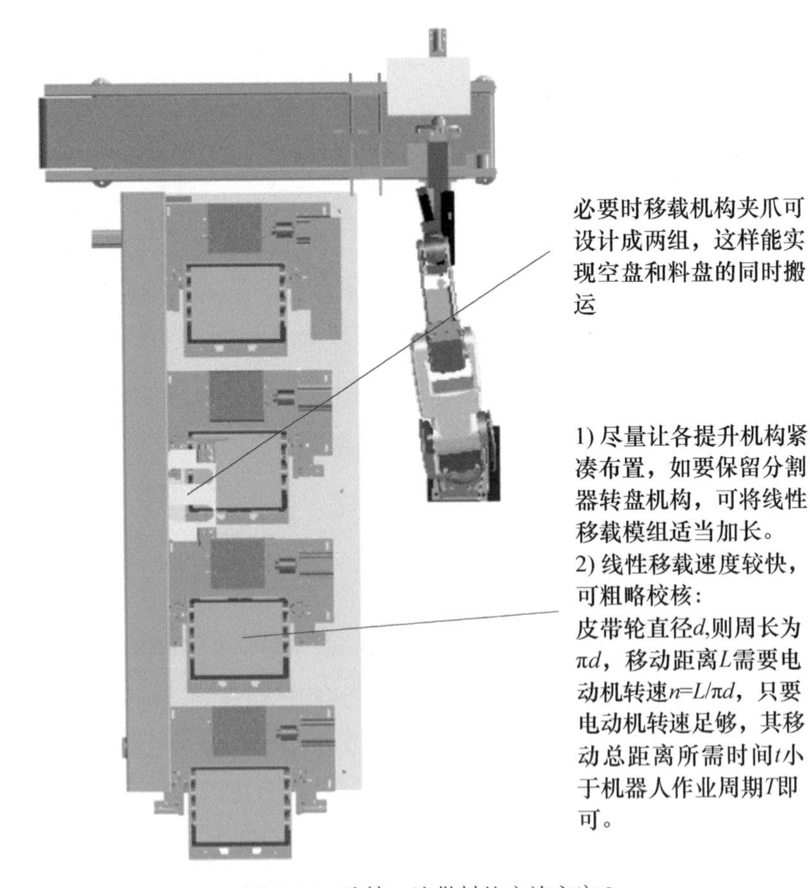

图 5-14　砍掉一边供料的实施方案 2

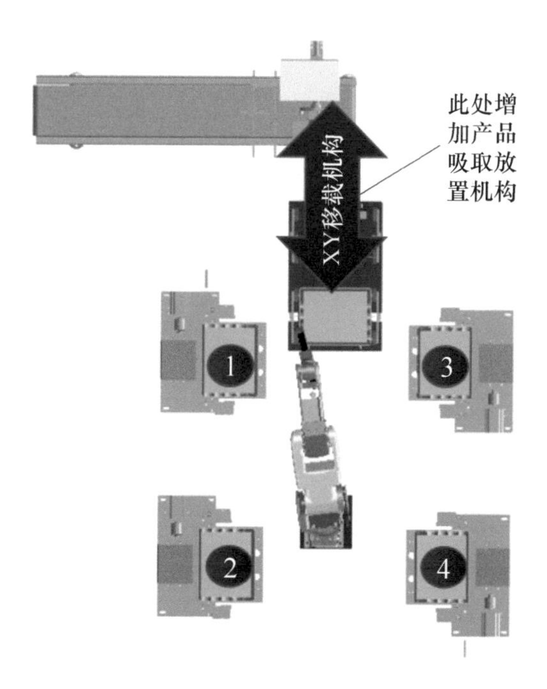

图5-15　改变工业机器人角色的实施方案

3. 少批量、多品种生产模式的方案实施

既然是少批量、多品种生产模式，一般来说产量不是要考量的重点（甚至必要时可以牺牲机器人的作业时间），但对于柔性有较高要求，体现在机构设计思路上，就是尽量把多变的因素和要求转化到机器人上去，并尽量删减周边机构（精简化思维），提高柔性装置的“权重”。举个例子，如图5-16所示的料盘提升方案，在产能要求不高的情形下，通过程序和感应器的设置，升降机构的升降功能是可以去掉的。带来的变化是机器人的定点抓取/吸取变为随动抓取/吸取，作业周期会增长，但只要符合工况要求（产量不高）就可以采用。这样做的好处不仅是设备投入成本减少，还在于后续要变更设计或更换型号时，无论是设计工作还是现场调试都可以做到快速应对。

为了给大家说明自动化思维和精简化思维的差异，我们来看一个案例。

【案例】 某生产线有个工站需要将说明书吸取后放到包装箱内，每班次产量为400个产品（一个产品对应一个包装箱），说明书厚度为1mm，一摞一摞的放置，一摞大概200本，请问如图5-17所示的不同思维的自动化实施方案哪个更合理？理由是什么？

【评析】 如图5-17所示，我们可以肯定，选择上方的方案不会错，事实上

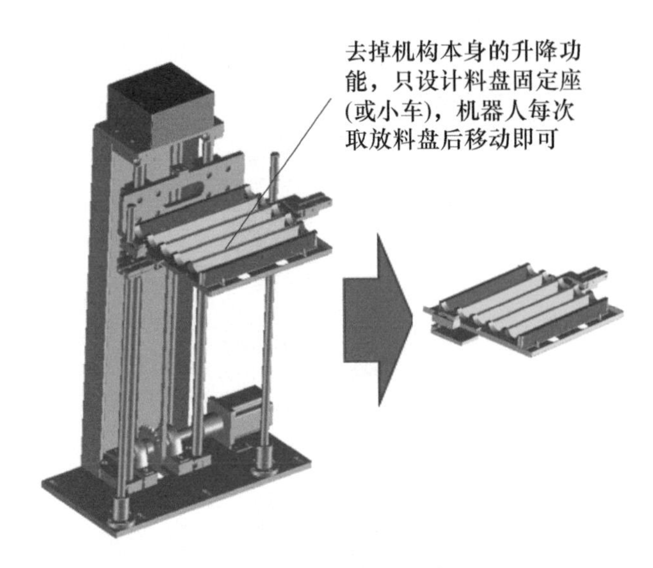

图 5-16　料盘提升方案

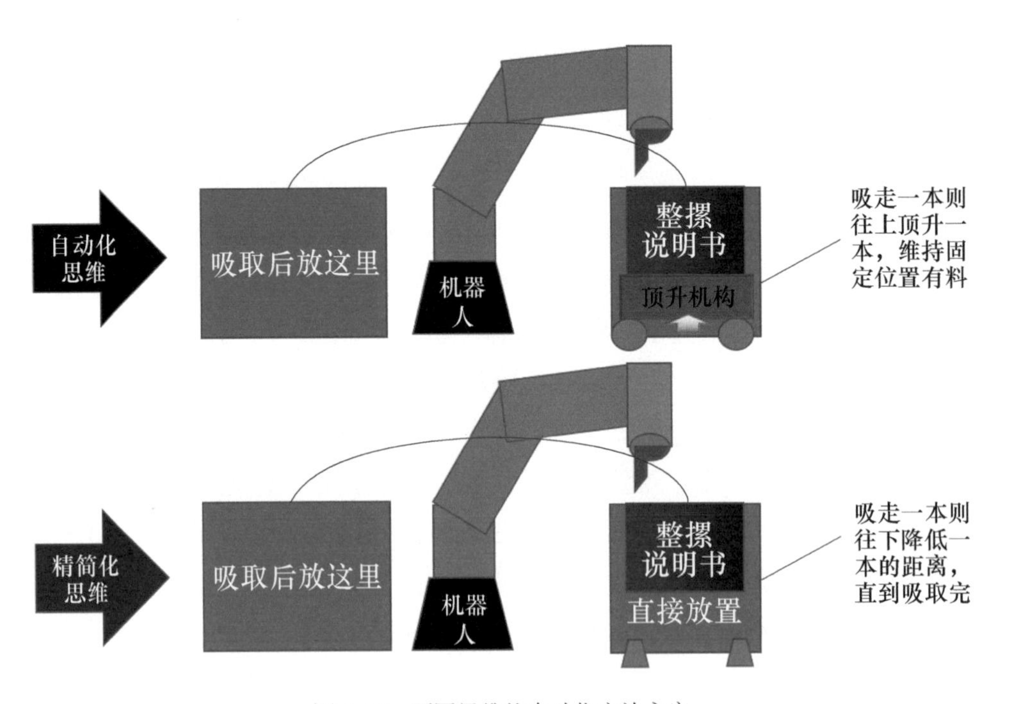

图 5-17　不同思维的自动化实施方案

90% 以上的设计人员都是这么做的，方案的技术性没问题，而且应该是自动化供料的首选。说明书每次被吸走一本，则顶升机构往上移动 1mm 的距离，确保机器人每次都在固定位置吸取到说明书。这种定点吸取的方式最快，有利于缩减设备的生产节拍。

但是，本案例限定了产能是每班只有400个产品，显然自动化思维带来的“高产能”沦为鸡肋，换言之，机器人并不需要那么高的效率，快了也没用，因为大多数时间在等待。据此我们变换一下思路，选择下方的精简化思维方案，具体的做法如图5-18所示，显然也是行得通的。在这一具体项目具体要求上，精简化思维带来的不仅是设备成本投入的节省，而且对于设备的“柔性”是有贡献的，机构越精简则越有利于换料换线生产。

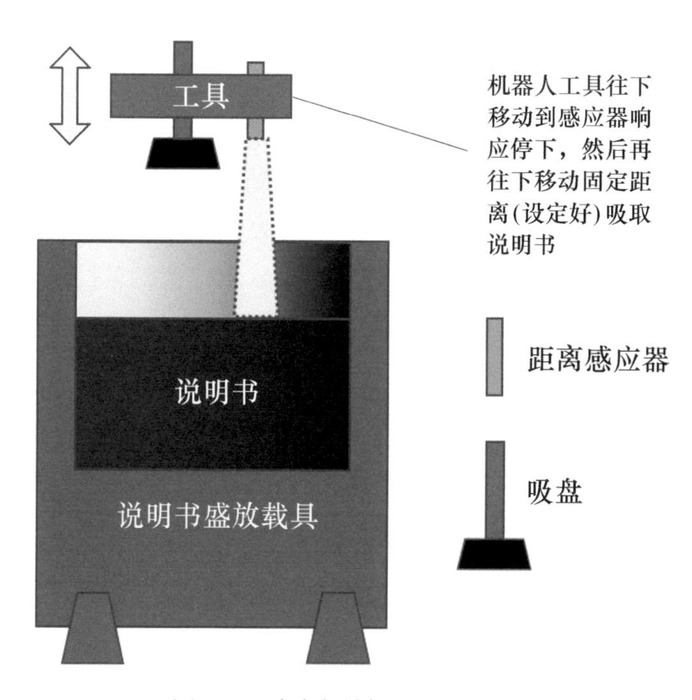

图5-18 本案例精简化思维的做法

那么是否意味着，精简化思维比自动化思维来得更有价值呢？也不是，如果条件变一下，比如产能是每班次4000个，则采用自动化思维的方案要有优势一些，因为机器人定点抓取时速度最快，有利于产能要求高的场合。因此即便是工业机器人集成设备，“非标定制化思想”也是贯穿始终，没有绝对的套路，只有合理的应用。相比常规自动化思维，经过精简后的装置，在效率上是有折扣的，因为机器人每次去抓取、吸取说明书都会增加移动距离。此外由于借助于感应器来实现位置判断和引导动作，当机器人速度加快或者说明书封面变更（影响感应器判断）时，可能会在精度上有些波动，因此如果只是用于吸取动作还好，用于精密夹取或装配，则应评估细节能力是否能达到。

综上所述，非标设备的机构设计方案有时不好说谁的对谁的好，但如果把以上若干方案放在一起比较，相信广大读者的心里是雪亮的。由于本人不是原图设计者，也没有对应项目需求，无法给予最终方案抉择，但是通过上述检讨，我们可以看到，“条条大路通罗马”，很多时候打开思路了，我们的设计工作会更灵活、精准。但是很显然，如果您的头脑里只有原始方案，那就不是干非标的思维，因为客户需求往往是多样化的，你需要调出最合适的那一个方案。

5.2.2 贴胶工艺应用（学习视角：工具性能评估）

图5-19所示为一个机器人集成贴胶设备。贴胶机构/工具由机器人来驱动，产品交替性放在定位载具上，自动完成产品的贴胶工艺。如果是自己设计，需要校核，如果是别人设计，需要评估。这里视为学习案例，为广大读者进行简单分析，无论是褒是贬，仅代表个人客观的理解和建议，见仁见智，仅供参考吧。首先从设备整体外观和机构细节看，设计者应该是很有设计资历的，但就案例而言，无论从整体方案还是局部细节，都有值得商榷之处，推测实际应用情况不乐观。

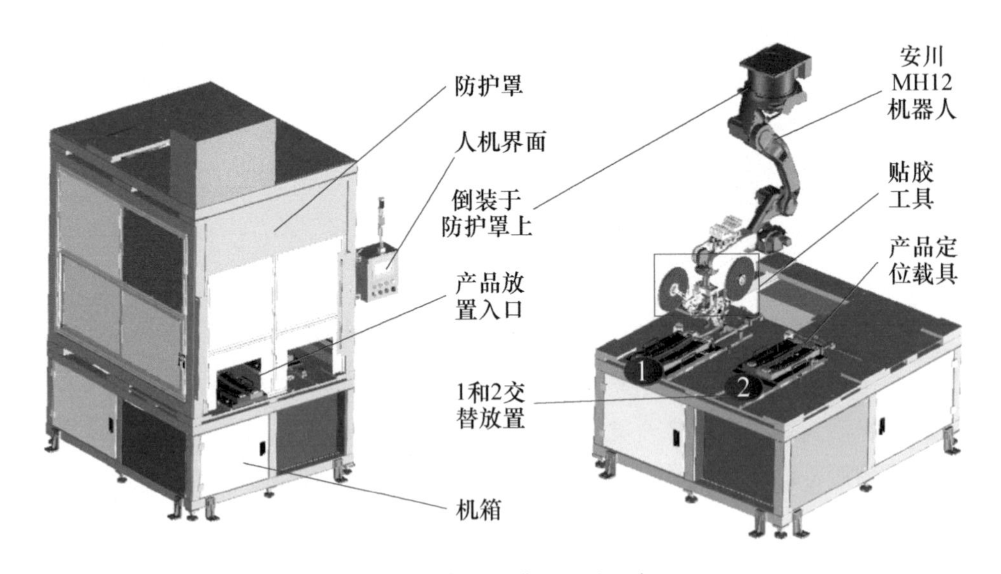

图5-19 机器人集成贴胶设备

1. 方案评估

这部分几乎是先决条件，从方向上决定了项目成败，也是最难快速提升的能力。机构做不好，改一改就行了，方案没定好，后面可能直接失败，或者机构改动幅度大。方案评估最常用的方法就是从工艺入手，这个观点我在《自动化机构设计工程师速成宝典入门篇》已经反复强调。本案例设备完成的类似贴胶工艺（由于没看到离型纸剥离收集功能，也可能是人工撕下，不确定），在产品制造方面属于“冷门”，也极少见过有成功的自动化设备，说明要么缺少投入价值，要么实施难度较大。事实的确如此，个人看来至少有以下障碍：

1）胶纸类物料几乎没精度可言，宽度差0.5mm很常见，时不时还有离型纸断掉的情形（这样就影响连续供料），物料都没规矩，设备机构如何稳定呢？

2）条形胶纸也是切下来的，难免就会有残胶或溢胶，所以胶带走过的轨道或滚轮，没多久可能就堆积一些胶屑，进而影响胶带的拉送。

3）胶带和离型纸剥离可能还好实现，但是一般粘贴到产品都是分段的，在切除时同样会有积胶和缠胶的问题。

还有贴胶轨迹有时没有那么规矩，或人工贴胶速度反而比较快，或精度要求高……考虑到这里，一般经验不够的设计人员几乎考虑放弃了。

回到本案例，由于完成的只是单一的贴胶动作，还是人工取放产品，只是节省了作业时间，投入工业机器人的ROI数据不会好看，估计因为贴胶产品有弧度，所以采用机器人来实现，勉强算是“解决问题”，也算说得通。其次是不知道出于何种考虑，机器人采用倒装方式，但并没有提升工作空间的灵活性，反而给防护罩带来要加固安装的麻烦（还可能会摇摇晃晃），从作业空间看，正装也是可行的，也比较简单直接。再者回到最核心的贴胶工具上，如图5-20所示，也有对工艺会失效的担忧。

2. 机构性能

由于是工业机器人集成设备，就机构而言，性能评估主要集中在末端工具。案例所用的为安川MH12机器人，本体质量为130kg，可搬质量为12kg（注：第6轴容许力矩为9.8N·m，第4、5轴容许力矩为22N·m），臂展为1440mm，重复定位精度为±0.08mm，转速>220°/s。

（1）工具载荷　我们可以粗略估计一下，把较轻的标准件去掉（或查询标准件型录）另外评估，然后利用软件（如SolidWorks的“质量属性”）把工具主体的质量估测一下（见图5-21），如果采用铝材的话（采用钢材则不行），质量大概

图 5-20　贴胶工具

为 3.5kg，然后再加上标准件和整卷胶带的质量，也就 6～7kg（注：如果不是高速运行，或工具重量太大，可忽略加减速惯性力）。我们评估一下第 5 轴的力矩，根据软件找到大概重心，其到第 5 轴旋转中心的距离约 0.3m，由于静态力矩偏大，此时最好再耐心、细致校核一次或请厂商帮忙确认。另一方面，从机构上去考虑，也可以有些优化的，就是尽量将工具重心往旋转轴重心方向偏移（见图 5-22），由于工具不需要第 6 轴大幅度旋转，可适当将机构 1 和 2 的间距拉大，然后尽可能往第 5 轴轴线方向提升位置。

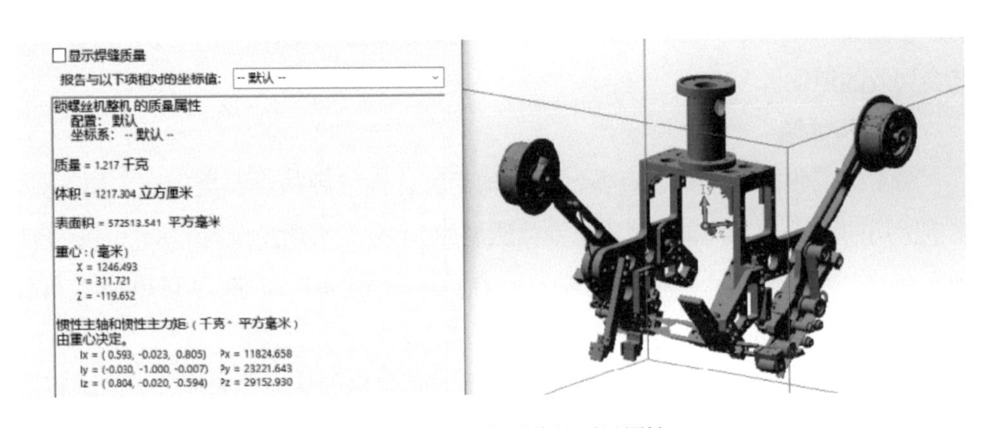

图 5-21　工具主体零件的质量属性

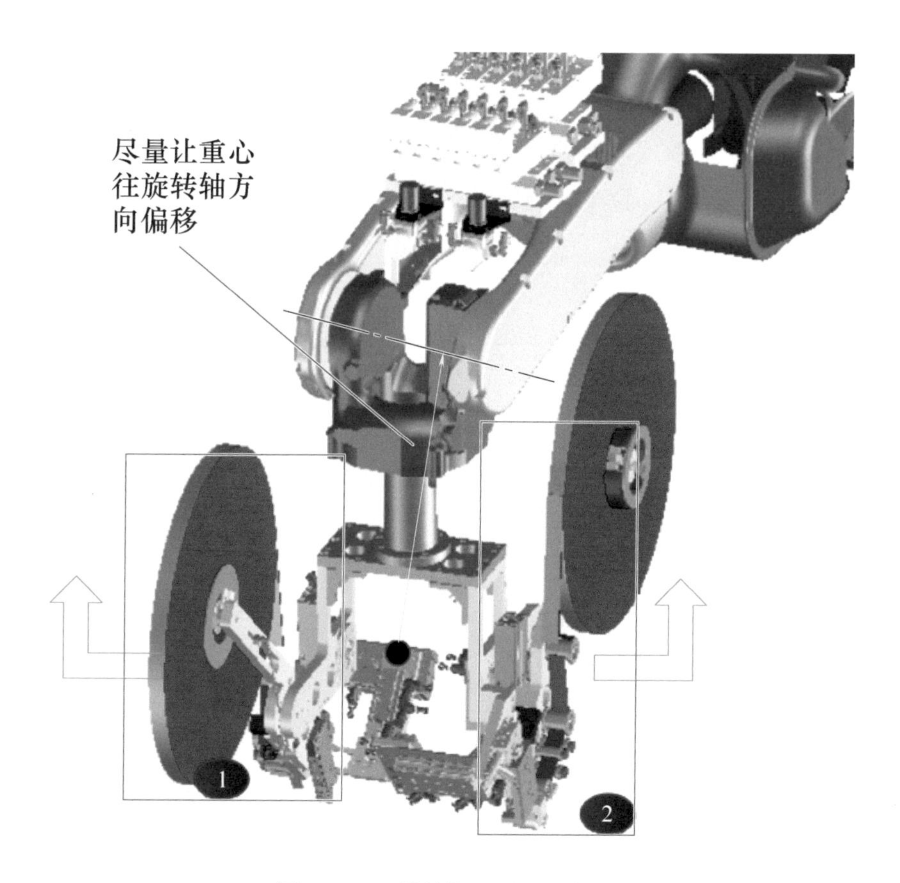

图5-22　工具结构（重心）优化

（2）工作范围　由于选用的是安川MH12系列机器人，其工作范围如图5-23所示。据此我们可以大概对工具的工作范围进行评估，如图5-24～图5-25所示。由于工具紧固和作业方向朝下（无增大工作范围效应）（见图5-26），所以当载具（和产品）在入口放置位时，机器人工具可能无法完全覆盖，但作业时载具会被水平移动机构送入贴胶位，此时位于工具工作范围之内（但也比较接近界限了），因此判断可行。

（3）其他指标　由于一般贴胶类工艺的精度要求不高，所以机器人的移动精度都可以满足，如果精度要求高，则往往需要借助其他手段（比如CCD引导定位）来达成；同时贴胶的速度也高不到哪去，应付这样的工艺，机器人的移动速度绰绰有余。

由于不是原设计人，无法根据具体项目需求、情况进行最终确认，但是根据以上评估产生疑虑，尤其是贴胶工艺方面，如无解决方案，有一定的失败风险。

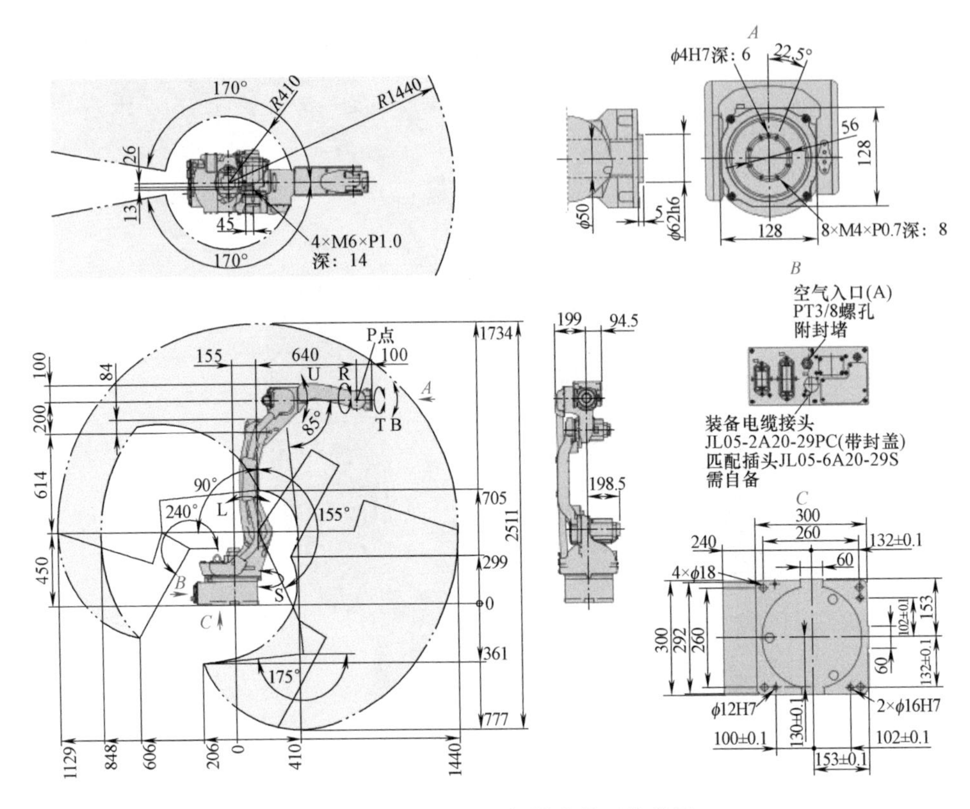

图 5-23　安川 MH12 机器人的工作范围

3. 衍生话题

见识过许多很有经验的设计工程师，有的驾驭起机构设计工作没有压力，但是有“思维高度”的极少。何谓“思维高度”？是凌驾于机构细节设计之上的对技术的深刻理解或项目开展策略。缺乏思维高度，则项目从开始就可能会走错误的方向，在接下去的工作中做得再到位、细致都不会得到理想的结果。同样的项目工艺，如果我们做成如图 5-27 所示的两种方案，广大读者可能觉得“差不多”，但其实是两种不同的模式。一种是将机器人“融入”到设备中去，成为设备的一部分，可以理解为一台完整性较好的定制化设备，柔性和拓展性较差；另一种是将机器人独立出来成为核心装置、机构，而工作台成为周边设备，与机器人配套成为一个同样完整性较好的工作站，柔性和拓展性较好。因此，除非是小型机器人（比如质量≤7kg），或者机器人只是在设备中充当机构配角，否则应尽可能采用落地正装、分离式为好，进可攻，退可守。

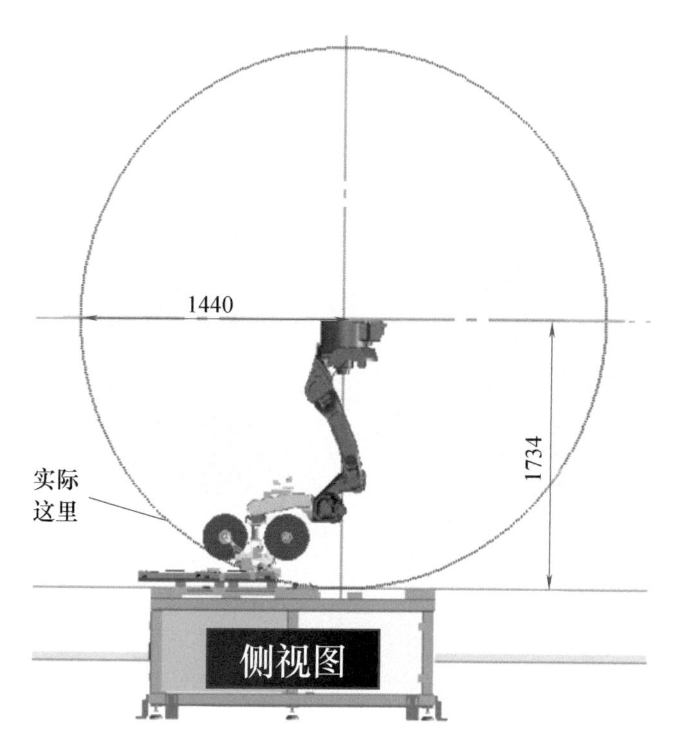

图5-24　工具的工作范围评估1

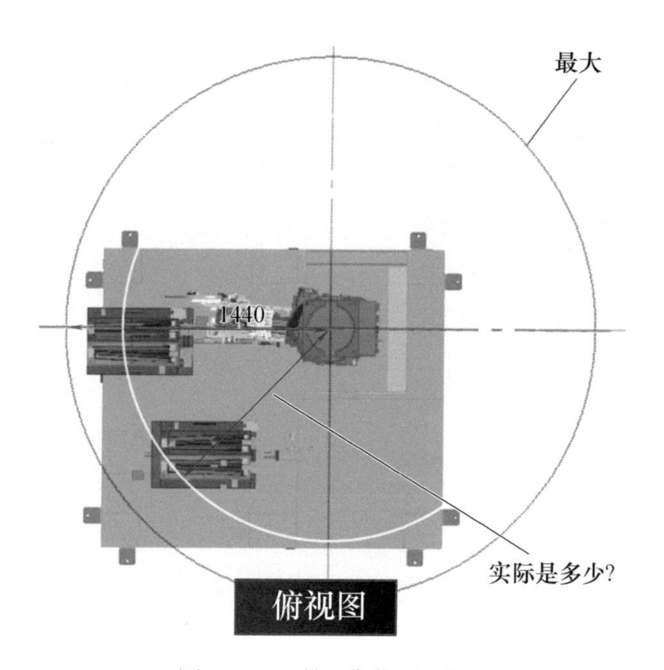

图5-25　工具工作范围评估2

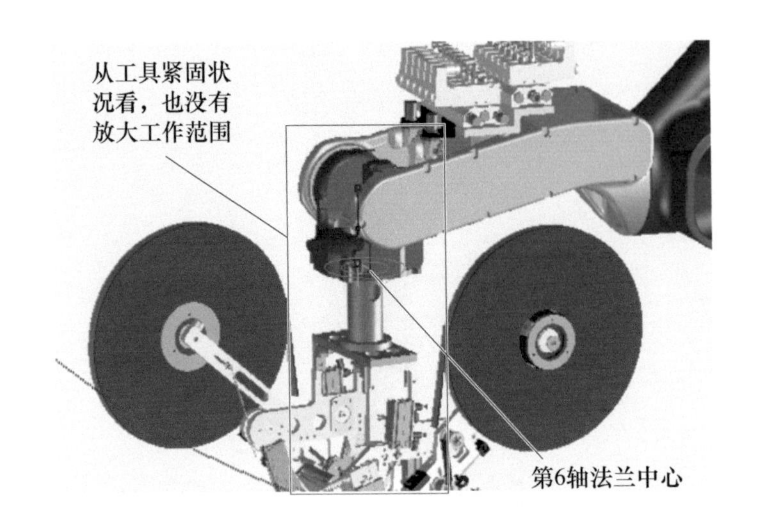

图 5-26　工具的工作形态

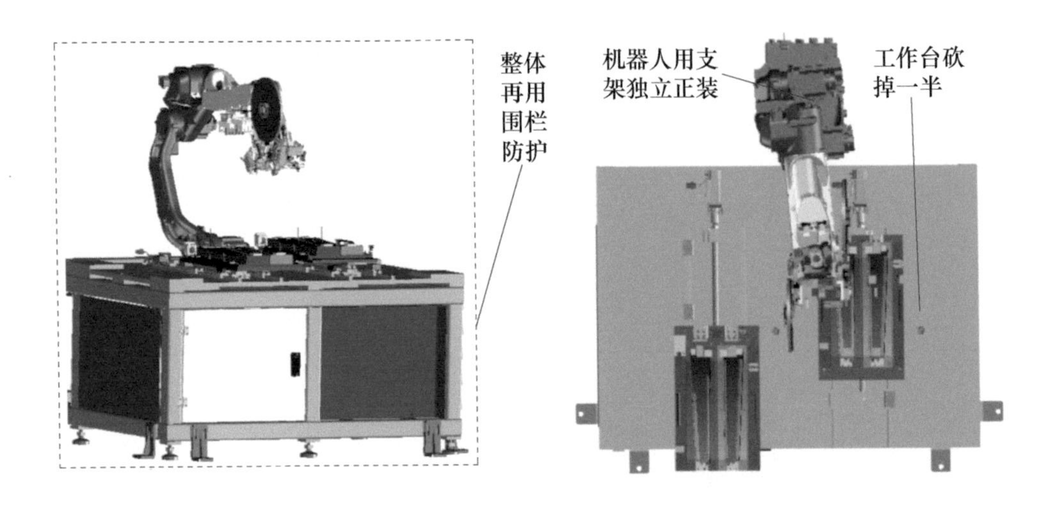

图 5-27　两种方案

小结

“熟读唐诗三百首，不会作诗也会吟。”在自动化机构设计的学习上，也是类似道理，多看看案例，慢慢也就有一些“感觉”，有助于拓宽设计视野和思路。但要提醒广大读者的是，“只有当你成为厨师，那些食材才会为你所用”，只是搜集些干巴巴的案例资料，不会从本质上改变你的专业技能。换言之，如何缺乏本书提到的一些基本认知和思维（不加强学习），本章简析的几个案例在你的眼里，也只会是原始案例的样子，那么你又能从中吸取到多少养分呢？如何成为“厨师”？把本书反复看 3 遍，你会有答案的。

学习心得

后　　记

非标自动化设计是一个门类庞杂、大众智慧的行当。设计新人从入门到精通难有绝对速成的路径，但是方向正确、方法得当的话，确实能少做很多无用功，加快成长的步伐。何谓方向正确？学习目标切合自身实际，以工作内容为导向加强专业基本功训练，从职业需求出发阶梯性提升能力。何谓方法得当？回归机构设计本质，重视基础，认识架构，不断思考机构背后的逻辑和机理，训练自己的设计思维、动手能力和解决问题的能力，以不变应万变。举个例子，很多设计新人以为学习自动化机构设计，就是搞懂各种标准件的选型，这就是错误的方向。类似观点我在本系列其他书有所提及，别人和你说分割器选型过程怎么计算，那没什么价值，但是告诉你计算的已知条件怎么来定，等于给你设计方法。搞懂了机构也就搞懂了选型，选型不过是设计结果罢了。

如下图所示，普通气动机构、工业机器人、凸轮机构及连杆机构是自动化机构设计工程师必修的四大专题。回到本书，我想给广大初学者灌输的概念和内容，也不仅是“机器人是怎么选的”，而是站在设备、机构设计的角度，综合工作实践和网络资料梳理出的一套个人理解和建议，广大读者如能认真阅读并消化，对于个人设计的专业度而言，能起到促进和强化作用。

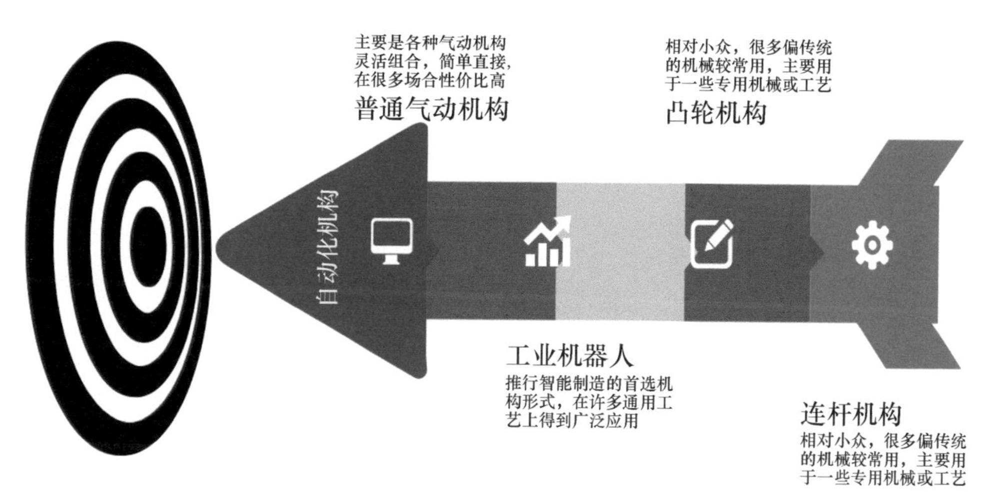

自动化机构设计工程师必修的四大专题

最后祝广大读者家庭幸福，技术精进，工作顺利！

柯武龙